JN268989

宇宙工学シリーズ 5

宇宙環境利用の基礎と応用

博士（工学） 東　久雄 編著

コロナ社

宇宙工学シリーズ　編集委員会

編集委員長　髙野　　忠（文部科学省 宇宙科学研究所教授）
編 集 委 員　狼　　嘉彰（慶應義塾大学教授）
（五十音順）　木田　　隆（電気通信大学教授）
　　　　　　　　柴藤　羊二（宇宙開発事業団）

（所属は編集当時のものによる）

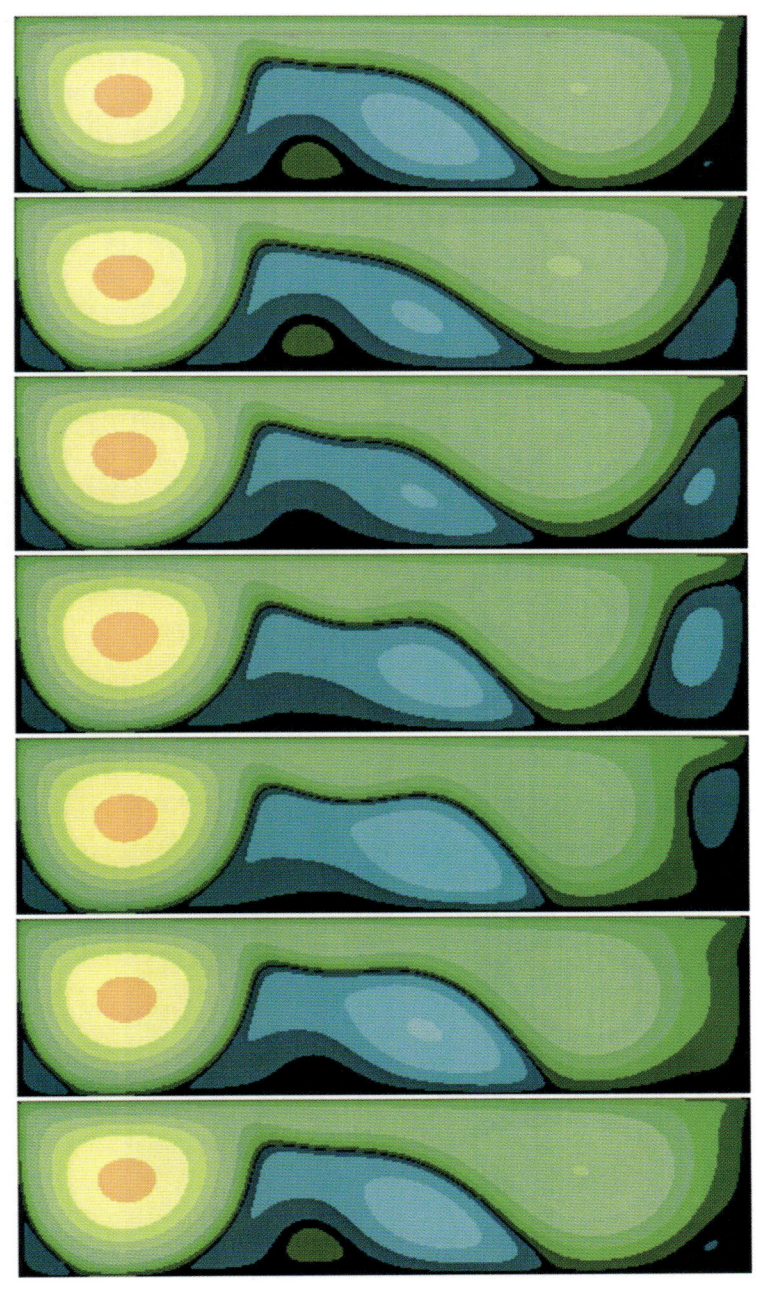

口絵1　2次元数値シミュレーション

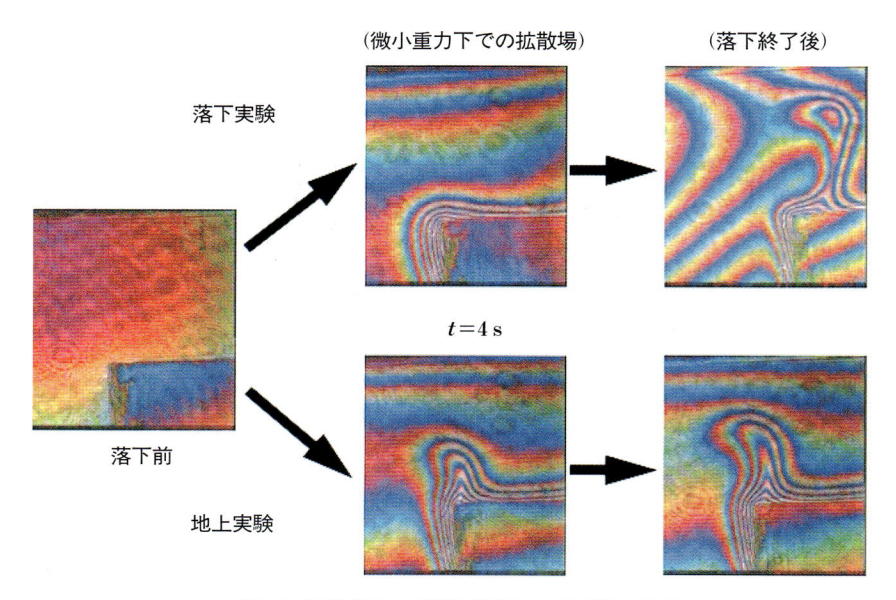

(微小重力下での拡散場)　　　　　（落下終了後）

落下実験

$t = 4\text{ s}$

落下前

地上実験

口絵2　結晶周りの二重拡散場における測定結果

口絵3　合体気泡下1次気泡底部におけるミクロ液膜の様子

刊行のことば

　宇宙時代といわれてから久しい。ツィオルコフスキーやゴダードのロケットから始まり，最初の人工衛星スプートニクからでも40年以上の年が経っている。現在では年に約100基の人工衛星用大形ロケットが打ち上げられ，軌道上には1 600個の衛星が種々のミッション（目的）のために飛び回っている。
　運搬手段（ロケット）が実用になって最初に行われたのは宇宙研究であるが，その後衛星通信やリモートセンシングなどの宇宙ビジネスが現れた。当初は最小限の設備を宇宙まで運ぶのがやっとという状態であったが，現在では人工衛星の大形化が進められ，あるいは小形機が頻繁に打ち上げられるようになった。またスペースシャトルや宇宙基地により，有人長期ミッションが可能になっている。さらに最近では，国際協力のもとに宇宙基地建設が進められるとともに，宇宙旅行や他天体の資源開発が現実の話題に上りつつある。これを可能にするためには，新しい再使用型の宇宙輸送機が必要である。またそれとともに宇宙に関する法律や保険の整備も必要となり，にわかに宇宙関係の活動領域が広まってくる。本当の宇宙時代は，これから始まるのかもしれない。
　このような宇宙活動を可能にするためには，宇宙システムを作らなければならない。宇宙システムは「システムの中のシステム」といえるくらい，複雑かつ最適化が厳しく追求される。実に多くの基本技術から成り立ち，それを遂行するチームは，航空宇宙工学，電子工学，材料工学などの出身者が集まって構成される。特にミッション計画者や衛星設計者は，これらの基本技術のすべてに見識をもっている必要があるといっても過言ではない。また宇宙活動の技術分野からいえば，ロケット，人工衛星，宇宙基地あるいは宇宙計測・航法のような基盤技術と，衛星通信やリモートセンシング，無重力利用などのような応用分野とに分けることもできる。この宇宙システムを利用するためにも，幅広

い知識・技術が必要となる。

　本「宇宙工学シリーズ」は，このような幅広い宇宙の基本技術を各分冊に分けて網羅しようというものである。しかも各分野の最前線で活躍している専門家により，執筆されている。これまでわが国では，個々の技術書・解説書は多く書かれているが，このように技術・理論の観点から宇宙工学全体を記述する企画はいまだない。さらに言えば世界的にも前例がほとんど見当たらない。

　これから，ロケットや人工衛星を作って宇宙に飛ばしたい人，それらを使って通信やリモートセンシングなどを行いたい人，宇宙そのものを研究したい人，あるいは宇宙に行きたい人など，おのおのの立場で各分冊を見ていただきたい。そして，そのような意欲的な学生や専門技術者，システム設計者の方々の役に立つことを願っている。

2000年7月

編集委員長　髙野　忠

まえがき

　宇宙ステーションの時代を迎え，また人間の宇宙進出に伴い，宇宙環境の利用は重要な課題となってきている。宇宙環境利用の範囲は限りなく広く，明確に定義できないくらいである。ここでは，宇宙環境（擬似宇宙環境を含む）を利用することにより，科学および工学を発展させ，人類の宇宙への進出を導くもの，と定義しておこう。

　われわれは地上の重力下で生まれ，生活しており，あらゆる物理・生物現象は重力の影響を逃れることはできない。また地上では，地磁気，大気により，放射線等の過酷な宇宙環境から守られている。このような地上環境から宇宙環境に移ることにより，あらゆる現象はおおいに異なってくる。これを積極的に利用し，あるいは克服することが課題である。

　宇宙環境利用の中身は多岐にわたっており，すべての分野を網羅するわけにはいかない。本書では，宇宙環境のうち，主として微小重力環境を中心に取り上げ，微小重力下での独特の現象・利用のための基礎技術および利用から得られた，あるいは期待される成果について記述した。宇宙環境利用に関心のある初心者から，深くかかわっている研究者にも役立つように努めた。宇宙環境利用の半分を占める生物に関してはより広い意味での宇宙環境を考えている。

　基礎編（1～3章）では，基礎となる事柄を解説することにより，微小重力下での現象に理解を深められるよう配慮してある。重力と対流，重力揺らぎとその影響等についても記述し，自由表面を持つ流体のシミュレーション手法についても解説する。

　応用編（4～6章）として，宇宙環境が有効な分野（流体物理，燃焼科学，沸騰現象，物質科学等）について，実際の代表的ないくつかの実験例を説明し，現象の一層の理解が進むとともに，実際に実験を行う際に役立つようにし

てある。将来計画については，欧米で計画されているスケールの大きい物理実験である宇宙時計，等価原理の実験等について説明する。

また，宇宙環境利用のもう一つの大きな課題である生物と宇宙とのかかわりについても，かなりの部分を割いているのが本書の大きな特徴である。すなわち，宇宙と生命の起源，形態・機能と惑星環境，宇宙での生物工学，有人宇宙活動等について記述されている。

宇宙環境と物理および生物現象との関連を幅広く記述し，読者が宇宙環境利用を広い観点から理解できるよう努めたつもりであるが，紙数の制限から，非平衡物理と重力との関係，物性値測定，構造体挙動等の重要な項目を省かざるをえなかった。

今後，人類が宇宙へ進出していく限り避けて通れない宇宙環境利用の発展に，本書が少しでも役立てば幸いである。

なお，本書の執筆者の所属（執筆当時）および分担はつぎのとおりである。

東　久雄（大阪府立大学）	1, 2, 3.1, 3.2, 3.4, 4.1, 5
大西　充（航空宇宙技術研究所）	3.3
河野通方（東京大学）	4.2
津江光洋（東京大学）	4.2
大田治彦（九州大学）	4.3
稲富裕光（文部科学省　宇宙科学研究所）	4.4
栗林一彦（文部科学省　宇宙科学研究所）	4.5
山下雅道（文部科学省　宇宙科学研究所）	6

2002 年 9 月

編　　者

目　　　次

1. 序　　　論

2. 諸システムと微小重力環境

2.1　微小重力環境の特徴 …………………………………………………… *4*
2.2　微小重力環境の内容 …………………………………………………… *6*

3. 流れと重力

3.1　静　力　学 …………………………………………………………… *12*
　3.1.1　表　面　張　力 …………………………………………………… *12*
　3.1.2　濡　　　れ ………………………………………………………… *13*
3.2　熱対流とマランゴニ流 ………………………………………………… *18*
　3.2.1　ブシネ近似 ………………………………………………………… *18*
　3.2.2　容器内熱対流 ……………………………………………………… *19*
　3.2.3　マランゴニ流 ……………………………………………………… *21*
　3.2.4　ベナール対流 ……………………………………………………… *26*
3.3　数値シミュレーション手法 …………………………………………… *27*
　3.3.1　境　界　条　件 …………………………………………………… *31*
　3.3.2　無　次　元　化 …………………………………………………… *33*
　3.3.3　解　析　手　法 …………………………………………………… *36*

3.4 重力揺らぎと流れ ………………………………………………… 40
　3.4.1 重力揺らぎの流れおよび物質移動への影響 ………………… 40
　3.4.2 MIM ……………………………………………………………… 45

4. 微小重力実験の実際

4.1 流　体　実　験 ……………………………………………………… 46
　4.1.1 液　滴　振　動 …………………………………………………… 46
　4.1.2 非定常二重（温度・濃度）拡散場の測定 …………………… 49
　4.1.3 臨界点近傍流体 …………………………………………………… 51
　4.1.4 惑星大気シミュレーション ……………………………………… 57
　4.1.5 毛細管羽根液体の移動実験 ……………………………………… 59
4.2 燃　焼　実　験 ……………………………………………………… 62
　4.2.1 落下塔を用いた実験 ……………………………………………… 63
　4.2.2 航空機の放物飛行による実験 …………………………………… 74
　4.2.3 スペースシャトルを用いた実験 ………………………………… 77
　4.2.4 燃　焼　計　測 …………………………………………………… 79
4.3 沸　騰　実　験 ……………………………………………………… 83
　4.3.1 通常重力下におけるプール沸騰および強制流動沸騰の概要 … 83
　4.3.2 通常重力下の核沸騰に関する基礎事項 ………………………… 86
　4.3.3 強制流動沸騰に関する基礎事項 ………………………………… 94
　4.3.4 微小重力実験の目的 ……………………………………………… 97
　4.3.5 微小重力実験における装置製作と方法 ………………………… 97
　4.3.6 プール沸騰に関する実験結果 …………………………………… 104
　4.3.7 管内強制流動沸騰および非加熱系二相流体に関する実験結果 … 109
　4.3.8 これからの研究 …………………………………………………… 118
4.4 凝固・結晶成長とその計測技術 …………………………………… 119
　4.4.1 は　じ　め　に …………………………………………………… 119
　4.4.2 対　流　の　制　御 ……………………………………………… 120
　4.4.3 高温融液中の拡散現象 …………………………………………… 121

4.4.4 凝固および結晶成長における対流の影響 ………………… *124*
4.4.5 半導体の融液・溶液成長 ………………………………… *131*
4.4.6 計 測 技 術 ……………………………………………… *137*
4.4.7 ま と め ………………………………………………… *142*
4.5 無容器プロセシング ………………………………………… *143*
4.5.1 は じ め に ……………………………………………… *143*
4.5.2 過冷融液の熱力学 ………………………………………… *144*
4.5.3 核 生 成 ………………………………………………… *145*
4.5.4 無容器プロセシング実験手法 …………………………… *151*
4.5.5 過冷却と核生成の実験結果 ……………………………… *159*
4.5.6 む す び ………………………………………………… *162*

5. 将来の宇宙実験

5.1 等価原理の検証 ……………………………………………… *163*
5.1.1 衛星による検証 …………………………………………… *164*
5.1.2 落下塔での検証実験 ……………………………………… *165*
5.2 宇 宙 時 計 ………………………………………………… *167*

6. 生 物 と 宇 宙

6.1 は じ め に …………………………………………………… *170*
6.2 宇宙と生命の起源 …………………………………………… *171*
6.2.1 地球型生命の原理の特殊性と普遍性 …………………… *171*
6.2.2 宇宙探査と生命科学 ……………………………………… *173*
6.3 生物の形態・機能と惑星環境 ……………………………… *174*
6.3.1 生物による重力情報の受容 ……………………………… *175*
6.3.2 動物の行動と重力 ………………………………………… *178*
6.3.3 植物の進化と重力 ………………………………………… *181*

  6.3.4　生物体を取りまく輸送現象 …………………………………… *186*
  6.3.5　重力と動物の体の構造・機能 …………………………………… *187*
  6.3.6　宇宙環境と遺伝子や免疫 ………………………………………… *189*
 6.4　宇宙での生物工学 ……………………………………………………… *191*
  6.4.1　生体分子の結晶化による機能の解明 …………………………… *191*
  6.4.2　生体分子や細胞の分離・精製 …………………………………… *193*
  6.4.3　宇宙での育種 ……………………………………………………… *195*
 6.5　有人宇宙活動 …………………………………………………………… *196*
  6.5.1　生命維持システム工学 …………………………………………… *196*
  6.5.2　宇宙医学の課題 …………………………………………………… *199*
  6.5.3　宇　宙　旅　行 …………………………………………………… *201*
 6.6　宇宙での生物科学の展望 ……………………………………………… *201*

略　語　集 …………………………………………………………………… *202*
参　考　文　献 ……………………………………………………………… *204*
索　　　引 …………………………………………………………………… *225*

1 序論

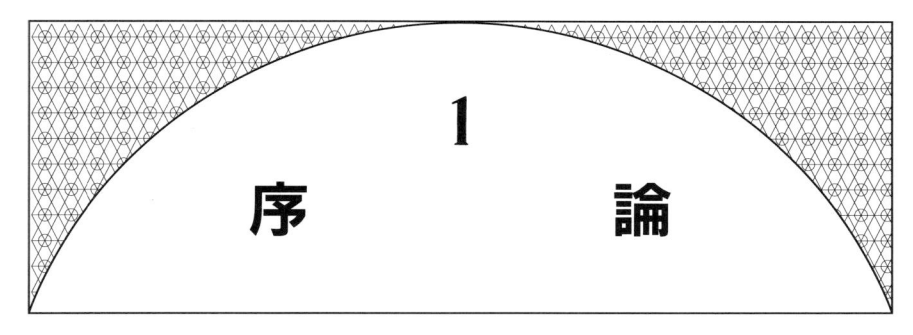

　宇宙環境利用とは，宇宙の環境を利用した宇宙活動をいい，従来の高さを利用している衛星通信等と区別して用いられている。宇宙の環境とは，豊富な太陽エネルギー，放射線，広大な真空空間，無重力等であって，これらを積極的に有効に利用していこうというものである。

　これらは人間の宇宙進出ともおおいに関連している。有人活動は無重力環境，真空，放射線等の問題を克服して行われるものであり，また，宇宙実験の多くは宇宙飛行士の手を借りて行われている。宇宙環境と人間あるいは生物との関係はきわめて重要であり，宇宙環境利用の半分は生物関連が占める。

　宇宙ステーションを用いた宇宙環境利用の目標について，宇宙開発委員会宇宙環境利用部会では以下のようにまとめている[1]†。

1）　新たな科学的知見の創造
2）　社会の発展や生活の向上に役立つ地上での研究開発への貢献
3）　宇宙技術をはじめとする広範な技術の高度化の促進
4）　人類の活動領域の拡大
5）　活力ある地球社会の実現

　これらの目標を実現するために，宇宙環境利用実験が考えられており，宇宙環境利用は，① 基礎科学実験，② 宇宙応用を目指した実験，③ 地上応用を目指した実験，に大きく分けられる。

　本書では，無重力環境の利用を主として記述することとする。現在，宇宙環

---

†　肩付き数字は，巻末の参考文献の番号を表す。

1. 序論

境利用は無重力環境利用を中心に展開しているからである。

重力 $1g$ 下と無重力環境下で現象に違いが起こるとすると，ほとんどの場合，流体が移動するためと考えることができる。その流体は，分子レベルからバルク流体まで含んでおり，流体現象が作用する重力により変化することに依存している。

重力が流体現象あるいは実験に与えている影響は，以下のように考えることができる（生物の場合は重力下において進化してきたことから，別の考察が必要となろう）。

1. 実験結果の解釈を複雑にする。
2. 興味ある現象を覆い隠す。
3. 現象が理論では手に負えなくなるほど複雑になる。
4. 実験条件（長さ規模，パラメータ空間）が制限を受ける。

重力の影響から解放されることにより，よりシンプルに実験結果の本質をつかむことができる。

無重力環境下での流体現象が地上 $1g$ 下と異なるのは，以下のことである。

1. 密度対流が抑制される。
2. 沈降，浮上が抑制される。
3. 静水圧が消失する。
4. 無容器あるいは無接触保持が容易である。

これらを利点として活用し，地上 $1g$ 下では得ることの困難な知見の獲得，物質の創製を目指すとともに，人間の宇宙進出等に不利な場合には，これを克服する技術を開発しようとするものである。

微小重力環境を利用する分野を以下に示す[1]。

1) 材料科学——金属・合金，ガラス・セラミックス・酸化物超伝導体，半導体，熱物性値関連
2) 蛋白質結晶成長
3) 基礎物理
4) 流体物理

5) 燃焼

　生物においては，無重力環境の利用というよりは，生物と重力，宇宙放射線を含めた宇宙環境との関係を究めることと考えられる。

　また，生物科学・バイオテクノロジーの分野において，数多くあるテーマから当面考えられている目標を示す。

1) 生物の構造・機能に対する重力の影響
2) 宇宙・地球環境での生物の適応性，生態系に関する研究
3) 宇宙放射線の生物影響に関する研究
4) 宇宙環境を利用した生物工学研究

　いままで多くの実験が行われたにもかかわらず，目指したことが達成できなかった例は多くある。また，予期しなかった結果が得られたこともいくつもある。このことは，無重力環境利用が発展段階にあり，探求すべき未知の現象が多く残っていることを示唆している。

　宇宙環境利用の大きな問題点は，実験に莫大な費用がかかること，実際の実験まで準備期間を含めて何年もの時間がかかることである。これらの解決には，低コストの打上げ手段等の新たな宇宙インフラストラクチャーの開発を待たねばならない。

2 諸システムと微小重力環境

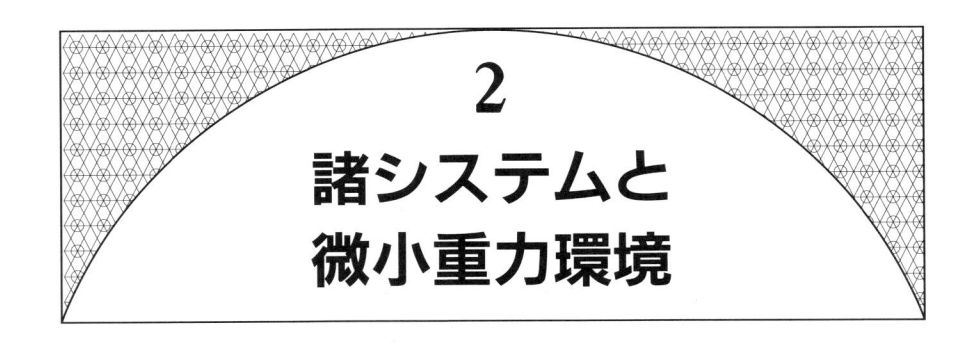

2.1 微小重力環境の特徴

　微小重力あるいは低重力環境を得るために，さまざまなシステムが準備されている。それらの微小重力環境と実験可能時間を図 2.1 に示す。詳細な説明は他書に譲り，特徴のみを記す。

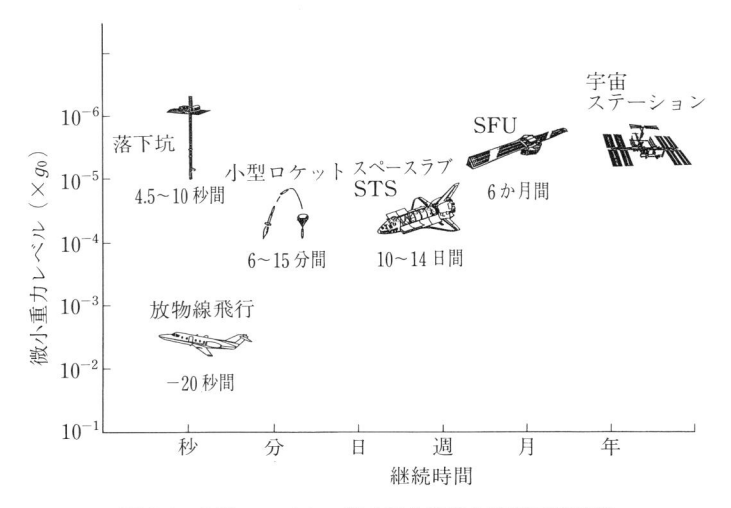

図 2.1　実験システムの微小重力環境と実験可能時間

　1）宇宙ステーション　　本格的有人宇宙実験が可能。わが国は JEM（日本実験棟，「きぼう」）で実験を行う。リソース（宇宙飛行士の作業時間，電力等）の許す限り，長時間の実験が可能。しかし，重力揺らぎによる重力レベル

2.1 微小重力環境の特徴

の低下が実験に与える悪影響が心配される。

2） スペースシャトル　1～2週間程度の有人宇宙実験が可能。

3） フリーフライヤ　ロケットで打ち上げ，スペースシャトルで回収する。スペースシャトルの環境より良好である。

4） 小型ロケット　6～10分間の微小重力実験が可能（TR-IA，TEXUS，MAXUS等）。準備開始から実験までの期間が比較的短い。海上，雪原等で回収する。テレオペレーションにより，実験パラメータを変えることも可能。

5） 航空機　約20秒間のやや悪い重力環境（$\sim 10^{-2}g$）であるが，実験室での装置を載せ，人が実験操作できる。また，1回の飛行で何度も実験できる。わが国では，ダイアモンドエアーサービス社のMU-300，GULFSTREAM-II，米国ではNASA KC-135 A（現在中断），ヨーロッパではA-300を用いている。

6） 落下塔　短時間ではあるが，簡便に良質の重力レベル（$10^{-5}g$）が得られる。$1g$ から微小重力への遷移は避けられない。大規模なものとしては，地下無重力実験センター（JAMIC，10秒），日本無重量総合研究所（MGLAB，4.5秒），ドイツ：ブレーメン大学（ZARM，4.5秒），NASAグレンリサーチセンター（4.5秒）がある。

7） ウェークシールド　微小重力とともに超高真空を得るための装置として，ウェークシールド（wake shield facility）（図2.2）がある。円盤状の

図2.2　ウェークシールド

シールドを衛星のように地球を周回させ，その後流（ウェーク）に高真空（1.3×10^{-12}Pa）の空間をつくり，その中で材料プロセッシング等を行う。

8） 無接触浮揚装置　地上あるいは宇宙で無接触で溶融体あるいは液体を保持するための装置として，無接触浮揚装置がある。その浮揚方式により，① 音波浮遊装置，② 静電浮遊装置，③ 電磁浮遊装置がある。詳細は，4.5項の材料実験を参照。

いままで，無重力という言葉を使ってきたが，実際に厳密な無重力を実現することはきわめて困難である。そのため，一般に微小重力あるいは低重力といわれている。しばしばマイクログラビティと呼ばれるが，実際，定常重力として，$10^{-6}g$ のオーダの微小重力が要求されることが多く，スペースシャトル等では実現される。

2.2　微小重力環境の内容

重力に従って自由に運動する物体の中では重力を感じない。物質には重量がなくなる。したがって，環境が無重力であることと物体が無重量であることは等価であるといえる。

ここで，地球を周回している宇宙船（例えば，宇宙ステーション，スペースシャトル，フリーフライヤ）の重力環境を考える（**図 2.3**）。宇宙船が円軌道を定常に周回している場合には，宇宙船にかかる重力と遠心力は釣り合っている。

$$g(R) = \left[\frac{R_0}{R_0 + h}\right]^2 g_0 \tag{2.1}$$

ここで，$g(R)$：地球中心からの距離 R での重力，g_0：地上での重力（$g_0 = 9.81 \mathrm{m/s^2}$），$R_0$：地球半径，$h$：高度である。

このため，宇宙船内の物体にかかる見かけの重力はなくなると考えることができる。しかし，宇宙船は点ではなく，有限の大きさを持つ物体である。このことから，以下に述べるいくつかの要因により，重力環境は完全に 0 ではなく

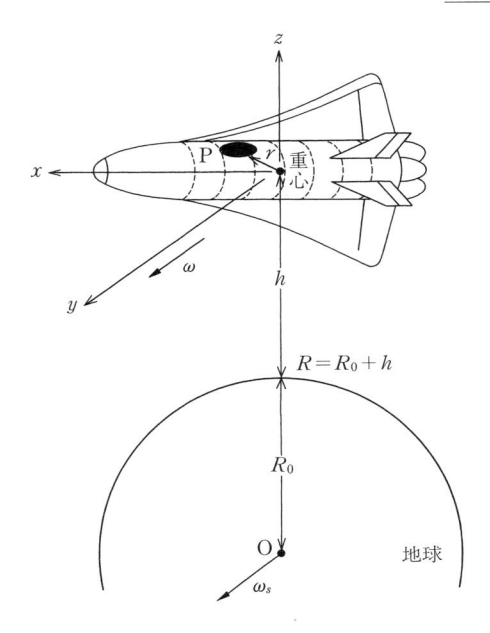

図 2.3 宇宙船（スペースシャトル）の座標軸

なり，いわゆる残留重力が発生する。

〔1〕 潮汐力および重力傾斜加速度

1) 遠心力と重力が釣り合っているのは，宇宙船の重心であって，重心から r だけ外れている場所では重力と遠心力が釣り合わない。このため，発生する残留重力を潮汐力と呼ぶ。また，軌道の半径方向の成分を重力傾斜加速度と呼ぶ。潮汐力は式(2.2)で表される。

$$a_t = g_0 \frac{R_0}{R} \frac{r}{R} \tag{2.2}$$

スペースシャトル内では，実験機器は重心から通常数メートル離れて設置されるが，宇宙ステーションではさらに遠くなることを考慮する必要がある。

2) 宇宙船が地球から見て同じ姿勢をとっているとすると，宇宙船の重心に固定された座標系は角速度 ω_s で回転していることになり，重心から r 離れている実験装置は式(2.3)のような遠心加速度を受けることになる。

$$a_i = \omega_s^2 r \tag{2.3}$$

〔2〕 空気抵抗および太陽輻射圧

1) 宇宙船の地球周回軌道は低軌道（300〜500 km）であることから，宇宙船の軌道速度は速く，地球周辺の気体が希薄であっても，宇宙船が受ける空気抵抗を無視することはできない。宇宙船が受ける空気抵抗加速度は式(2.4)のように見積もることができる。

$$a_d = \frac{\rho C_d V_s^2 A_p}{2M} \qquad (2.4)$$

ここで，ρ：大気密度，C_d：抵抗係数，V_s：宇宙船速度，A_p：飛行方向に垂直な面に投影された宇宙船の断面積，M：宇宙船の質量である。

受ける抵抗は，宇宙船の高度，姿勢，時刻によって異なることに注意する必要がある。図 2.4 に，スペースシャトルの姿勢，高度によって異なって受ける加速度の計算値の例を示す[2]。

2) 太陽光の輻射も残留重力の原因となる。太陽光圧式(2.5 a)による加速度は式(2.5 b)のように与えられる。

$$p_{sr} = \frac{1+\beta}{c} E \qquad (2.5\,\mathrm{a})$$

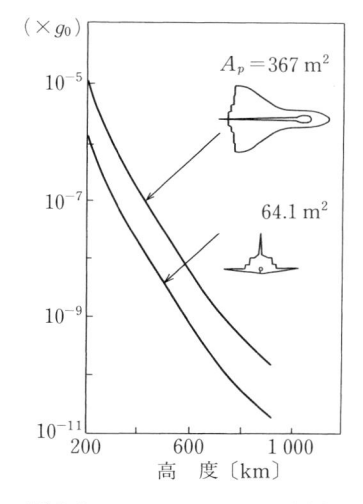

図 2.4 スペースシャトルの浮上する加速度の計算値の例

表 2.1 高度による空気密度変化

高度 〔km〕	空気密度〔kg/m³〕			
	太陽活動極小		太陽活動極大	
	夜	昼	夜	昼
100	9.8×10^{-9}	9.8×10^{-9}	9.8×10^{-9}	9.8×10^{-9}
200	1.8×10^{-10}	2.1×10^{-10}	3.2×10^{-10}	3.7×10^{-10}
300	5.0×10^{-12}	1.1×10^{-11}	2.6×10^{-11}	4.7×10^{-11}
400	4.8×10^{-13}	1.6×10^{-12}	5.0×10^{-12}	1.2×10^{-11}
500	4.1×10^{-14}	2.0×10^{-13}	8.5×10^{-13}	3.1×10^{-12}
600	1.0×10^{-14}	3.9×10^{-14}	2.0×10^{-13}	1.0×10^{-12}
700	4.1×10^{-15}	1.0×10^{-14}	4.8×10^{-14}	3.1×10^{-13}
800	2.4×10^{-15}	4.3×10^{-15}	1.7×10^{-14}	1.1×10^{-13}
900	1.6×10^{-15}	2.4×10^{-15}	7.3×10^{-15}	4.3×10^{-14}
1 000	9.6×10^{-16}	1.7×10^{-15}	4.2×10^{-15}	2.0×10^{-14}

$$a_{sr} = \frac{p_{sr}A_p}{M} \tag{2.5b}$$

ここで，$\beta(0 \leq \beta \leq 1)$：表面反射率，$c$：光速，$E$（$\approx 1360$ W/m²）：太陽全放射量である．

例を示そう．

STS-65（IML-2実験，1994）でのそれぞれの値を，$M = 111\,846.9$ kg，$R_0 = 6.371 \times 10^6$ m，$h = 305 \times 10^3$ m，$r = 3$ m，$A_p = 200$ m² として

・潮汐力による加速度

$$a_t = g_0 \frac{R_0}{R} \frac{r}{R} = 0.429 \times 10^{-7} g_0$$

・内部回転による加速度

$$\omega \times (\omega \times r)_{max} = \omega_s^2 r = 3.933 \times 10^{-6}\,\text{m/s}^2 = 4.013 \times 10^{-7} g_0$$

ここで，$\omega_s = \left\{\dfrac{\mu}{R_0 + h^3}\right\}^{1/2}$，$\mu = 398\,600.4$ km³/s² で与えられる．

・大気抵抗による加速度

シャトル高度は 305 km として，**表 2.1**[2]より，大気密度を $\rho \approx 2 \times 10^{-11}$ kg/m³ としよう．シャトルについては，$C_d = 2 \sim 2.5$（形状に依存），$V_s^2 = \dfrac{\mu}{R_0 + h} = 5.96 \times 10^7$ (m/s)² より

$$a_d = \frac{\rho C_d V_s^2 A_p}{2M} = \frac{2 \times 10^{-11} \times 2 \times 5.96 \times 10^7 \times 200}{2 \times 111\,846}\,\text{m/s}^2$$
$$= 2.1 \times 10^{-6}\,\text{m/s}^2 = 2.1 \times 10^{-7} g_0$$

・太陽光圧力による加速度

$$a_{sr} = \frac{p_{sr}A_p}{M} = 1.703 \times 10^{-9} g_0$$

以上から，空気抵抗と内部回転による加速度が一番大きな残留重力の要因であることがわかるが，軌道高度，姿勢等に依存している．宇宙ステーションではその大きさを考慮して，高度を 330〜480 km にとり，残留重力を少なくし，かつ軌道高度の低下を防いでいる．

〔3〕 **重力揺らぎ** 宇宙船の中で物体の移動（宇宙飛行士の行動，モータ

の回転，アンテナの振動等）によって生ずる振動である。場所によって異なる。**図 2.5** に，三軸の加速度計の測定結果（IML-2, 1994）を示す。これをフーリエ解析した，周波数とスペクトラムの関係を**図 2.6** に示す。

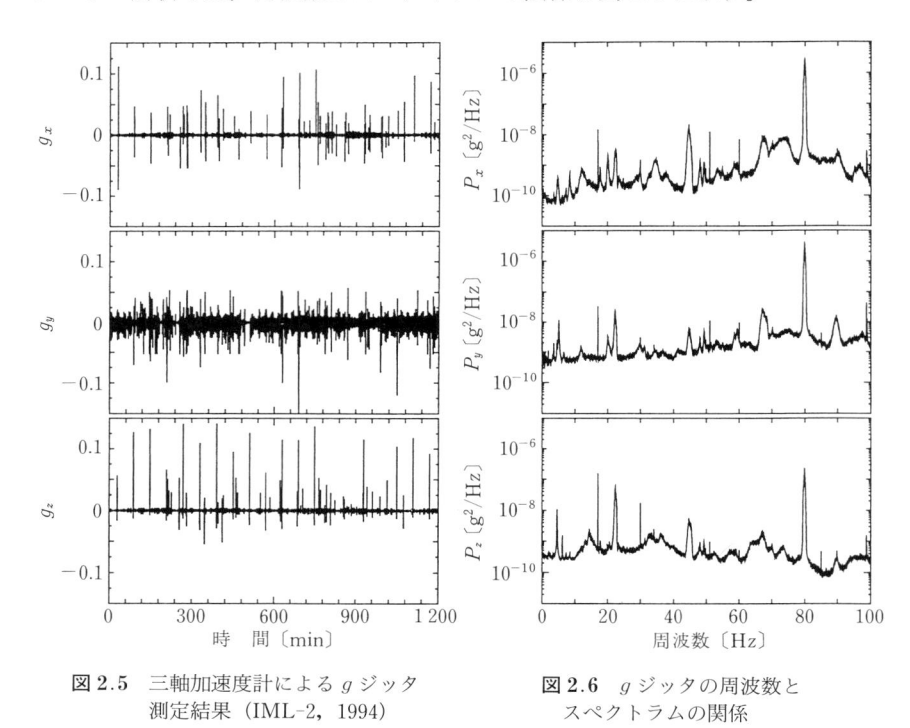

図 2.5　三軸加速度計による g ジッタ測定結果（IML-2, 1994）

図 2.6　g ジッタの周波数とスペクトラムの関係

　また，宇宙船はわずかであるが空気抵抗を受けるため，時間がたつと軌道高度が下がってくる。これを避けるため，スラスターが定期的（IML-2 の場合 1 時間ごと）に噴射される。その様子を図 2.5 から見ることができる。これはきわめて大きな擾乱を宇宙船に与える。重力の揺らぎに敏感な実験はこれを避けて行う必要がある。

　また，重力揺らぎは方向性を持っており，スラスタパルスは 1 次元ジッタであり，ジッタ源が存在するときは 1 次元ジッタが主体となる。静粛時は，低周波数域では 2 次元ジッタ，高周波数域では 3 次元ジッタが主であるといわれ

る[3]。

　宇宙ステーションで予想される重力揺らぎはスペースシャトルより大きく，微妙な実験には対策が必要であろう。予想される g ジッタレベルを**図2.7**に示す。これら重力揺らぎの流体に与える影響については，3.4節で詳述する。

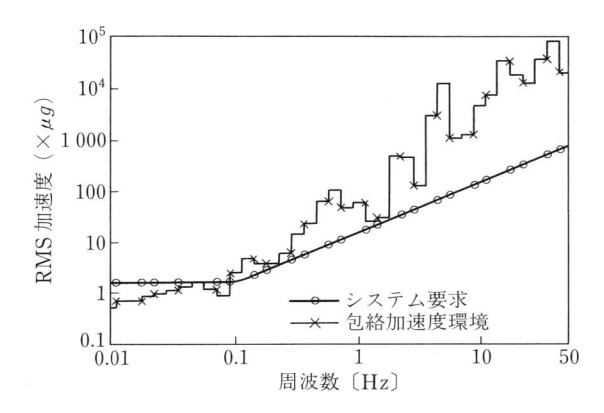

図2.7 宇宙ステーションでの予想される g ジッタレベル

　フリーフライヤでは，特に低周波数での振動が小さいこと，日陰時の重力レベルが小さくなることがわかっている[4]。

3

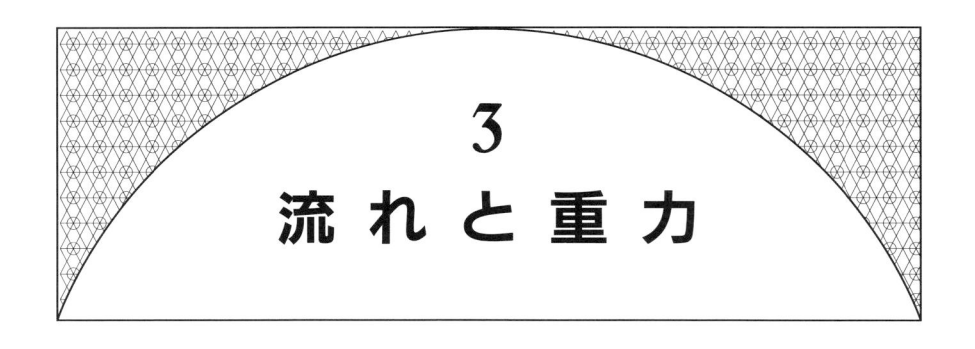

流れと重力

3.1 静 力 学

3.1.1 表 面 張 力

〔1〕 **自由表面の平衡形状**　ある量の液体を無接触で無重力環境に放置すれば球状となる。あるいは，液体中の気泡も球状となる。これは，液体と気体との境界である自由表面に表面張力 σ が存在し，表面のエネルギーが最小（すなわち球）になるよう力が働き，平衡となるからである。

〔2〕 **ラプラス条件**　液体の自由表面の曲率は，気液界面の内外圧力差と表面張力によって，式(3.1)のように決定される。これをラプラス条件という。ここで，R_1 と R_2 は自由表面の二つの主曲率半径で，中心が液体側にあるときを正とする。この場合，p_1，p_2 は液体および気体圧力である。

$$p_1 - p_2 = \sigma\left(\frac{1}{R_1} + \frac{1}{R_2}\right) \tag{3.1}$$

導出については，参考文献(1)を参照。

任意の表面形状が，$S = f(x, y)$ で与えられたとき

$$\frac{1}{R_1} + \frac{1}{R_2} = \pm\, \nabla \frac{\nabla f}{\sqrt{(1+\nabla f)^2}} \tag{3.2}$$

と表せる。界面の基準面からのずれ ζ が小さく，$z = z_0 + \zeta(x, y)$ のとき

$$\frac{1}{R_1} + \frac{1}{R_2} \approx -\left(\frac{\partial^2 \zeta}{\partial x^2} + \frac{\partial^2 \zeta}{\partial y^2}\right) \tag{3.3}$$

〔3〕 **液柱の崩壊，液滴形成**　ラプラス条件の応用例として，液柱の崩壊

過程を考える。図 3.1 は，細い孔から流れ出る液柱が，ちぎれて液滴を形成する過程を観察したものである。図に示すように，液柱の表面には非常に微小な正弦波状の変形が起こると考えられる。液柱が長くなると，曲率 R_1 と R_2 との関係から，その微小な変形を元に戻そうとする力より，変形を大きくしようとする力が卓越する。その長さの限界は液柱半径の 2π 倍で，これ以上長い液柱を作ることはできない。詳細な解析は参考文献(2)を参照。同様に，円管内壁に長い液層を作ることはできない。

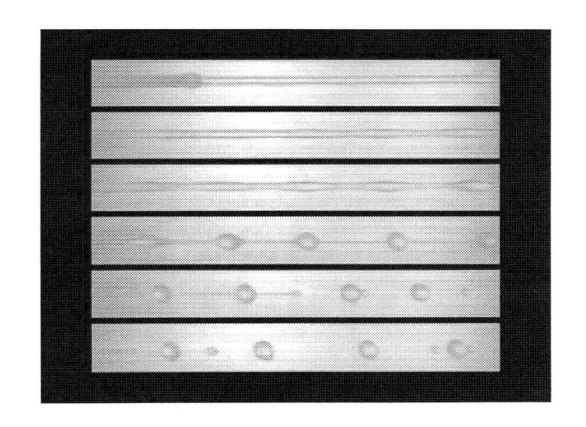

図 3.1 液柱が崩壊し液滴になる過程

〔4〕 **網目による液体保持**[3]　網で流体の保持はできるであろうか。いま，直径 D の円形の網目を考える。網目にかかる圧力 $\pi(D/2)^2 p$ を表面張力のよる力 $\pi D \sigma$ で支えるとすれば，その限界で両者は等しくなるとして，気泡

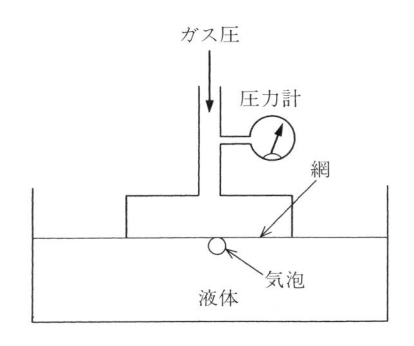

図 3.2 気泡限界圧力を知る方法

14   3. 流 れ と 重 力

表 3.1 固体，液体と角度の関係

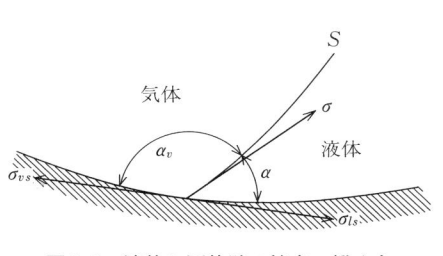

固　体	液体	接触角〔°〕
ガラス	水	0
ガラス	水銀	128〜148
ガラス	水素	0
ガラス	窒素	0
ガラス	酸素	0
鋼　鉄	水	70〜90
鋼　鉄	水素	0
鋼　鉄	窒素	0
鋼　鉄	酸素	0
パラフィン	水素	106
アルミニウム	窒素	7
白　金	酸素	1.5

図 3.3 液体と固体壁の接点に働く力

限界圧力 p_{bp} と網目径の関係は

$$D = \frac{4\sigma}{p_{bp}} \tag{3.4}$$

で与えられる。実際，**図 3.2** に示すようにして，気泡限界圧力を知ることができる。

3.1.2 濡　　　れ

〔1〕 **濡れ力学**　　液体が固体壁と接触したとき，濡れるか濡れないかによって，液体自由表面の形状が変わってくる（**図 3.3**）。

表 3.1 に示すように，液体と固体とはそれぞれ相性があり濡れ角度 α が変わる。液体，固体，気体の接触点では以下のような力の平衡が成り立っている。

$$\sigma \cos \alpha = \sigma_{vs} - \sigma_{ls} \tag{3.4}$$

これを，デュプレ・ヤング（Dupre-Young）条件という。ここで，σ は通常の液体-気体間の表面張力，σ_{vs}，σ_{ls} はそれぞれ，気体-固体間および液体-固体間に働く表面張力を表す。

〔2〕 **濡れによる液体移動**　　無重力においては，濡れによる接触点の移動が顕著となる。重力があって釣り合っていた流体の平衡状態が崩れると，デュ

プレ・ヤング条件を満たし，全体のエネルギーが最小となるような液体表面形状をとろうとする。Concusら[4]は図 3.4 のような特殊な形状をした容器（液体が多様な形状をとり得るため，解が安定でない）で実験を行っている。

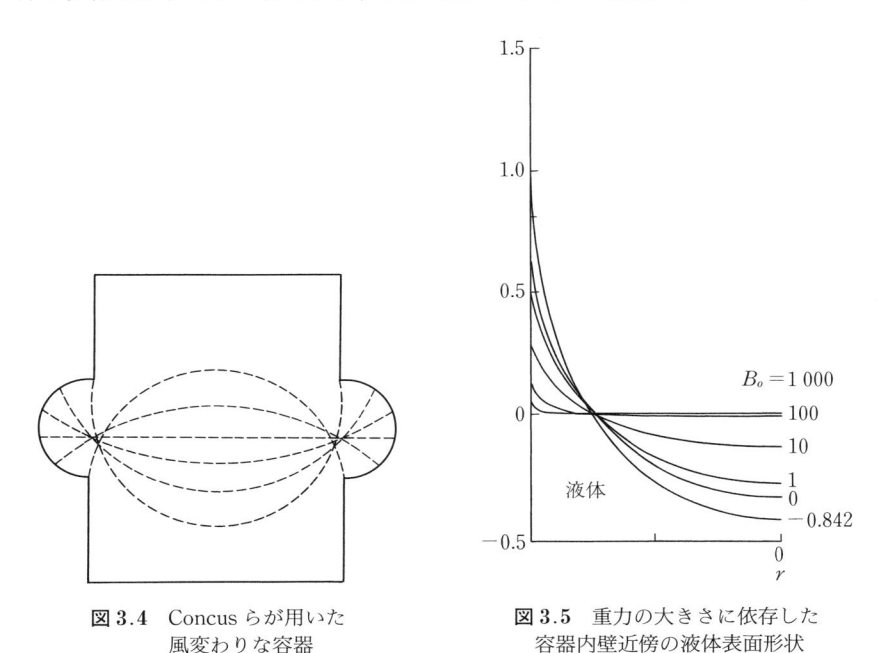

図 3.4 Concus らが用いた風変わりな容器

図 3.5 重力の大きさに依存した容器内壁近傍の液体表面形状

重力の大きさに依存した容器内壁近傍の液体表面形状を図 3.5 に示す。ここで，自由表面を持った流体に働く重力による力のオーダ

$$F_g = \rho L^3 g \tag{3.5}$$

と表面張力のオーダ

$$F_\sigma \approx \sigma L \tag{3.6}$$

との比，ボンド数（Bond number）

$$B_o = \frac{F_g}{F_\sigma} = \frac{\rho g L^2}{\sigma} \tag{2.7}$$

を定義する。ボンド数が大きければ（$B_o \gg 1$），流体の挙動を考えるとき，自由表面の影響を無視することができるし，小さければ（$B_o \ll 1$）重力の影響

を無視することができる。

（1） 容器にある流体の表面形状[5]　　図3.6のような，軸対称な容器内にある液体がどのような静的形状になるかを考える。

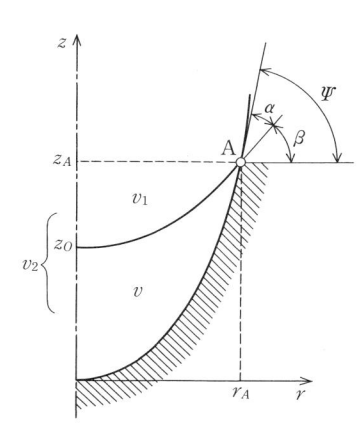

図3.6　軸対称な容器内にある液体の静的形状

ラプラスの条件，容器壁面との液体の濡れ角度，液体の体積等を考えて，液体の平衡自由表面の方程式は以下のように表される。

$$\frac{d^2x}{dt^2} = -\frac{dy}{dt}\left(\varepsilon y + q - \frac{1}{x}\frac{dy}{dt}\right) \tag{3.8}$$

$$\frac{d^2y}{dt^2} = \frac{dx}{dt}\left(\varepsilon y + q - \frac{1}{x}\frac{dy}{dt}\right) \tag{3.9}$$

ここで，以下のような無次元を行っている。

$$x = r\sqrt{|b|},\ y = z\sqrt{|b|},\ t = s\sqrt{|b|},\ q = \frac{k}{\sqrt{|b|}},\ b = \frac{\rho g}{\sigma}$$

ここで，$k = \frac{1}{R_1} + \frac{1}{R_2} = \frac{2}{R(0)}$ で $R(0)$ は対称軸 $r = 0$ での自由表面の曲率半径である。このとき，$b > 1$ に対して $\varepsilon = 1$，$b < 0$ に対して，$\varepsilon = -1$である。式(3.9)に x を掛けて，初期条件 $x(0) = y(0) = \frac{dy}{dt}(0) = 0$，$\frac{dx}{dt}(0) = 1$ を考慮して積分するとつぎの関係を得る。

$$2x\sin\beta = \varepsilon x^2 y + \frac{\varepsilon}{\pi}V_1,\ V_1 = v_1 b\sqrt{b} \tag{3.10}$$

ここで，液体と容器壁との接点 $x = x_A$，$u = y_A$ での関係

3.1 静　力　学

$$\frac{dx}{dt} = \cos(\psi_A - \alpha) = \cos\beta, \quad \frac{dy}{dt} = \sin(\psi_A - \alpha) = \cos\beta \quad (3.11)$$

を用いている．接点 (x_A, y_A) がわかっているとすると，q_A について解くことができて

$$q_A = \frac{2}{x_A}\sin(\psi_A - \alpha) - \varepsilon y_A + \varepsilon \frac{V_{2A} - V}{\pi x_A^2} \quad (3.12)$$

を得る．実際には点 A (x_A, y_A) を動かして収束する解を求める．また，V_2，ψ 等は容器の形状に応じて求めることになる．

平板上にある液滴形状を求めるには，式(3.8)，(3.9)で $x\dfrac{dy}{dt} = 0$ とした

$$\frac{d^2x}{dt^2} = -\frac{dy}{dt}(\varepsilon y + q), \quad \frac{d^2y}{dt^2} = \frac{dy}{dt}(\varepsilon y + q) \quad (3.13)$$

を用いて，この第1式を液滴上面の対称軸との接点（O）から平板との接点（A）まで積分することにより，以下の有用な関係式を得る．

$$\cos\beta = 1 - \frac{1}{2}\varepsilon y^2 - qy$$

（2） くさびの壁に接する液体[6]　　くさび領域にある液体はくさびを上っていく（図3.7）．重力 $g > 0$, $0 \leq \gamma < \dfrac{\pi}{2}$ として，u を液の高さとすると

$$\alpha + \gamma \geq \frac{\pi}{2} \text{のとき}: 0 < u < \frac{2}{\kappa\delta} + \delta \quad (3.14)$$

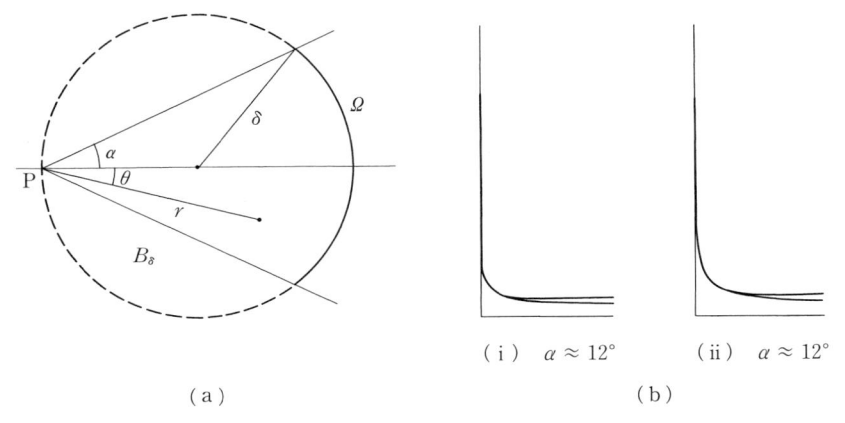

（ⅰ）　$\alpha \approx 12°$　　（ⅱ）　$\alpha \approx 12°$

（a）　　　　　　　　　（b）

図3.7　くさび壁の形状とパラメータおよびくさび壁を上る液体

$a + \gamma < \dfrac{\pi}{2}$ のとき：$u \approx \dfrac{\cos\theta - \sqrt{k^2 - \sin^2\theta}}{k\kappa r}, \quad r \to 0$ \hfill (3.15)

で与えられる。ここで，$\kappa = \Delta\rho g/\sigma$，$\Delta\rho$：境界面での密度変化，$k = \sin a/\cos\gamma$，$\gamma$：接触角，$\delta$：毛細管の半径である。

3.2 熱対流とマランゴニ流

温度勾配(こう)のある流体は，その勾配の方向が重力の方向とどのような関係にあるかにより，流れ（熱対流）が発生したり，しなかったりする。図 3.8(ａ)のように，温度勾配の方向と重力方向（上から下へとする）が逆でほぼ平行な場合は，流体は安定で流れは起こらないか，起こっても安定状態になる。図(ｂ)のように，二つの方向がほぼ直行する場合は，必ず熱対流が発生する。図(ｃ)のように，二つの方向が同じ方向に平行な場合，レイリー数（後述）がある値を超えると，対流が発生する。実際には三つの場合の組合せになっている。熱対流のおよその速さを得る考え方を以下に記す。

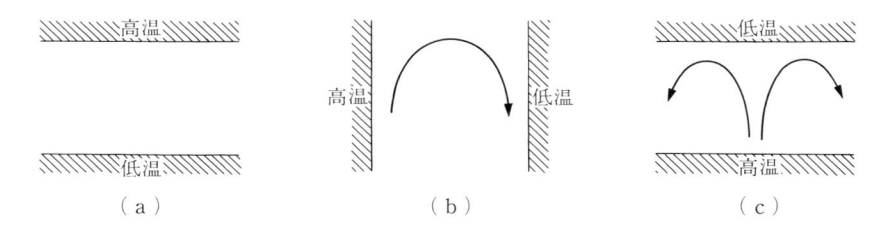

図 3.8　温度勾配と重力の方向により発生する流れ

3.2.1　ブ シ ネ 近 似

重力が唯一の体積力であるような非圧縮性流体の運動量方程式を考える。

$$\rho \dfrac{Dv}{Dt} = -\nabla p + \rho g + \mu \nabla^2 v \tag{3.16}$$

p と ρ をある点の静水平衡値 p_h，ρ_r の周りに展開し（ここで $p_h = p_0 - g\displaystyle\int_0^z \rho dz$，$\nabla p_h = g\rho_r$）

3.2 熱対流とマランゴニ流

$$p_m = p - p_h, \quad \Delta\rho = \rho - \rho_r \tag{3.17}$$

とする。これを式(3.16)に代入することにより，次式を得る。

$$\left(1 + \frac{\Delta\rho}{\rho_r}\right)\frac{Dv}{Dt} = -\frac{1}{\rho_r}\nabla p_m + \frac{\Delta\rho}{\rho_r}g + \frac{\mu}{\rho_r}\nabla^2 v \tag{3.18}$$

ここで

$$\rho = \rho_r[1 - \beta(T - T_r)] \tag{3.19}$$

β が温度のみに依存するとすると（濃度にも依存する場合がある）

$$\beta \equiv \beta_T, \quad \beta_T = -\frac{1}{\rho}\left(\frac{\partial\rho}{\partial T}\right)_p$$

式(3.18)において，$\frac{\Delta\rho}{\rho_r}$ が慣性項と浮力項に現れるが，通常 $\frac{\Delta\rho}{\rho_r}$ は 1 に比べてきわめて小さいので，慣性項では無視する。一方，浮力項ではいかに小さくても無視せず残す。結局，自由対流の方程式は以下のようになり，ブシネ方程式と呼ばれる。

$$\nabla \cdot \boldsymbol{v} = 0 \tag{3.20}$$

$$\frac{\partial \boldsymbol{v}}{\partial t} + \boldsymbol{v}\cdot\nabla\boldsymbol{v} = -\frac{1}{\rho_r}\nabla p_m - \boldsymbol{g}\beta_T(T - T_r) + \frac{\mu}{\rho_r}\nabla^2\boldsymbol{v} \tag{3.21}$$

$$\rho c_p\left(\frac{\partial T}{\partial t} + \boldsymbol{v}\cdot\nabla T\right) = k\nabla^2 T \tag{3.22}$$

3.2.2 容器内熱対流[7]

温度勾配のある容器内の流体の対流速度を知るため，式(3.21)の定常な方程式を以下のように無次元化すると（＊は次元ありを表す）

$$u_i = \frac{v_i^*}{U}, \quad x_i = \frac{x_i^*}{L}, \quad \nabla T^* = T_w^* - T_r^*, \quad \theta = \frac{T^* - T_r^*}{T_w^* - T_r^*}, \quad p = \frac{p^*}{\rho U^2}$$

式(3.23)を得る。ここで，U は解析で速度スケールを与えるまだ決まっていない基準速度，L は特性長さスケールである。w と r は二つの異なる基準点を表す。

$$u_j\frac{\partial u_i}{\partial x_j} = -\frac{\partial p}{\partial x_i} + \frac{\beta_T g_i L\Delta T^*}{U^2}\theta + \frac{\nu}{UL}\frac{\partial}{\partial x_j}\frac{\partial u_i}{\partial x_i} \tag{3.23}$$

3. 流 れ と 重 力

非常にゆっくりとした流れ〔レイノルズ数（慣性の大きさと粘性の大きさの比 $Re \equiv UL/\nu \ll 1$)〕で，流れが浮力のみによる場合，浮力による流れのエネルギーと粘性によるエネルギーの散逸が釣り合うように，流れの速さが決まると考えられる。この場合，浮力項と粘性項の係数のオーダがほぼ等しいと考えてよいから

$$\frac{\beta_T\, g\, L\Delta T^*}{U^2} \approx \frac{\nu}{UL} \tag{3.24}$$

が成り立つ。これより

$$U \approx \frac{\beta_T\, g\, \Delta T^* L^2}{\nu} = Gr\frac{\nu}{L} \tag{3.25}$$

が得られる。ここで，グラスホフ数 Gr は"浮力と粘性力との比"を意味し

$$Gr = \frac{\beta_T\, g\, \Delta T^* L^3}{\nu^2} \tag{3.26}$$

で与えられるが，式(3.25)より

$$Gr = \frac{UL}{\nu} \tag{3.27}$$

となるので，熱対流に関するレイノルズ数 Re と見なすことができる。

一方，熱境界層が存在した場合，その層全体に浮力が働くので，層の厚さは基本的な長さスケールと考えられる。座標拡張法を用いて，以下のような速度を得る。

$$Pr \ll 1\text{の場合}: U \approx \sqrt{\beta_T\, g\, \Delta T^* L} = \frac{\nu}{L}\sqrt{Gr} \tag{3.28}$$

$$Pr \gg 1\text{の場合}: U \approx \sqrt{\beta_T\, g\, \Delta T^* \frac{L}{Pr}} = \frac{\nu}{L}\sqrt{\frac{Gr}{Pr}} \tag{3.29}$$

ここで，プラントル数 $Pr = \nu/\kappa$ である。

対流と拡散による熱伝達の比を考える。この比を表すのがペクレ数 Pe_T である。

$$Pe_T = \frac{UL}{\kappa} \tag{3.29}$$

ここで，$\kappa = k/\rho c_p$：熱拡散率，k：熱伝導率，ρ：密度，c_p：定圧比熱であ

る。

これに，式(3.25)で得られた速度 U を代入することにより

$$Pe_T = \frac{g\beta_T \Delta T^* L^3}{\nu\kappa} \tag{3.31}$$

またこれは

$$= GrPr \equiv Ra \tag{3.32}$$

と表されて，この場合，ペクレ数はレイリー数 Ra となる。

したがって，レイリー数は通常"浮力によって解き放たれる自由エネルギーと熱伝導および粘性によって散逸するエネルギーの比"と定義されるが，"熱対流と熱拡散の比"をも表していることがわかる。微小重力実験では対流をなくして，拡散支配の状態を得たいので，できる限り小さいレイリー数が望まれるわけである。このレイリー数が，まさに望む微小重力レベルに一致しているといえる。すなわち

$$\left(\frac{g}{g_0}\right)_{max} = \varepsilon Ra \tag{3.33}$$

ε は任意に決定する。

3.2.3 マランゴニ流

熱対流のほかに，液体に自由表面が存在すれば，表面張力差に起因する対流が起こり，微小重力環境では，熱対流より優越することがある。表面張力は温度および含まれる成分の濃度に依存していることが知られている。すなわち，表面張力の場所による変化は

$$\frac{\partial \sigma}{\partial x} = \frac{\partial \sigma}{\partial T}\frac{\partial T}{\partial x} + \frac{\partial \sigma}{\partial c}\frac{\partial c}{\partial x} \tag{3.34}$$

のように表される。ここで，c は含まれる成分の濃度である。一般に $\partial\sigma/\partial x < 0$ である。液体表面において温度差あるいは濃度差，あるいは両者が存在する場合，表面張力差による力と粘性によるせん断応力と釣り合う速度が得られる（図 3.9）。

$$\mu \frac{\partial u}{\partial z}\bigg|_{z=0} = \frac{\partial \sigma}{\partial x} \tag{3.35}$$

ある条件でのマランゴニ流を求めるには，通常コンピュータを用いた数値計算（3.3節参照）が必要である。ここでは簡単な解析例を示す。

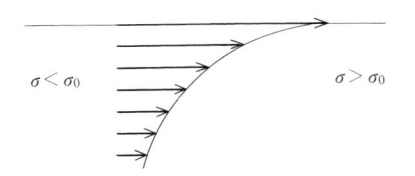

図 3.9 表面張力が異なるために発生する表面近傍の流れ

〔1〕 **温度勾配のある容器中の液体マランゴニ流**[8] 　図 3.10 のような，両端で加熱および冷却される水平方向に長い容器に入った，上に自由表面を持つ液層を考える。重力も存在するとする。

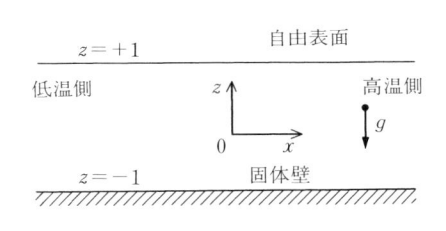

図 3.10 水平方向に温度勾配のある自由表面を持つ液層

$$u_x = u(y), \quad u_z = 0, \quad \frac{\partial u}{\partial x} = 0 \tag{3.36}$$

$$\frac{1}{\rho}\frac{\partial P}{\partial z} = \beta g T \tag{3.37 a}$$

$$\frac{1}{\rho}\frac{\partial P}{\partial x} = \nu \frac{\partial^2 u}{\partial z^2} \tag{3.37 b}$$

$$u\frac{\partial T}{\partial x} = \kappa\left(\frac{\partial^2 T}{\partial x^2} + \frac{\partial^2 T}{\partial z^2}\right) \tag{3.38}$$

式(3.37)より圧力項を消すと

$$\nu \frac{\partial^3 T}{\partial z^3} = \beta g \frac{\partial T}{\partial x} \tag{3.39}$$

式(3.39)の左辺は z のみの関数，右辺は x のみの関数となるため，両辺を定数 K とおける。

したがって，温度に関する解は

$$T(x,y) = f(z) + \frac{K}{\beta g}x \tag{3.40}$$

水平方向の速度の解は

$$u = \frac{K}{\nu}\left(\frac{z^3}{3!} + C_1\frac{z^2}{2!} + C_2 z + C_3\right) \tag{3.41}$$

で与えられる．積分定数 C_1，C_2，C_3 は，以下の三つの条件から決まる．

- 底辺の境界が固定：$z = -l$ で $u = 0$ (3.42)
- 質量保存あるいは戻り流の条件：$\int_{-l}^{l} u\,dz = 0$ (3.43)
- 自由境界での接線応力の釣合い：

$$\rho\nu\left(\frac{\partial u}{\partial z}\right)_{z=+l} = \frac{\partial \sigma}{\partial x} = \frac{\partial \sigma}{\partial T}\left(\frac{\partial T}{\partial x}\right)_{z=+l} \tag{3.44}$$

これらの条件を適用して，以下のように水平方向の速度分布を得る．

$$u = U\left[\frac{Z^3}{6} - \frac{1-3k}{8}Z^2 - \frac{1-k}{4}Z + \frac{1-3k}{24}\right] \tag{3.45}$$

ここで

$$k = \frac{Ma}{Ra} = \frac{\partial \sigma/\partial T}{\rho\beta g l^2},\quad U = \left(\frac{\partial T}{\partial z}\right)_{z=1}\frac{\boldsymbol{g}\beta l^3}{\nu},\quad Z = \frac{z}{l} \tag{3.46}$$

$$Ma = \frac{-(\partial \sigma/\partial T)\Delta T l}{\rho\nu\kappa} \tag{3.47}$$

で与えられ，マランゴニ数と呼ばれる（通常 $\partial\sigma/\partial T < 0$ のためマイナス記号が付く）．

- $k = 0\,(Ma = 0)$ の場合：

$$u = \left(\frac{\partial T}{\partial x}\right)_{z=1}\frac{g\beta l^3}{\nu}\frac{1}{24}(4Z^3 - 3Z^2 - 6Z + 1) \tag{3.48}$$

- $k = -\infty\,(Ma>0,\ Ra = 0)$ の場合：

$$u = \left(\frac{\partial T}{\partial x}\right)_{z=1}\left(\frac{\partial \sigma}{\partial T}\right)\frac{l}{\rho\nu}\frac{1}{8}(3Z^2 + 2Z - 1) \tag{3.49}$$

図 **3.11** に，式(3.44)を三つの極限のケースについて速度分布を表す．同様に，温度分布も求めることができる．

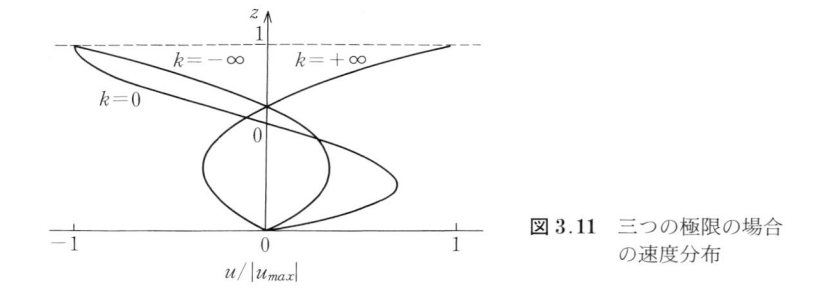

図 3.11　三つの極限の場合の速度分布

〔2〕**マランゴニ数**　上の例ではマランゴニ数を式(3.47)のように定義したが，一般に液面長さ L に比べて深さ l が十分小さい（$L \gg l$）容器中の流れの場合

$$Ma = \frac{|\partial\sigma/\partial T|(\Delta T/L)l^2}{\rho\nu\kappa} \tag{3.50 a}$$

$l \geq L$ の場合には

$$Ma = \frac{|\partial\sigma/\partial T|(\Delta T/L)L^2}{\rho\nu\kappa} \tag{3.50 b}$$

となるが，以下のような定義もある。

$$M = \frac{Ma}{Pr} \tag{3.51}$$

Ma は表面張力に対する粘性と熱拡散の積の比を表しており，M は表面張力と粘性力の比を表している。Ma は自然対流でのレイリー数に，M はグラスホフ数あるいはレイノルズ数に対応している。

　マランゴニ数，レイリー数ともに，対流による熱伝達の寄与を決めるのに便利である。

（1）**二層の場合**　図 3.12 のように，粘性率，熱拡散率が異なり，混合しない 2 液が接して容器の中にあり，水平方向に温度勾配が存在する場合は，それぞれのマランゴニ数の比率により，図 3.13 のような速度分布となる。適当な表面張力の温度勾配を持つ液体を組み合わせることにより，マランゴニ流による速度分布を変えることができる。ここで，それぞれのマランゴニ数は以下のように定義されている。

図 3.12 二層のマランゴニ数の比による速度分布

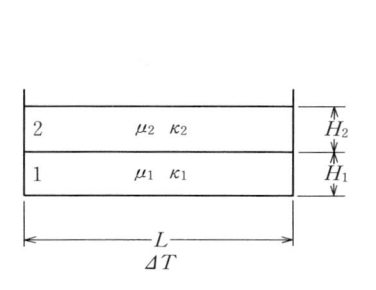

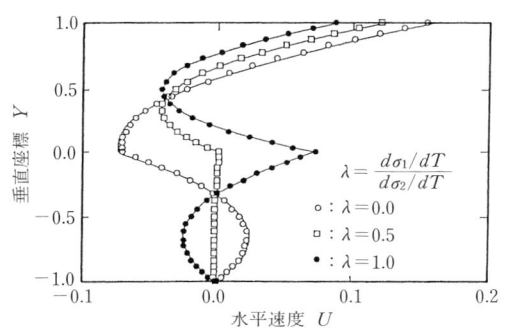

図 3.13 温度勾配のある液体中にある液滴あるいは気泡中および周りの流れ

$$Ma_1 = \frac{\frac{\partial \sigma_i}{\partial T}\frac{\Delta T}{L}H_1^2}{\mu_1 \kappa_1}, \quad Ma_2 = \frac{\frac{\partial \sigma_2}{\partial T}\frac{\Delta T}{L}H_2^2}{\mu_2 \kappa_2} \tag{3.52}$$

σ_i は 2 液間の界面張力である。

（2） 液柱の場合　　3.3.3項を参照。

（3） 温度勾配下の気泡，液滴の場合　　1個の気泡あるいは液滴が温度勾配 $|\nabla T_\infty|$ のある媒体中に存在する場合，媒体中を通常温度の高いほうへ移動する（図 3.14）。

$M \ll 1$ の場合，その移動速度は以下のような式で与えられる。レイノルズ数，マランゴニ数は

$$Re = \frac{aU_1}{\nu_0} \tag{3.53}$$

$$M = \frac{aU_1}{\kappa_0} \tag{3.54}$$

ここで，a：気泡，液滴の半径，ν_0, κ_0：媒体の動粘性率および熱拡散率，U_1：特性速さである。

$$U_1 = \frac{|\partial \sigma/\partial T||\nabla T_\infty|a}{\mu_0} \tag{3.55}$$

移動速さは次式で与えられる。

$$U = \frac{2a|\nabla T_\infty|\partial \sigma/\partial T}{\mu_0(2+3\mu)(2+k)} \tag{3.56}$$

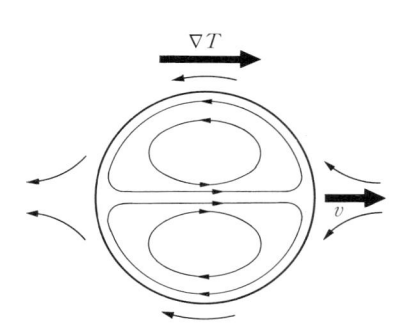

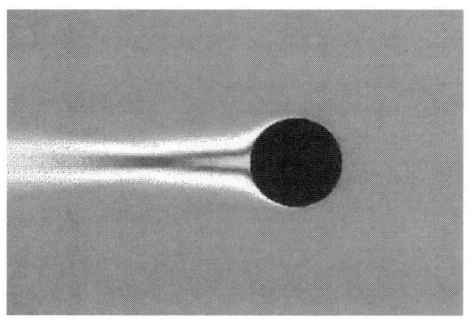

図 3.14　均一温度場中に成長する蒸気泡周りの温度分布と移動の様子

図 3.15　マランゴニ・ベナール対流表面のフィゾー干渉計での観測図

ここで，$\mu = \mu_i/\mu_0$：粘性率の比，$k = k_i/k_0$：熱伝導率の比である。

気泡の場合，$\mu, k \to 0$ とすることにより

$$U = \frac{U_1}{2} \tag{3.57}$$

となる。

均一温度場中の成長する蒸気泡あるいは凝縮する蒸気泡は，均一温度であるにもかかわらず，マランゴニ効果により移動することが，実験および解析で確認されている。図 3.15 にその原理を示す[9]。

3.2.4　ベナール対流

熱対流とマランゴニ対流が混合した現象例として，液上面が自由液面である液層を下面から一様に加熱したとき，秩序ある流れ（マランゴニ・ベナール対流）が発生することが知られている（図 3.16）。ベナール対流の詳細は他書に譲り，ここでは重力による熱対流がなくても，マランゴニ流だけでベナール対流が発生することを強調しておこう。

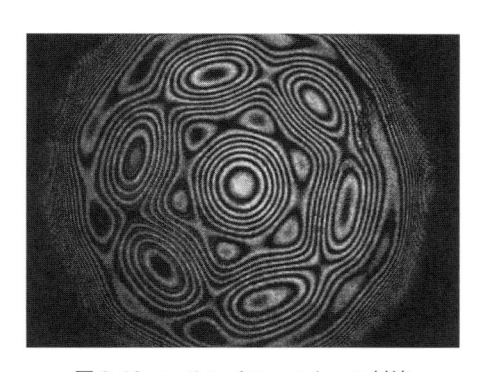

図 3.16　マランゴニ・ベナール対流

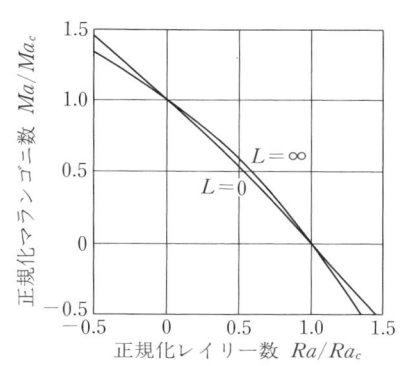

図 3.17　ベナール対流が発生する臨界マランゴニ数と臨界レイリー数

ベナール対流が発生する臨界マランゴニ数 Ma_c，臨界レイリー数 Ra_c を図 3.17 に示す[10]。熱対流がない状態 $Ra=0$ でも，ベナール対流が発生する。ここで，マランゴニ数は同様に $Ma=(\partial\sigma/\partial T)\Delta TL/\rho\nu\kappa$ で与えられるが，液層底面と上部自由表面との温度差を ΔT，距離を L としている。

Ma_c，Ra_c は液層の下部加熱面および上部気体との温度境界条件が大きく影響する。特に，気液界面ではビオ数 $Bi=hH/k$ が影響する。ビオ数 Bi により，Ma_c，Ra_c の値が大きく変化することに注意する。ここで，$h=\partial q/\partial T$：自由表面に接している周囲の気体の熱伝達係数，H：液厚さである。

3.3　数値シミュレーション手法

宇宙環境利用の進展を反映して，現在は落下施設から国際宇宙ステーションに至るまでの多岐にわたった宇宙環境を得る手段がある。しかし，利用可能空間や電力，通信容量，記憶容量などのリソースに種々の制約があり，宇宙環境利用研究に充分だとはいい難く，実験的なデータ収集には限界がある。このため宇宙環境利用では，実験を補完するものとして特に数値シミュレーションが重要である。

宇宙環境に対応した流れの数値シミュレーション手法といっても，特段通常

の数値シミュレーション手法と異なるところがあるわけではない。数値シミュレーションが宇宙環境での流れをターゲットにしたときに，地上と異なる唯一といってよい要素は，重力の効果をほとんど無視できることである。圧縮性を考慮しなければならない高速流のケースでは，重力が流れに及ぼす影響はきわめてわずかであるため，重力を無視することが普通である。このため宇宙環境であれ地上環境であれ，高速流に対する数値シミュレーション手法は変わりがない。

しかし非圧縮性流体では，密度が大きく流れが比較的遅いため重力の効果は無視できない。逆にいえば非圧縮性流体では，宇宙環境，すなわち微小重力環境か否かが流れに影響する。このため，ここでは宇宙環境における非圧縮性流体の数値シミュレーション手法について概観することにする。

非圧縮性流体に関する非定常流体基礎方程式を以下に挙げれば

連続方程式：$\nabla \cdot \boldsymbol{v} = 0$ (3.58)

運動方程式：$\dfrac{\delta \boldsymbol{v}}{\delta t} + \boldsymbol{v} \cdot \nabla \boldsymbol{v} = -\dfrac{1}{\rho}\nabla P + \nu \nabla^2 \boldsymbol{v} + \boldsymbol{g}$ (3.59)

エネルギー方程式：$\dfrac{\delta T}{\delta t} + \boldsymbol{v} \cdot \nabla T = \kappa \nabla^2 T$ (3.60)

となる。ここで，$\boldsymbol{v}$，t，ρ，P，ν，$\boldsymbol{g}$，T，κ は，それぞれ速度ベクトル，時間，密度，圧力，動粘性係数，重力ベクトル，温度，熱拡散係数である。式(3.59)はナビエ・ストークス方程式あるいはNS方程式とも呼ばれる。注目する流体が固定境界で閉じ込められている場合は，静水圧の無視が可能であるため，非圧縮性であっても温度変化により微小な密度変化があると仮定するブシネ近似を用いることができ，式(3.59)は

$$\dfrac{\delta \boldsymbol{v}}{\delta t} + \boldsymbol{v} \cdot \nabla \boldsymbol{v} = -\dfrac{1}{\rho_0}\nabla P + \nu \nabla^2 \boldsymbol{v} + \beta \boldsymbol{g} T \qquad (3.61)$$

となる。ただし，$\rho = \rho_0\{1 - \beta(T - T_0)\}$ と示すことができると仮定する。β は体積膨張率と呼ばれる。

式(3.59)および式(3.61)の重力ベクトルは，微小重力環境を仮定すれば，通常は無視することができる。このため基礎方程式に関しては，宇宙環境では一

層の簡略化が可能であるといえる。しかし他方，境界条件に宇宙環境の特異性が現れてくる。以下で簡単に説明しよう。

例えば，油と水あるいは空気と水を混合した場合のように液体-液体，気体-液体間に界面が存在する場合，地上では密度差によりどちらの場合でも必ず重い水が下方の位置を占め，界面はほぼ水平になる。これは，この系が持つエネルギーが最小となるよう，界面が変形することと重力が大きい場合は位置エネルギーが系のエネルギーのほとんどを占めることから，位置エネルギーを小さくするように密度分布が配置されるためと考えることができる。重力による位置エネルギーは充分大きいため，この界面は少々の流れによっても変形せず水平のままと仮定してよい。このため，界面の変形を無視した簡略化された境界条件を用いることができる。

この関係をより一般的に説明するために，図 3.18 に示すような界面がわずかに変形した 2 次元の流体 A-B 界面を考える。変形により，以下のようなエネルギーの変化が発生する。

位置エネルギー：$E_P \approx (\rho_a - \rho_b)gh^2 L$ （3.63）

界面エネルギー：$E_S \approx \sigma \dfrac{h^2}{L}$ （3.64）

これらは変形エネルギーと考えることができる。また，変形の原因となる運動エネルギーは

運動エネルギー：$E_K \approx \rho_a h L v^2$ （3.65）

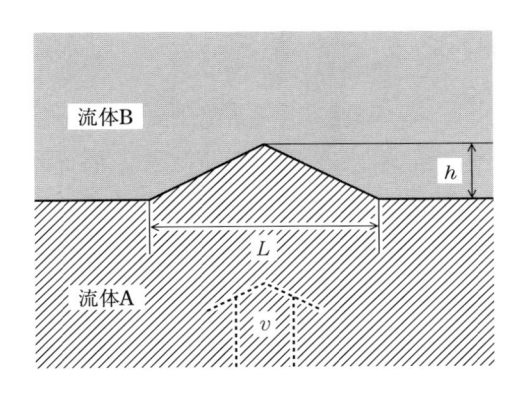

図 3.18 流体 A-B 界面モデル

である．ここで，ρ_a, ρ_b, g, h, L, σ, v は，それぞれ流体 A の密度，流体 B の密度，重力，変形量，変形の及ぶ範囲，界面張力，速度である．ただし $\rho_a \geqq \rho_b$ とする．これらの式は

　　　エネルギー

　　　＝圧力・変形量（圧力付加による移動量）・変形（圧力）の及ぶ範囲

の関係から導出することができる．運動エネルギーより変形エネルギーが発生するのであるから

$$E_p + E_s \approx E_k \tag{3.66}$$

すなわち

$$h \approx \frac{\rho_a L^2 v^2}{g(\rho_a - \rho_b)L^2 + \sigma} \tag{3.67}$$

の関係が成立する．式(3.67)から，重力が充分小さい場合あるいは速度が充分大きい場合は変形が大きいことがわかる．

　しかし，この式から微小重力環境では界面はやみくもに変形するとただちに結論されるわけではなく，界面張力が充分強い場合も変形が生じないことがわかる．

　例えば，宇宙環境利用に関する重要なトピックであるマランゴニ対流の研究では，気体-液体界面を円柱状（液柱）にして界面張力が界面を確実に保持するよう実験を実施している．

　このため液柱マランゴニ対流の数値シミュレーションでは，通常界面の変形を考慮しない．しかし界面張力による界面の接線方向に働く力，すなわち界面張力差が存在し，それがマランゴニ対流の駆動力となっている．いずれにしても，微小重力環境では界面張力は変形のあるなしにかかわらず，流れに大きな影響を与えている．

　界面の存在を考慮する必要がある流れは，移動境界問題の一種である．この問題の例として，船体の運動によって発生する波や地震津波などがあり，比較的身近な問題である．

　このため多くの数値シミュレーションが行われているが，これらはスケール

の大きな,すなわち式(3.67)の L が大きな変形を取り扱っているため,大抵の場合は界面張力の効果を無視することができ,簡略化された境界条件[15],[16]を用いる場合が多く,微小重力環境下の流れには直接適用することができない。

そこで,以下では微小重力環境に適した界面張力を考慮した境界条件を示そう。

3.3.1 境 界 条 件

図 3.19 に示すような 3 次元界面を考える。この界面の法線方向を n,この界面の接平面上の一つ方向を l,n と l に直交する方向を m とする。m はやはりこの接平面上にあり,l-m-n デカルト座標が形成される。

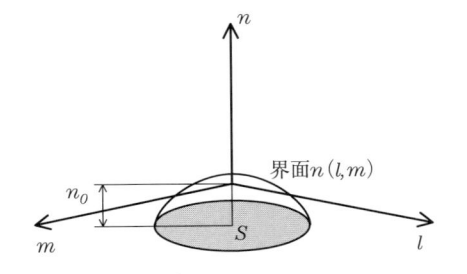

図 3.19 座標系と界面 n

界面で,以下の式[12],[14],[17]が成立する。

$$\frac{\partial \sigma}{\partial l} = \left\{\mu\left(\frac{\partial v_l}{\partial n} + \frac{\partial v_n}{\partial l} + \frac{\partial v_l}{\partial m} + \frac{\partial v_m}{\partial l}\right)\right\}_a$$
$$- \left\{\mu\left(\frac{\partial v_l}{\partial n} + \frac{\partial v_n}{\partial l} + \frac{\partial v_l}{\partial m} + \frac{\partial v_m}{\partial l}\right)\right\}_b \tag{3.68}$$

$$\frac{\partial \sigma}{\partial m} = \left\{\mu\left(\frac{\partial v_m}{\partial n} + \frac{\partial v_n}{\partial m} + \frac{\partial v_m}{\partial l} + \frac{\partial v_l}{\partial m}\right)\right\}_a$$
$$- \left\{\mu\left(\frac{\partial v_m}{\partial n} + \frac{\partial v_n}{\partial m} + \frac{\partial v_m}{\partial l} + \frac{\partial v_l}{\partial m}\right)\right\}_b \tag{3.69}$$

$$\sigma\left(\frac{\partial^2 n}{\partial l^2} + \frac{\partial^2 n}{\partial m^2}\right) = \left(2\mu \frac{\partial v_n}{\partial n} - P\right)_a - \left(2\mu \frac{\partial v_n}{\partial n} - P\right)_b \tag{3.70}$$

ここで,添字 a は界面の流体 A 側での状態,添字 b は界面の流体 B 側での状

態を表す。

　法線は流体 A から流体 B に向いているとする。μ, v_l, v_m, v_n はそれぞれ粘性係数および l, m, n 方向速度である。流体 A–気体 B 界面を取り扱う場合，気体 B は液体 A に比べ密度が充分小さいため，添字 B の項を通常無視できると考える。またこの界面を呼ぶために，本来は液体–真空界面を指す言葉である自由表面あるいは表面を使うことがある。この場合，界面張力は表面張力とも呼ばれる。

　式 (3.68)，(3.69) は，界面の接線方向に界面張力勾配が存在すると，それにより界面が引きずられ速度が生ずることを示している。これが前述したマランゴニ対流の駆動力[18]である。これらの式では，界面張力勾配がなにによって発生するかを考慮していない。界面張力は分子間力[19]に起因しているため，温度，溶質の濃度などに依存することが知られており，電気的に制御できること[20]も知られている。

　簡単のため界面張力が温度のみに依存しかつ温度に比例する場合を考えると，例えば式 (3.68) の左辺は，$\gamma \partial T/\partial l$ に書き換えることができる。ただし，表面張力は $\sigma = \sigma_0 + \gamma(T - T_0)$ と表せるとする。

　式 (3.70) の左辺は，界面張力により静的に発生する圧力を示しており，微小変形により圧力がする仕事と微小変形により増える界面エネルギーの釣合いの関係から求めることができる。詳説は避けるが，この関係は

$$P_s \int_S (n + n_0) dl dm = \sigma \int_S \left\{ \left(\frac{\partial n}{\partial l}\right)^2 + \left(\frac{\partial n}{\partial m}\right)^2 \right\} dl dm \tag{3.71}$$

で表される。ここで，P_s は界面張力による静的な圧力，$\int_S dl dm$ は図 3.19 に示す微小部分 S での面積分を表している。n が微小変形であることを考慮すれば

$$\int_S (n + n_0) dl dm = \frac{\pi n_0^2}{\left(\dfrac{\partial^2 n}{\partial l^2} \dfrac{\partial^2 n}{\partial m^2} - \dfrac{\partial^2 n}{\partial l \partial m}\right)^{1/2}} \tag{3.72}$$

$$\int_s \left\{\left(\frac{\partial n}{\partial l}\right)^2 + \left(\frac{\partial n}{\partial m}\right)^2\right\} dldm = \frac{\pi n_0{}^2}{\left(\frac{\partial^2 n}{\partial l^2}\frac{\partial^2 n}{\partial m^2} - \frac{\partial^2 n}{\partial l \partial m}\right)^{1/2}}\left(\frac{\partial^2 n}{\partial l^2} + \frac{\partial^2 n}{\partial m^2}\right) \tag{3.73}$$

の関係が成立するため

$$P_s = \sigma\left(\frac{\partial^2 n}{\partial l^2} + \frac{\partial^2 n}{\partial m^2}\right) \tag{3.74}$$

となる。ここで用いられた l–m–n デカルト座標系は，界面上のおのおのの点で個々に定義される局所的なものである。このため実際の計算では，以下のような全体的な座標系を用いた表示が必要となる。

$$P_s = \sigma\frac{\left\{1+\left(\frac{\partial z}{\partial y}\right)^2\right\}\frac{\partial^2 z}{\partial x^2} - 2\frac{\partial z}{\partial x}\frac{\partial z}{\partial y}\frac{\partial^2 z}{\partial x \partial y} + \left\{1+\left(\frac{\partial z}{\partial x}\right)^2\right\}\frac{\partial^2 z}{\partial y^2}}{\left\{1+\left(\frac{\partial z}{\partial x}\right)^2+\left(\frac{\partial z}{\partial y}\right)^2\right\}^{3/2}} \tag{3.75}$$

$$P_s = \sigma\left(\frac{\frac{\partial^2 z}{\partial x^2}}{\left\{1+\left(\frac{\partial z}{\partial x}\right)^2\right\}^{3/2}} + \frac{\varepsilon}{\left\{1+\left(\frac{\partial z}{\partial x}\right)^2\right\}^{1/2}z}\right) \tag{3.76}$$

ここで，式 (3.75) は界面が $z = z(x, y)$ で表される場合の x-y-z 3 次元デカルト座標表示であり，式 (3.76) は界面が $z = z(x)$ で表される場合の x-z 2 次元デカルト座標表示（$\varepsilon = 0$）および x 方向を軸とする x-z 2 次元円柱座標表示（$\varepsilon = 1$）である。2 次元円柱座標表示は 2 次元表示であるにもかかわらず，右辺第 2 項が示す 3 次元効果が含まれていることに注意されたい。

3.3.2 無 次 元 化

以上で，界面を持つ注体を取り扱うための基礎方程式および境界条件がすべてそろった。このままでも解くことができるが，数値解析では流れを特徴づけるパラメータを見いだすため，これらの式の無次元化を行うことが多い。逆に無次元化には流れの特徴によって無数の方式があるため，いくつか代表的な方式を示そう。なお，連続方程式は無次元化によっても見かけは変わらないので

記述しない。簡略化のため 2 次元表現を用い，自由表面問題の場合を扱うとして，式(3.59)，(3.60)，(3.61)，(3.68)，(3.70)を無次元化する。

まず外部から速度 U が与えられている場合，それぞれの式は

$$\frac{\partial \bar{\boldsymbol{v}}}{\partial \bar{t}} + \bar{\boldsymbol{v}} \cdot \bar{\nabla} \bar{\boldsymbol{v}} = -\bar{\nabla}\bar{P} + \frac{1}{Re}\bar{\nabla}^2 \bar{\boldsymbol{v}} + \frac{1}{Fr}\boldsymbol{g} \tag{3.77}$$

$$\frac{\partial \bar{\boldsymbol{v}}}{\partial \bar{t}} + \bar{\boldsymbol{v}} \cdot \bar{\nabla} \bar{\boldsymbol{v}} = -\bar{\nabla}\bar{P} + \frac{1}{Re}\bar{\nabla}^2 \bar{\boldsymbol{v}} + \frac{Ra}{Re^2 Pr}\bar{\boldsymbol{g}} \bar{T} \tag{3.78}$$

$$\frac{\partial \bar{T}}{\partial \bar{t}} + \bar{\boldsymbol{v}} \cdot \bar{\nabla} \bar{T} = \frac{1}{RePr}\bar{\nabla}^2 \bar{T} \tag{3.79}$$

$$\frac{Ma}{RePr}\frac{\partial \bar{T}}{\partial \bar{l}} = \frac{\partial \bar{v}_l}{\partial \bar{n}} + \frac{\partial \bar{v}_n}{\partial \bar{l}} \tag{3.80}$$

$$\frac{1}{We}\frac{\partial^2 \bar{n}}{\partial \bar{l}^2} = \frac{2}{Re}\frac{\partial \bar{v}_n}{\partial \bar{n}} - \bar{P} \tag{3.81}$$

と表すことができる。ここで，￣は無次元値を表し，$v = \bar{v}U$，$t = \bar{t}D/U$，$(x, y) = (\bar{x}D, \bar{y}D)$，$P = \bar{P}\rho_0 U^2$，$g = \bar{g}g_0$，$T - T_0 = \bar{T}\varDelta T$，既出の $\sigma = \sigma_0 + \gamma(T - T_0)$ の関係を用いている。また，D，$\varDelta T$ は代表長および代表的な温度差である。表面が変形しない場合も含め，流体が固定境界に閉じ込められている場合は，式(3.78)を運動方程式として用い，それ以外は式(3.77)を用いる。このため式(3.78)を用いる場合は，通常式(3.81)を用いない。以下は無次元パラメータである。

レイノルズ数：$Re = \dfrac{UD}{\nu}$, フルード数：$Fr = \dfrac{U^2}{g_0 D}$,

レイリー数：$Ra = \dfrac{\beta\, g_0\, \varDelta T D^3}{\nu \kappa}$, プラントル数：$Pr = \dfrac{\nu}{\kappa}$,

マランゴニ数：$Ma = \dfrac{\gamma \varDelta T D}{\mu \kappa}$, ウェーバー数：$We = \dfrac{\rho_0 U^2 D}{\sigma_0}$,

ボンド数：$Bo = \dfrac{g_0\, \rho_0\, D^2}{\sigma_0} = \dfrac{We}{Fr}$

拡散係数として動粘性係数 ν を用いているレイノルズ数と，熱拡散係数 κ を用いるレイリー数およびマランゴニ数とは相性がよくない。このため，一般的ではないがレイノルズ数の代わりにペクレ数 $Pe = UD/\kappa = RePr$ を用い

たほうが無次元式は美しくなる。または，レイリー数およびマランゴニ数の代わりにグラスホフ数 $Gr = \beta g_0 \Delta T D^3/\nu^2 = Ra/Pr$ および熱表面張力レイノルズ数 $Re_T = \gamma \Delta T D/(\mu\nu) = Ma/Pr$ を用いる方法もある。

つぎに，外部から速度が与えられておらず，界面が大きく変形している場合を考えよう。この場合，運動方程式として式(3.77)を用いる。界面圧力 P_s で流体が加速されるため，代表速度は $U = \{\sigma_0/(\rho D)\}^{1/2}$ と表され，$1/Fr = Bo$ となり，オーネゾルゲ数 $Oh = \mu/(\rho\sigma_0 D)^{1/2}$ を用いれば，$Re = 1/Oh$ となる。

また，圧力は $P = \bar{P}\rho_0 U^2 = \bar{P}\sigma_0/D$ となり，結局は界面圧力で無次元化されていることがわかる。よってこの無次元化の特徴は式(3.81)に表れ，以下のように簡単な形式になる。

$$\frac{\partial^2 \bar{n}}{\partial \bar{l}^2} = 2Oh \frac{\partial \bar{v}_n}{\partial \bar{n}} - \bar{P} \tag{3.82}$$

この無次元化は，粘性が小さいか，変形または界面張力が大きい場合に有効な手法である。

つぎに，外部から速度が与えられておらず，界面も変形していないが，マランゴニ効果が顕著な場合を考えよう。この場合，式(3.77)を用いることができ，式(3.81)を用いない。界面張力勾配で流体が加速されるため，代表速度は $U = \gamma \Delta T/\mu$ となる。よって，$Re = Re_T$ となり，式(3.80)は

$$\frac{\partial \bar{T}}{\partial \bar{l}} = \frac{\partial \bar{v}_l}{\partial \bar{n}} + \frac{\partial \bar{v}_n}{\partial \bar{l}} \tag{3.83}$$

と，大変簡単な形式になる。

このほかにも，代表速度として運動量拡散速度 $U = \nu/D$，熱拡散速度 $U = \kappa/D$ などを使うこともできる。熱拡散速度を用いると，式(3.79)は

$$\frac{\partial \bar{T}}{\partial \bar{t}} + \bar{\boldsymbol{v}} \cdot \bar{\nabla} \bar{T} = \bar{\nabla}^2 \bar{T} \tag{3.84}$$

と最も簡単になる。また式(3.77)，(3.78)も，重力項がない場合はかなり簡略化され，運動量拡散速度を用いた無重力のケースでは

$$\frac{\partial \bar{\boldsymbol{v}}}{\partial \bar{t}} + \bar{\boldsymbol{v}} \cdot \bar{\nabla} \bar{\boldsymbol{v}} = -\bar{\nabla}\bar{P} + \bar{\nabla}^2 \bar{\boldsymbol{v}} \tag{3.85}$$

となる。これらは，現象がおもに拡散によって進行する場合，すなわち流速が遅い場合に適用することができる。

以上，無次元化を上手に利用すれば式がかなり簡略化され，重要な項ほどパラメータが付かなくなること，すなわち流れに直接影響を与えることを示した。つぎに，この境界条件を取り扱える解析手法を示そう。

3.3.3 解　析　手　法

前述のように，宇宙環境に対応するための特別な数値シミュレーション手法があるわけではない。ただ，種々の非圧縮性流体解析手法の中で上記の境界条件に対する相性がある。例えば，マランゴニ対流の解析のように界面変形を考慮する必要がない場合は，ほとんどの手法をほぼそのまま使うことができる。

図 3.20 に示すような矩形の 2 次元モデルを考える。流体上面は解放されており，左壁は低温，右壁は高温とし，下面は断熱とする。この場合，界面は変形しないため式(3.81)は無視される。自然対流の解析の場合には，$Re = Gr^{1/2}$ となるよう速度を定義し，$Ma = 0$ を式(3.77)，(3.79)，(3.80)に適用したものが解くべき式である。

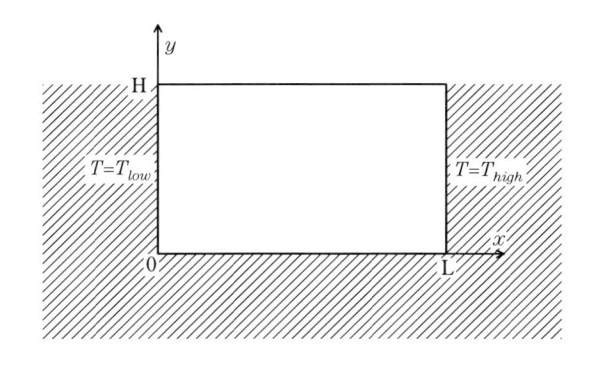

図 3.20　2 次元モデル

一方，マランゴニ対流の場合は，$Re = Re_T$ として定義し，$Ra = 0$ とした式(3.77)，(3.79)，(3.83)が用いるべき式である。速度境界条件に汎用性を持たせれば，同一の手法でどちらの流れも，あるいは両方の流れが共存する場合[21],[22]も扱えることがわかる。手法としてはおもに差分法が用いられている

が，有限要素法[22]も用いられている。

　図 3.20 に示すモデルに関し，プラントル数 0.015，マランゴニ数 400，アスペクト比 $L/H = 4$ の場合について，差分法の一種である SOLA 法[23]をエネルギー式に対応するよう改造したものを用いて 2 次元マランゴニ対流数値シミュレーションを行った例を**口絵 1** に示す。

　この例では計算対象が比較的横に長いため，マランゴニ数は $Ma = \{\gamma(T_{high} - T_{low})H^2\}/(L\mu\kappa)$ の定義を用いた。この場合，代表長として H を，代表温度差として $(T_{high} - T_{low})H/L$，すなわち単位長さのあたりの温度差を用いたと考えることができる。口絵 1 では，流れ関数の時々刻々の変化を可視化しており，振動流が発生していることがわかる。

　流体が軸対象の液柱状の場合は，2 次元円柱座標系[24]あるいは 3 次元円筒座標系[25],[26]を用いれば，デカルト座標系の式をほぼそのまま用いることができる。界面がまた重力の影響などで界面が変形していても，時間的に変化しない場合[27]には，それに対応する一般曲線座標系（境界適合格子）を用いることによって，やはりデカルト座標系に帰着できる。

　数値シミュレーションでは，一般に 2 次元から 3 次元，定常流から振動流，表面変形無から表面変形有に向かって計算能力を要するようになっている。このため，現実には実現不可能な形状であるにもかかわらず，図 3.20 に示すような 2 次元モデルからスタートせざるを得なかったマランゴニ対流の数値シミュレーション[28],[29],[30]は，コンピュータの進歩に合わせ，2 次元・振動流など[31],[32]を経て 3 次元・振動流・表面変形有[25],[26],[27]に向かっている。

　このことは，より現実的な形状での数値シミュレーションが可能となっていることを示しており，実験的・解析的な研究によって見いだされた多くの興味深い現象の再現が可能となり，実験的・解析的な研究では検出できなかった微細な現象も発見されている。

　図 3.21 に，3 次元マランゴニ対流数値シミュレーションを行った例を示す。やはり SOLA 法を用いており，プラントル数 1.02，マランゴニ数（代表長は半径）3330，アスペクト比 1.33 で，上から速度ベクトル，等温度面，断面の

3. 流れと重力

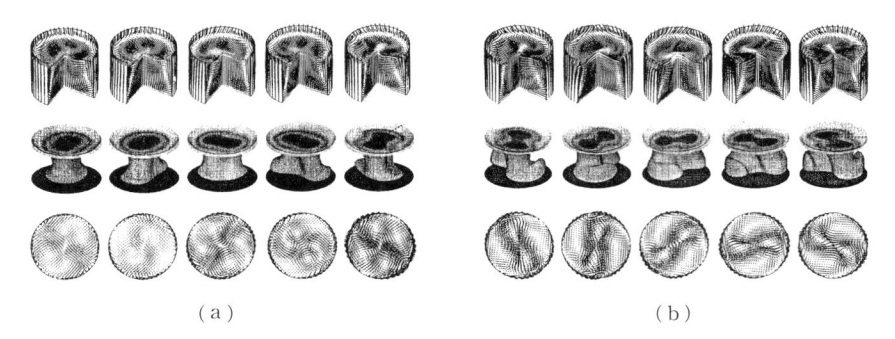

(a) (b)

図3.21　3次元数値シミュレーション（提供：安廣祥一氏）

速度ベクトルを示している。図（a）に示す流れの初期では，脈動的な振動流が見られるが，最終的には図（b）に示すように，速度分布がひずんだまま軸周りを流体が回転するモード2の振動流が発生している。発現する現象が，アスペクト比，マランゴニ数によってダイナミックに変化することが報告[26]されている。

以上，界面の時間変化がない場合を概観したが，界面の時間的変化を考慮する必要がある場合は少々複雑である。流体一般の運動を記述する手法には，流体を無数の粒子（流体粒子）の集合を考え，おのおのの粒子の運動を調べるラグランジュの方法と，空間を無数に分割し，各微小空間での密度や運動量などの物理量の変化を調べるオイラーの方法がある。

分割が無限であれば，どちらの手法であっても同じ結果を示すはずであるが，数値シミュレーションでは調査領域を有限個に分割すること，すなわち離散化が行われるため，それぞれの方法に長短が生ずる。この有限個の分割をメッシュと呼ぶ。ラグランジュ法では個々のメッシュが流体粒子を表現していると考えるため，流体の運動に伴いメッシュを変化させる必要がある。ダイナミックな流れの場合，メッシュの形状が異常にゆがみ計算精度を保てず，場合によっては数値計算が破綻する。

一方，オイラー法は位置を固定した概念から成立しているため，メッシュを変形させる必要がない。このため，一般に数値流体シミュレーションではオイ

ラー法が多用されている。しかし界面が時間的に変化する移動境界問題では，なんらかの方法で境界を追跡する必要があるため，ラグランジュ法的な視点が必須である。

移動境界問題に対応する手法は大別して 2 通りある。境界適合格子と呼ばれるメッシュ位置を界面に合わせる手法と，固定されたメッシュの中で界面の位置を計算する手法である。前者の手法で，液滴の微小振動のように流体粒子が初期位置近傍にあることが確実ならば，完全なラグランジュ法を用いることが可能である。また，流体内ではダイナミックな流れがあっても，界面の変形が適度の場合は流体内部のメッシュの変形を制限し，界面は確実に追従するラグランジュ法とオイラー法の両方の特徴を持つ ALE 法[33]が適用できる。

境界適合格子は，局所座標を用いれば基礎方程式および境界条件式をそのまま用いることができる。このため粘性応力や界面張力を正確に記述することが比較的簡単である。しかし，時々刻々のメッシュ移動が必要となり，また，境界がさらに大変形し，境界の融合や分離が発生する場合は境界適合格子を用いることはほとんど不可能である。このため固定格子として直交格子を用い，種々の方式で界面を記述する方法も考案されている。代表的なものにマーカ粒子を用いる MAC 法[15]，流体の密度を関数で表した VOF 法[34]などがある。

MAC 法ではマーカ粒子が物理量を運搬すると考え，粒子の個数分布から界面形状を決定している。VOF 法は，流体の密度 F を流体内では 1，流体外では 0 として

$$\frac{\partial F}{\partial t} + \boldsymbol{v} \cdot \nabla F = 0 \tag{3.86}$$

を解いてセル中の流体の量を追跡する手法で，流体の表現が MAC 法の粒子個数すなわち整数から実数になった分，界面形状をかなり正確に追跡できる。しかし，式(3.86)は拡散項を持っていないため，数値的な散逸により容易に界面がぼやけてしまい，解法に工夫が必要である。このため，不連続関数 F を数値的散逸に鈍感な連続関数で表す手法[35]も考案されている。

図 **3.22** に，VOF 法の差分法表示である SOLA–VOF 法[36]を用いて，オー

40　3. 流 れ と 重 力

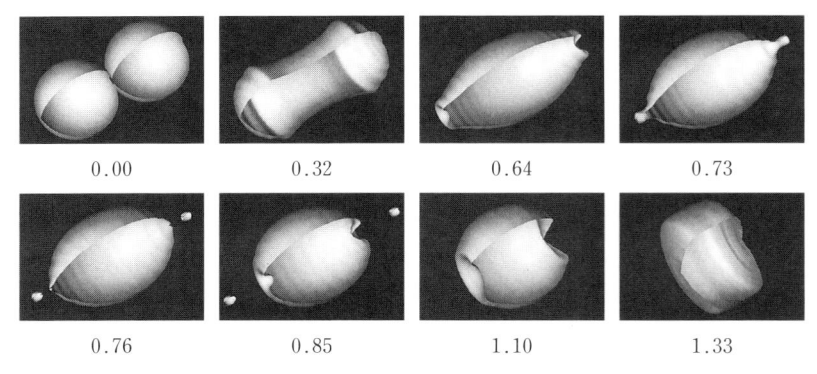

| 0.00 | 0.32 | 0.64 | 0.73 |

| 0.76 | 0.85 | 1.10 | 1.33 |

図 3.22　気泡の融合による 2 次気泡の生成

ネゾルゲ数 0.0032 の場合の気泡の融合をシミュレーションした例を示す。この場合，界面張力が主体の現象であるため，式 (3.77)，(3.80)，(3.81) を用いた。エネルギー式を無視し，マランゴニ数は 0 としたため，意味のある無次元パラメータはオーネゾルゲ数だけである。

各図下部の数字は無次元化時間を示し，気泡の融合により形成された大きな界面変形が気泡両端に伝播し，気泡両端を引きちぎって 2 次気泡を生成する様子が明確にわかる。微小重力実験で発見された 2 次気泡の生成現象[37]を数値シミュレーションで検証したもので，実験と数値シミュレーションが良好に組み合わされた例である。

3.4　重力揺らぎと流れ

3.4.1　重力揺らぎの流れおよび物質移動への影響

重力揺らぎが物質移動に影響を与えることは，実験で確かめられている。東ら[42]は IML-2 実験で拡散への影響を調べたが，g ジッタのレベルによるが，2 倍から 3 倍の拡散係数の増加が確認された。また松本ら[43]は，接した異なる二つの溶融物質間の拡散への影響をコンピュータシミュレーションで調べて，拡散係数の測定にかなりの影響が出ること，また低い周波数の影響が大きいことを指摘している（**図 3.23**）。

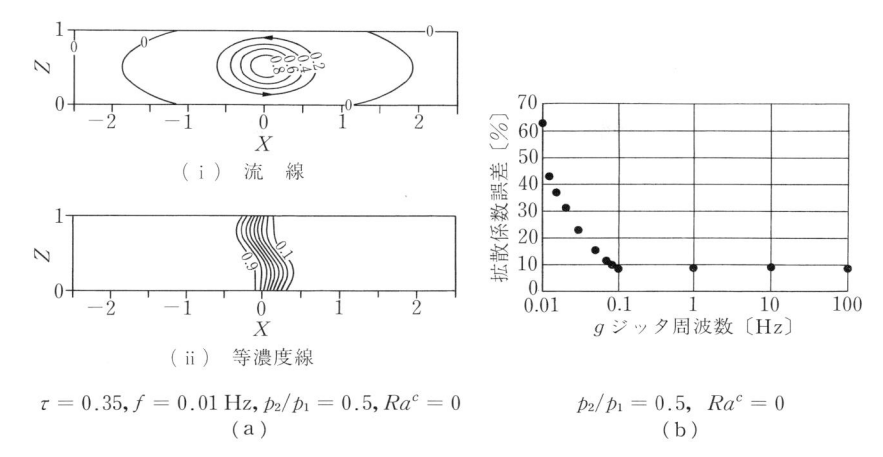

$\tau=0.35, f=0.01\,\mathrm{Hz}, p_2/p_1=0.5, Ra^c=0$
(a)

$p_2/p_1=0.5,\ Ra^c=0$
(b)

図3.23 二つの異種物質を中央で接触,溶融した場合の流線と等濃度線〔(a)〕および拡散係数の測定誤差のgジッタの周波数依存性〔(b)〕

以下に,gジッタに関して考慮すべきいくつかの点を記す.

〔1〕 **大きさオーダ解析(OMA)**[44]　重力gの影響下で周波数ωの重力揺らぎがかかっているとき,熱対流のリファレンス速度は

$$U_\omega = O\left[\frac{g\Delta\rho/\rho}{\sqrt{\omega^2+(\nu/L^2)^2}}\right] \tag{3.87}$$

で与えられる.簡単化のために$\omega^2 \gg (\nu/L^2)^2$の場合を考えると($\omega \to 0$の場合は式(3.25)の相当)

$$U_\omega \approx \frac{U\nu}{\omega L^2} = USr^{-1} \tag{3.88}$$

ここで,$\omega=\nu/L^2$,$Sr=\omega/\omega_\nu$(ストローハル数)である.

この場合の,対流と拡散で運ばれる熱の比,ペクレ数Peを考えると

$$Pe\lambda^2 = \frac{UL}{a\lambda^2} = \frac{UL}{Sra}\frac{1}{Sr} = \frac{g\beta_T\Delta TL^3}{\nu a}\left(\frac{\omega_\nu}{\omega}\right)^2 \approx Ra\left(\frac{\omega_\nu}{\omega}\right)^2 \tag{3.89}$$

重力揺らぎの充分に大きい振動数は,レイリー数Raを減少させる.ここで,λは拡散・散逸層の相対的厚みの大きさのオーダである.いまの場合,$\lambda=Sr^{-\frac{1}{2}}$である.

〔2〕 **温度勾配のある容器中液体の流れ**　Kamotaniら[45]によりgジッ

タによる流れが，Re, Pr, Ar（容器のアスペクト比），εA（流体振動の相対的振幅），$F_m/a\omega^2$（平均 g ジッタレベルの振動レベルとの比）をパラメータとして解析されている。ここで，$\varepsilon = \beta \Delta T$ である（β は液体の熱膨張係数，ΔT は相対する壁の温度差）。また，土井ら[46]により，容器内液体の自然振動数と共鳴する場合が解析され，実験と比較されている。

〔3〕 **流れの安定性への影響** g ジッタが流れの安定性にどのような影響を与えるかはきわめて興味深い問題である。B. N. Antar[47]は両面が自由表面である液層のベナール対流の場合について，g ジッタがランダムな関数，特にホワイトノイズであれば，流れは不安定化し，g ジッタが存在しない場合の臨界レイリー数より小さいレイリー数で対流が発生するとしている。

〔4〕 **ブラウン運動との関係**[48] 溶液中の微細な結晶を考えると，結晶の動きは重力とブラウン運動の影響を受ける。重力下のブラウン運動は以下のランジュバン方程式で表される。ここで，$F(t)$ は粒子に作用する揺らぎ力であり，時間的に完全にランダムであるとすると $\langle F(t)F(t')\rangle = 2\varepsilon\delta(t-t')$ と表される。ここで，$\langle \cdots \rangle$ は平均を，ε は揺らぎの大きさを規定する量を表す。

$$m\frac{d^2x}{dt^2} = -3\pi\eta a \frac{dx}{dt} + F(t) + \frac{1}{6}\pi a^3 \Delta\rho g \tag{3.90}$$

ここで，m, g, a, η, $\Delta\rho$ は粒子質量，定常加速度，粒子径，溶液の粘性，溶液と粒子の密度差である。定常加速度の下で式(3.90)は分布関数 $P(\nu,t)$ について解くことができ，フォッカー・プランク方程式を得る。

$$\frac{\partial P(\nu,t)}{\partial t}\frac{\partial}{\partial \nu} - \frac{3\pi\eta a(\nu-u)}{m}P(\nu,t) = \frac{kT 3\pi\eta a}{m^2}\frac{\partial^2}{\partial \nu^2}P(\nu,t) \tag{3.91}$$

ここで，ν は粒子速度である。この方程式の定常解は，沈降速度 u で動く座標を持ったマクスウェル分布となる。u は式(3.90)から，$F(t)$ を無視することにより以下のように得ることができる。

$$u = \frac{(\Delta x)_{Se\,dim\,ent}}{\Delta t} = \frac{a^2\Delta\rho g}{18\eta} \tag{3.92}$$

重力がないときには，ブラウン運動による拡散距離 $\langle x \rangle$ は

$$\langle (\Delta x)^2_{Brownian} \rangle = \frac{kT}{3\pi\eta a} t \tag{3.93}$$

のように表すことができる．ここで，k と T はそれぞれボルツマン定数，温度である．

　振動加速度（g ジッタ）の下では，他のタイプのランダムウォークが発生する．式(3.93)を求めたのと同じ方法で次式を得る．

$$\langle (\Delta x)^2_{g\text{ジッタ}} \rangle = \left(\frac{\pi a^3}{6}\right)\left(\frac{3\pi\eta a}{m}\right)^{-2} \iint \langle g(t')g(t'') \rangle \, dt' dt'' t \tag{3.94}$$

振動加速度 $g(t)$ が完全にランダムである $[\langle g(t)g(t') \rangle = g^2 \delta(t-t')]$ とすると，次式を得る．

$$\langle (\Delta x)^2_{g\text{ジッタ}} \rangle = \frac{1}{324}\left(\frac{\Delta\rho}{\eta}\right) a^4 g^2 t \tag{3.95}$$

ここで，粒子の沈降とブラウン運動および g ジッタによる移動との比較を行おう（**図 3.24**）．重力レベルをパラメータとして，沈降とブラウン運動が拮抗する条件，g ジッタとブラウン運動が拮抗する条件を示す．

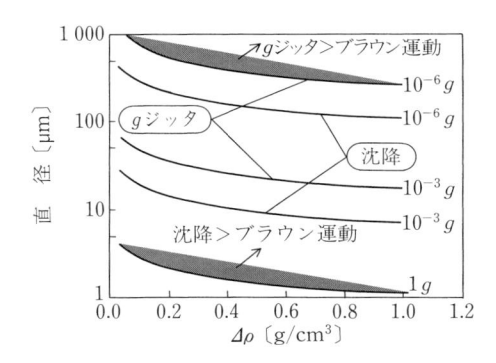

図 3.24　粒子の沈降とブラウン運動および g ジッタによる移動の比較

〔5〕　**非線形受動防振装置（NLPD）**　小形で簡易な（全質量 100 g）受動防振装置が円山ら[49]によって開発されている．**図 3.25** のように，微小重力環境下でペイロードは柔軟な膜で支えられるようになっているため，g ジッタのペイロードへの伝達は軽減される．

　一方，大きな g がかかったときは，膜の非線形特性による堅いばね性によりペイロードは安全に保たれる．

44　　　3. 流 れ と 重 力

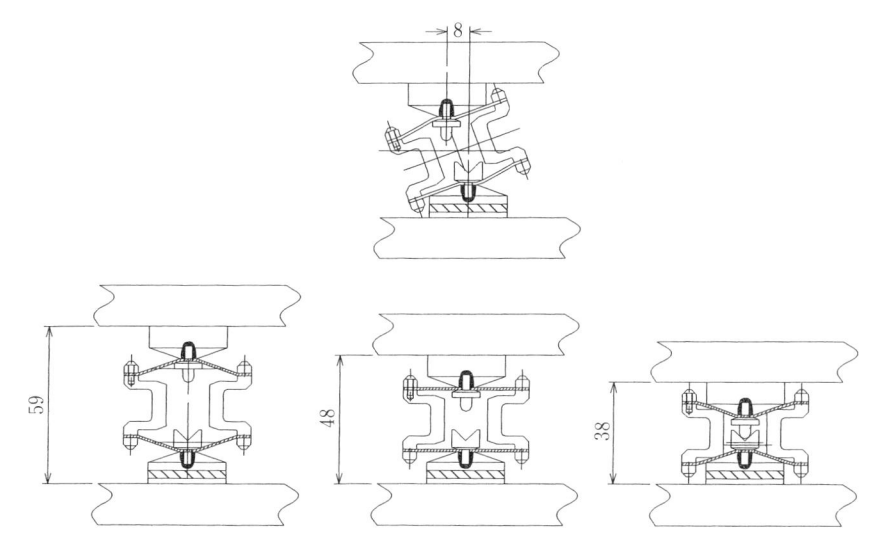

図 3.25　小形で簡易な受動防振装置

　図 3.26 に，その航空機実験で得られた効果を示す。また，宇宙ステーションにこの装置を用いた場合の予測を図 3.27 に示す。ゴムの膜厚をさらに薄くして非線形ばね効果を十分発揮させ，共振周波数をさらに小さくした場合の予測も示してある。

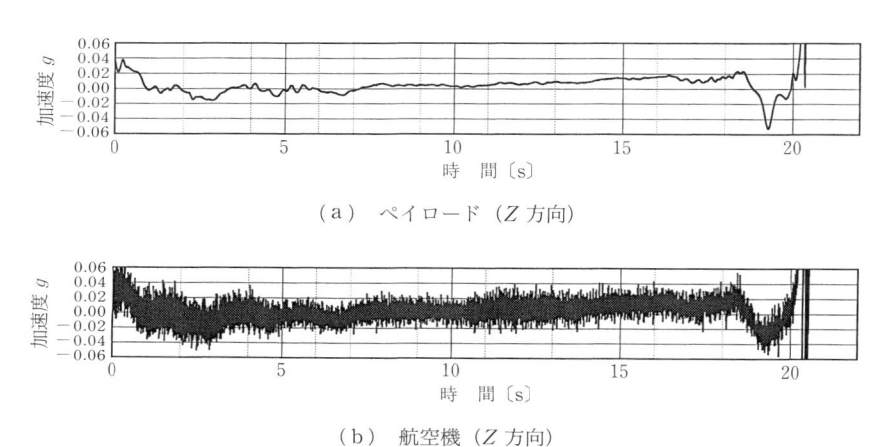

（a）ペイロード（Z 方向）

（b）航空機（Z 方向）

図 3.26　受動防振装置の航空機実験での効果

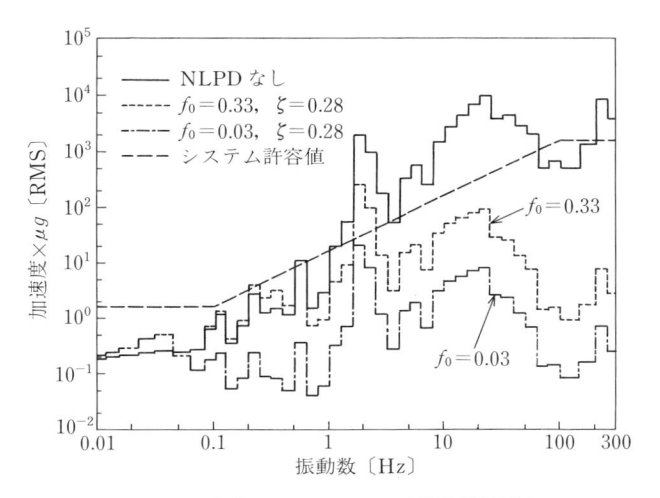

図 3.27 宇宙ステーションに受動防振装置を用いた場合の g ジッタレベル予測

3.4.2 MIM

カナダ宇宙機関（CSA）が開発した MIM（Microgravity Isolation Mount）[50]と呼ばれる能動防振装置による実験結果を**図 3.28** に示す。

これは，宇宙実験で Pb-Au の拡散係数を MIM を用いて測定した結果と，用いなかった結果とを比較したものである。用いた場合の拡散係数は温度に比例するが，用いなかった場合は温度の平方に比例している。かつ，用いた場合の拡散係数は，2，3倍小さい値を示している。これは東らのIML-2の実験結果と一致している。

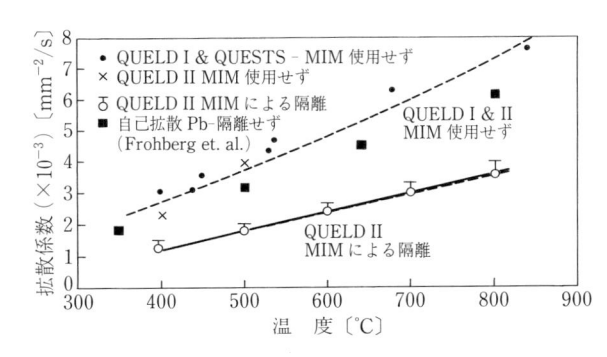

図 3.28 MIM による拡散係数と他の測定結果との比較

4
微小重力実験の実際

4.1 流体実験

4.1.1 液滴振動

　液滴の振動は，19世紀以来多くの科学者の興味を引いてきた。それは興味深い基本的現象であるばかりでなく，核物理，化学工学等の分野で重要だからである。微小重力下で実験を行うことが可能になって以来，アカデミックな観点のみならず，宇宙での無接触浮揚での材料プロセシング，融体の物性測定等にとってもより重要となった。にもかかわらず，液滴振動実験を行うことは非常に困難なことであった。いくつかの実験が試みられたが，それほど成功していない[1]。

　東らは，電気的な方法で水銀液滴を振動駆動し，3次元の振動を得るために落下塔（10 m）を用いた微小重力下で実験を行った[2]。**図4.1**に，水銀と0.1規定の希硫酸の入った実験容器を示す。希硫酸と水銀に電極を入れ，交流電圧をかける。交流電圧をかけたときに別の方法で測定した水銀の見かけの表面張力変化，対応した1g下での振動形状（この場合3次の振動モード）を**図4.2**に示す。

　カプセルの落下中の微小重力時間は1.4 sである。水銀の動きは直角に配置された2台の市販用ビデオカメラで撮影された。水銀は1g下では潰れて偏平になっているが，カプセルが切り離され微小重力になると，表面張力の働きで球になろうとするため反力で下の壁から離れ浮遊する。この浮遊した液滴を，

4.1 流体実験

図 4.1 水銀と 0.1 規定の希硫酸の入った実験容器

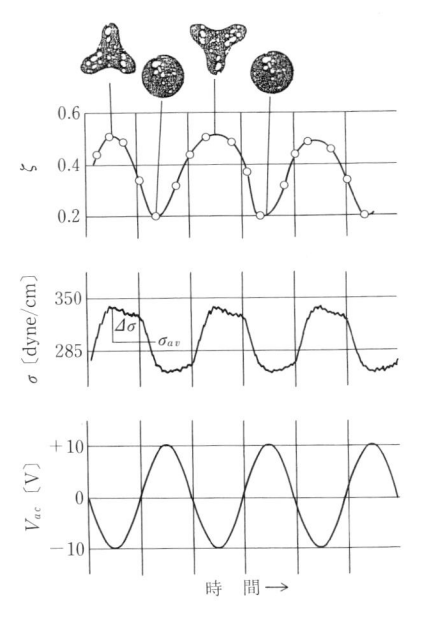

図 4.2 交流電圧の印加による水銀の見かけの表面張力変化と水銀液滴振動形状

上述した電気的な方法で表面を振動させる．1 回の実験では，交流電圧周波数を一定とした．周波数は 0 から 60 Hz まで，実験ごとに 1 Hz 増加させた．その結果得られた特徴ある振動形状を図 4.3 に示す．変形した表面形状 r_s は

$$r_s(\theta, \phi) = R\left[1 + aP_l^m(\cos\theta)e^{im\phi}\right] \tag{4.1}$$

で与えられる．ここで，$P_l^m(\cos\theta)e^{im\phi}$ は第 1 種のルジャンドルの陪関数であり，モード l と m が形状を決める．

実験結果のまとめとして，加えた交流電圧の振動数と振動モードとの関係を図 4.4 に示す．線形振動とした場合の関係振動数とモード l との関係

$$f_l = \sqrt{\frac{\sigma l(l-1)(l+2)}{\rho R^3}} \tag{4.2}$$

を点線で示すが，$m = 0$ モード（多葉状の振動形状）はその近くで起こっている．その際，実験で得られた振動数は有限振幅のため線形理論値より小さく

4. 微小重力実験の実際

$\gamma = 4\,\mathrm{Hz}$ ($\omega = 4\,\mathrm{Hz}$) 扁球-長球 $l = 2,\ m = 0$

$\gamma = 6\,\mathrm{Hz}$ ($\omega = 6\,\mathrm{Hz}$) 四面体-四面体

$\gamma = 7\,\mathrm{Hz}$ ($\omega = 3.5\,\mathrm{Hz}$) 扁球-長球 $l = 2,\ m = 0$

$\gamma = 14\,\mathrm{Hz}$ ($\omega = 14\,\mathrm{Hz}$) 六面体-八面体

$\gamma = 16\,\mathrm{Hz}$ ($\omega = 8\,\mathrm{Hz}$)

$\gamma = 19\,\mathrm{Hz}$ ($\omega = 9.5\,\mathrm{Hz}$) $l = 3,\ m = 0$

$\gamma = 28\,\mathrm{Hz}$ ($\omega = 14\,\mathrm{Hz}$) $l = 4,\ m = 0$

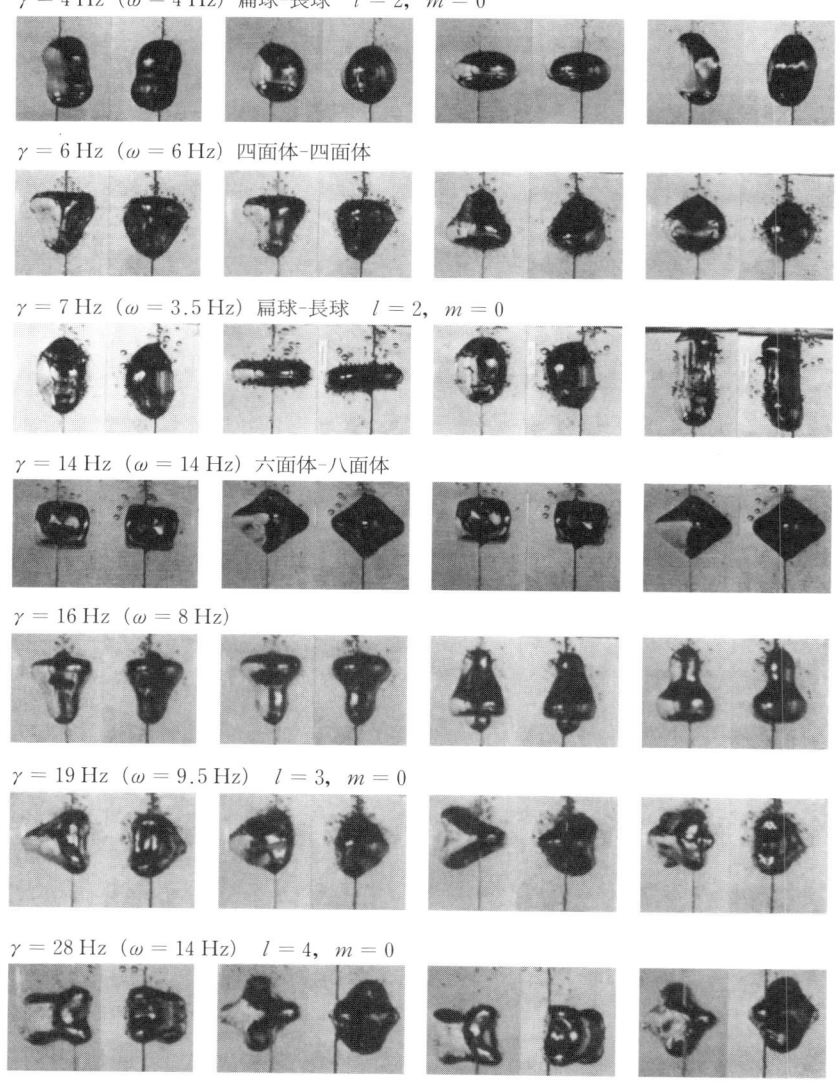

図 4.3 振動により得られた 3 次元液滴振動

4.1 流体実験

$\gamma = 36$ Hz　$l = 5$, $m = 0$

$\gamma = 50$ Hz　十二面体-二十面体

$\gamma = 52$ Hz　$l = 6$, $m = 0$

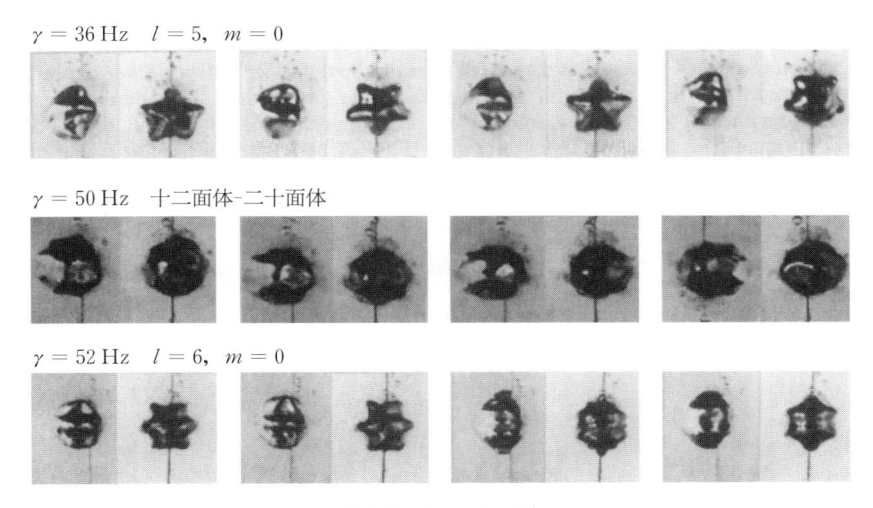

図 4.3 （つづき）

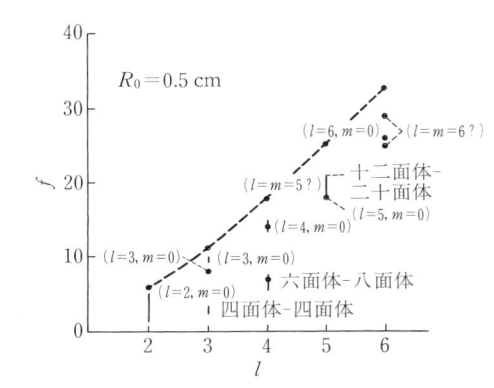

図 4.4　加えた交流電圧の振動数と振動モードとの関係

なっている．

一方，四面体-四面体の振動数は $m = 0$ の振動数の約 1/3，六面体-八面体の振動は $m = 0$ の振動数の約 1/2 で起こっていることがわかる．このことは，四面体-四面体が 3 次の非線形の波の干渉，六面体-八面体が 2 次の非線形の波の干渉から起こっていることを表している．すなわち，液滴が大きいエネルギーで共振したとき，多葉状の振動形状が起こり，より小さなエネルギーで多面体の形成が行われる．

4.1.2 非定常二重（温度・濃度）拡散場の測定

溶液からの結晶成長実験のような，物質拡散が遅い研究を，落下塔のような短時間の微小重力時間しか得られない場合について可能とする技術を円山らが開発している。

溶質の物質拡散係数は，温度や運動量の拡散係数に比べて著しく小さいので，短時間で現象を観察するためには測定領域を小さくする必要がある。そのため，図4.5に示すような二つのペルチェ素子を接続した急速温度制御システムを備えた溶液の厚さが1 mmの小さなテストセルを開発した。微小重力実験開始前，ヒートシンクを冷却し溶液側のペルチェ素子を過熱モードで作動させて，セルを飽和温度に保つ。微小重力開始後，溶液側のペルチェ素子の電流を逆転させることにより，高速冷却を実現する。実験では，20 ℃の水を5 sで0 ℃に冷却できる。

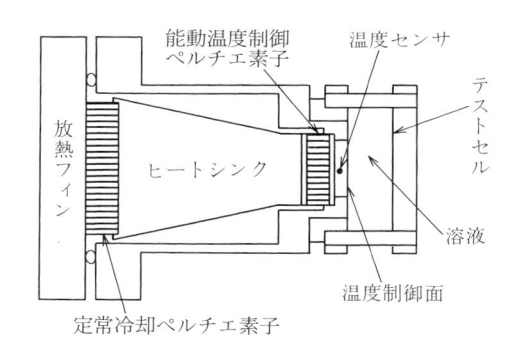

図4.5 急速温度制御システムを備えたテストセル

このような小さな観測空間では，光の干渉を用いた温度と濃度の測定が必要となる。しかし，測定部が小さく溶液内での光路長を長くできない，通常の光干渉計では十分な精度が得られない。そこで，図4.6に示すような，光の偏光と偏光面の回転を利用した位相シフト干渉計を開発した。このシステムでは偏光面の異なる三つのカメラが必要であるが，3 CCDカメラを特殊改造した波面分割カメラの開発により，非常にコンパクトな測定システムの構築に成功している。

図4.7および口絵2に結晶周りの二重拡散場について，落下実験結果と，同

4.1 流 体 実 験

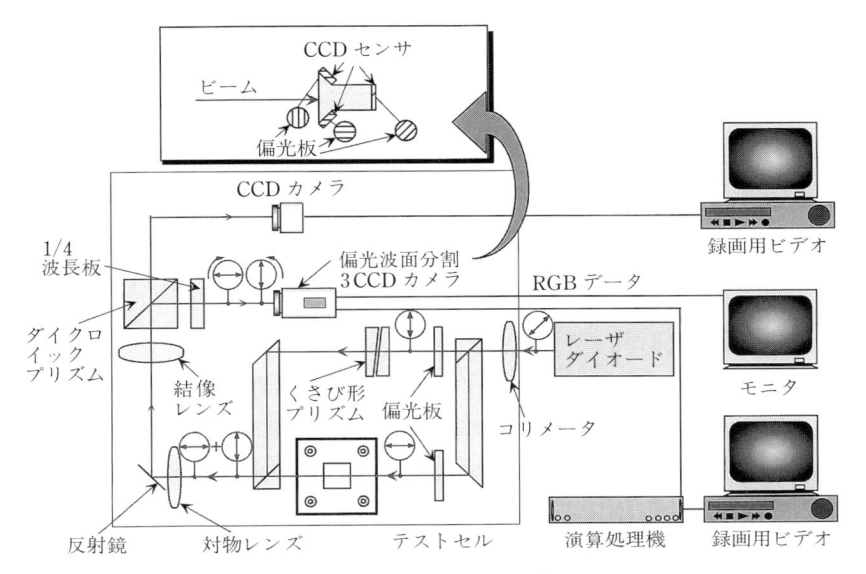

図 4.6 位相シフト干渉計

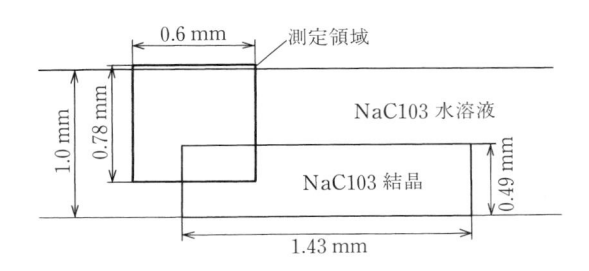

図 4.7 結晶周りの二重拡散場の測定結果

一条件で地上で行ったものとの比較を示す．微小重力開始後4sの結果を比較すると，落下実験ではテストセル内にほとんど自然対流は発生していないが，地上では対流が発生している．このような小さな空間でも地上では対流が発生し，その抑制に微小重力が有効であることを示している．

4.1.3 臨界点近傍流体

臨界点の発見は120年も以前であるが，流体の臨界点はなおなぞに満ちている．臨界点は気体と液体の共存する二相領域の先端にある（**図 4.8**）．流体が

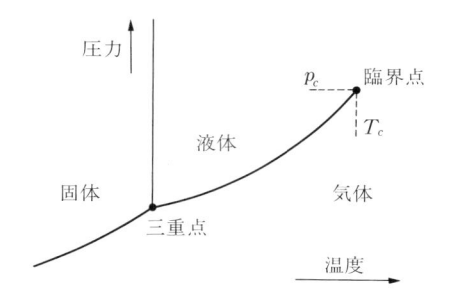

図4.8 状態図と臨界点

臨界点に達すると両相の密度は等しくなり，相の境界は消失し，両相を区別することはもはやできない。系は二相の相似性により非常に不安定になり，わずかの擾乱にも極端に反応する（重力揺らぎの項参照）。これらのことが実験を困難にしているが，熱特性の特異な振舞い，すなわち音速が0になること，熱拡散率が消失すること，定圧比熱，定積比熱，等温圧縮率が無限大になることが明らかになった。

地上1g下では，等温圧縮率が無限大になることから，臨界点近傍の流体は自重で潰れてしまうこと，また，熱拡散率が0に近づくため，熱が加わるとレイリー数が極端に大きくなり，熱対流が起こりやすいこともあり，よいデータを得ることは困難である。そこで，微小重力環境での実験が必要となる。

〔1〕 **定圧比熱の測定**　上に述べた諸特性のうち，SF_6の定圧比熱c_vの測定が，StraubによりスペースラブミッションD2において行われた[3]。これは，1985年のD1での失敗[4]の後，装置を改良して成功したものである。新しく開発して実験に成功した装置の主要な部分を**図4.9**に示す。

SF_6は内側の球状容器に入れられ，外側の球状容器からの熱輻射により，温度を制御される。球状容器の内径は19.2 mmで，金，銅，アルミ，銀の4層から構成され，$3.76×10^7$ Paに耐え，高い熱伝導率を持ち，侵食にも強くなっている。

実験上の技術として，容器内に適量の流体を注入することが，きわめて重要である。この容器の場合は容器内部の様子が見えないので，流体を入れたときの重量を測りながら，適量の時に封をする。外から窓を通して内部が見えると

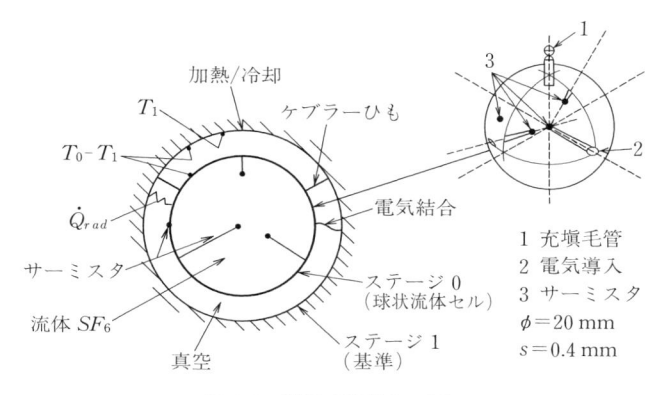

図 4.9 臨界点実験セル図

きには，液体と気体の体積がわかるので，セルの温度条件での（便覧等から求めた）液体と気体の密度を掛けることにより容器中の総流体量がわかる．その総流体量が臨界点での流体量になるよう気液界面高さを調整する．

図 4.10 に定圧比熱の宇宙での測定結果を示す．-0.4 K/h の冷却温度速度で広い範囲で正確なデータが得られている．近年の理論によると，定積比熱 c_v は，臨界点の近傍では単純なパワー則

$$c_v = A^{-/+}|\varepsilon|^{-\alpha} + B \tag{4.3}$$

で表される．ここで，α：普遍臨界指数，$A^{-/+}$：臨界温度 T_c より上（＋）と下（－）の普遍振幅比 A^-/A^+，$\varepsilon = (T - T_c)/T_c$ である．この結果により，$\alpha = 0.107$，$A^{-/+} = 1.94$ を得ている．これは，理論値および他の地上で行われた精密な実験値とよく一致している．

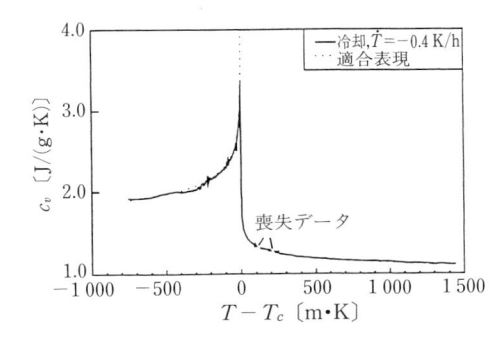

図 4.10 宇宙で測定された定圧比熱

〔2〕 熱 伝 達　　同じ実験で熱伝達の測定が行われた。

（1）臨界点温度 T_c より高温での単相領域　　セルは 3.85 mW のパワーで 10 s 間加熱され，温度変化が四つのサーミスタ（壁からの距離が 3.2，6.0，8.4 mm）で測定された。$T - T_c = 0.1$ K の場合には，三つのサーミスタの温度は壁の温度とほとんど一致しており，壁と流体間の熱抵抗はほとんど 0 である（図 4.11）。

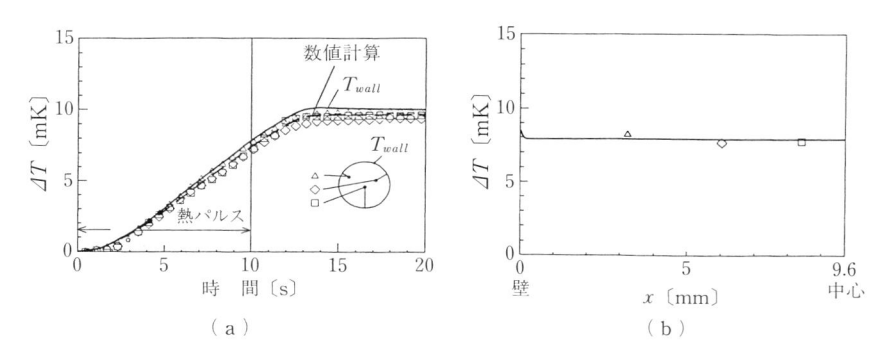

図 4.11　臨界点実験セル内で測定された温度変化（$T - T_c = 0.1$ K）

両ケースとも壁からサーミスタへの熱伝達は瞬時に行われており，いわゆるピストン効果（後述）の存在を証明している。$T - T_c = 4.75$ K の場合は，三つのサーミスタの温度は一致しているが，壁の温度とはかなりの温度差がついており，温度境界層が形成されていることを示している。

（2）臨界点温度 T_c より低温での二相領域[5]　　臨界点温度より低温では，気液二相の状態となり，液相は球状容器の内側に分布し，気相は液相の内側に分布すると考えられるが，液相が一様な厚みを持っているかどうかは不確かである。10 s 間壁を加熱したときのサーミスタの温度変化を図 4.12 に示す。実線は理論に基づいた予測値を示す。

〔3〕ピストン効果　　熱伝導率は 0 に近いにもかかわらず，壁の温度が瞬時に容器全体に伝わるという実験結果を，小貫らは巨視的な熱力学により明確な説明を与えた[6]。Zappoli はナビエ・ストークス方程式，エネルギー式とフ

4.1 流体実験

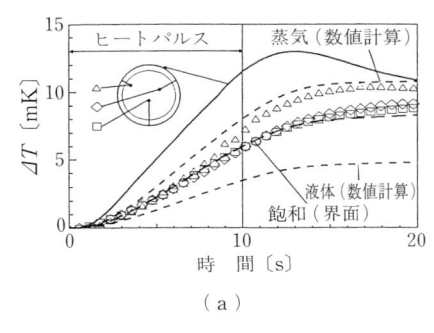

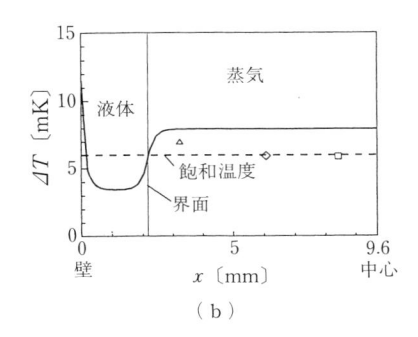

図4.12 臨界点実験セル内で測定された温度変化（気液二相の場合）

ァンデルワールス方程式を支配方程式として，臨界点近傍流体中での熱挙動を解析した[7],[8]。ここでは，石井らの方法[9]を紹介する。

$$\frac{dQ}{dt} = \frac{\partial}{\partial x_i}\left(\lambda \frac{\partial T}{\partial x_i}\right) + \sigma_{ij}' \frac{\partial v_i}{\partial x_j} \tag{4.4}$$

ここで，Q は単位体積を流れる熱エネルギー，λ は熱伝導率，σ_{ij}' は粘性ストレステンソルである。式(4.4)の左辺は単位質量あたりのエントロピー s と密度 ρ により，次式のように表される。

$$\frac{dQ}{dt} = \rho T \frac{ds}{dt} = \rho T\left[\left(\frac{\partial s}{\partial T}\right)_P \frac{dT}{dt} + \left(\frac{\partial s}{\partial P}\right)_T \frac{dP}{dt}\right] \tag{4.5}$$

式(4.5)の右辺第1項は定圧比熱 C_P を用いて

$$\rho T \left(\frac{\partial s}{\partial T}\right)_P \frac{dT}{dt} = \rho C_P \frac{dT}{dt} \tag{4.6}$$

また，右辺第2項は，マクスウェル関係式を利用して以下のようになる。

$$\rho T \left(\frac{\partial s}{\partial P}\right)_T \frac{dP}{dt} = \frac{T}{\rho}\left(\frac{\partial \rho}{\partial T}\right)_P \frac{dT}{dt} = -\rho(C_P - C_V)\frac{\kappa_T}{\alpha_P}\frac{dP}{dt} \tag{4.7}$$

ここで，α_P，κ_T，C_V はそれぞれ体膨張係数，等温圧縮率，定積比熱である。結局，臨界点近傍における熱エネルギーの輸送方程式は

$$\rho C_P \frac{dT}{dt} - \rho(C_P - C_V)\frac{\kappa_T}{\alpha_P}\frac{dP}{dt} = \frac{\partial}{\partial x_i}\left(\lambda \frac{\partial T}{\partial x_i}\right) + \sigma_{ij}'\frac{\partial v_i}{\partial x_j} \tag{4.8}$$

となる。圧力を密度と温度により表すと

$$\frac{dP}{dt} = \frac{1}{\rho \kappa_T} \frac{dP}{dt} + \frac{\alpha_P}{\kappa_T} \frac{dT}{dt} = -\frac{1}{\kappa_T} \frac{\partial \nu_i}{\partial x_i} + \frac{\alpha_P}{\kappa_T} \frac{dT}{dt} \tag{4.9}$$

となり，熱エネルギー輸送方程式は以下のようになる。

$$\left(\frac{C_V}{C_P}\right)\frac{dT}{dt} + \frac{1 - C_V/C_P}{\alpha_P} \frac{\partial \nu_i}{\partial x_i} = \frac{1}{\rho C_P}\left[\frac{\partial}{\partial x_i}\left(\lambda \frac{\partial T}{\partial x_i}\right) + \sigma_{ij}' \frac{\partial \nu_i}{\partial x_j}\right] \tag{4.10}$$

これと連続の式

$$\frac{\partial \rho}{\partial t} + \frac{\partial}{\partial x_i}(\rho \nu_i) = 0 \tag{4.11}$$

運動方程式

$$\rho\left(\frac{\partial \nu_i}{\partial t} + \nu_j \frac{\partial \nu_i}{\partial x_j}\right)$$
$$= -\frac{\partial P}{\partial x_i} + \frac{\partial}{\partial x_i}\left(\chi \frac{\partial \nu_j}{\partial x_j}\right) + \left[\eta\left(\frac{\partial \nu_i}{\partial x_j} + \frac{\partial \nu_j}{\partial x_i} - \frac{2}{3}\frac{\partial \nu_k}{\partial x_k}\delta_{ij}\right)\right] \tag{4.12}$$

ここで，χ は体積粘性係数である。

状態方程式は次式である。

$$P = P(\rho, \ T) \tag{4.13}$$

温度差が小さい場合の熱輸送を考えて，上記方程式の線形化を行う。平衡状態における密度 ρ，速度 $\nu_{i0}(=0)$，温度 T_0 に摂動 ρ'，ν_i'，T' を与える。熱伝導率 λ と粘性係数 η を一定とし，2次の微小項を省略すると，支配方程式は以下のようになる。

$$\frac{\partial T'}{\partial t} + \frac{\gamma - 1}{\alpha_P} \frac{\partial \nu_i'}{\partial x_i} = \frac{\lambda}{\rho_0 C_V} \frac{\partial^2 T'}{\partial x_j \partial x_j} \tag{4.14}$$

$$\frac{\partial \rho'}{\partial t} + \rho_0 \frac{\partial \nu_i'}{\partial x_i} = 0 \tag{4.15}$$

$$\rho_0 \frac{\partial \nu_i'}{\partial t} = \frac{\partial P'}{\partial x_i} + \eta \frac{\partial^2 \nu_i'}{\partial x_j \partial x_j} \tag{4.16}$$

$$P' = \frac{1}{\rho_0 \kappa_T}\rho' + \frac{\alpha_P}{\kappa_T}T' \tag{4.17}$$

ただし，γ は比熱比（$= C_P/C_V$）である。式(4.14)〜(4.17)において，分子拡散を無視すると，ρ'，ν_i'，T'，P' に対する波動方程式が導かれ，それらは

$$c = \sqrt{\frac{\gamma}{\rho_0 \kappa_T}} \tag{4.18}$$

の速さで伝播する．**図 4.13** に，キセノンについて，一方の壁温度が上昇した時の熱波の伝わる様子をシミュレーションで示す．

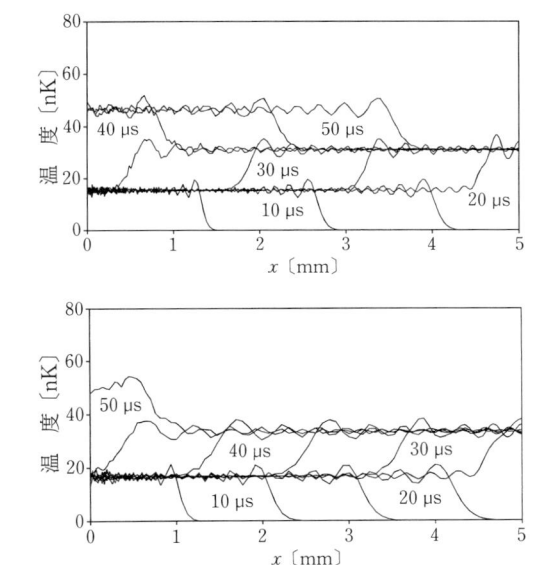

$T - T_c = 0.5\,\mathrm{mK}$

図 4.13 コンピュータシミュレーションによる熱波伝播の様子

4.1.4 惑星大気シミュレーション

大きなスケールの地球および木星，土星，天王星等の惑星での大気運動は，浮力とコリオリ力により支配されている．これらの現象を理解するため，中心力場の下で，2個の同心で回転している球体間での熱対流の研究が有効である．Hart らが，1985 年スペースシャトル，チャレンジャー号で行った実験がある[10]．実験装置を**図 4.14** に示す．内部はニッケルをめっきした鉄の球，外側は透明なサファイアの半球ドームで，内側にインジウム酸化物電気伝導コーティングがしてある．

300 Hz の交流電圧 V が誘電性の作動流体（低粘性シリコンオイル）に印加される．誘電性の液体内での電気力学的分極力が半径方向の重力を発生させ

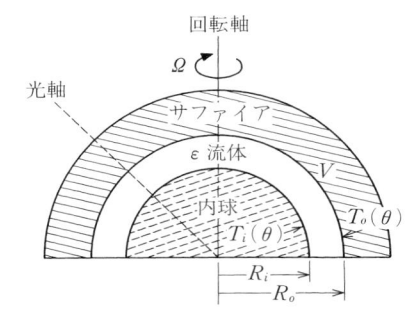

図 4.14 惑星大気シミュレーション実験装置

る．なぜこのようになるか以下に説明する．流体に働く，電気効果によるベクトル体積力 $\boldsymbol{F}$ は

$$\boldsymbol{F} = q\boldsymbol{E} - \frac{1}{2}E^2 \nabla \varepsilon + \frac{1}{2}\left(E^2 \rho \frac{D\varepsilon}{D\rho}\right) \tag{4.19}$$

ここで，E は電場，ε は誘電率，ρ は密度である．誘電率は，温度と以下の関係がある．

$$\varepsilon = \bar{\varepsilon}(1 - \gamma T) \tag{4.20}$$

ここで，γ は ε の温度変化率，$\bar{\varepsilon}$ は周囲の誘電率である．

作動流体は非圧縮性であるので，式(4.19)の右辺3項から流れは誘起されない．第1項を消すためには，印加する交流電圧の周波数を十分大きくすればよい，すなわち

$$\omega \gg \frac{\sigma}{\bar{\varepsilon}} \approx 0.2\,\mathrm{s}^{-1} \tag{4.21}$$

ここで，σ は流体の電気伝導率である．

式(4.20)を考えれば，式(4.19)の右辺第2項から電気力的浮力が発生することがわかる．

実験パラメータとして以下に示す．

アスペクト比 $\beta = \dfrac{R_0 - R_i}{R_i}$: R_i, R_o はそれぞれ内球と外球の半径

レイリー数 $Ra = \dfrac{g\alpha d^3 \Delta T_r}{\nu \kappa}$

$\Delta T_r = T_i - T_o$: T_i, T_o はそれぞれ内球と外球の温度

プラントル数：$Pr = \dfrac{\nu}{\kappa}$

テイラー数 $Ta = \left(\dfrac{2\Omega d^2}{\nu}\right)^2$：内球のみ回転する場合

加熱パラメータ $H = \dfrac{\Delta T_\theta}{\Delta T_r}$：極と赤道の温度差と半径方向の温度差との比

これらを**表 4.1**の範囲で変えることにより得られた実験結果は，バナナセル，らせん波，サッカーボールと他のケースに大きく分けられる．

表 4.1　作動流体特性と実験パラメータ

名目流体特性	$\begin{pmatrix}\text{ダウコーニング}\\ 0.65\ \text{cS 200 流体}\end{pmatrix}$		名目実験パラメータ		
平均密度	$\bar{\rho}$	760 kg/m³	回転率	Ω	0〜3 rad/s
膨張率	α	$1.34 \times 10^{-3}\ °C^{-1}$	半径方向温度差	ΔT_r	0〜25 °C
動粘性率	ν	$6.5 \times 10^{-7}\ m^2/s$	電圧（r.m.s.）	V	0〜10 kV
熱拡散率	κ	$7.7 \times 10^{-8}\ m^2/s$	電圧周波数	ω	300 Hz
平均誘電率	$\bar{\varepsilon}$	$2.5\varepsilon_0$	内径	R_i	2.402 cm
真空誘電率	ε_0	$8.90 \times 10^{-12}\ F/m$	外径	R_o	3.300 cm
誘電可変量	γ	$1.29 \times 10^{-3}\ °C^{-1}$	間隙	d	0.908 cm
伝導率	σ	$10^{-12}\ mho/m$	アスペクト比	$\beta = \dfrac{R_i}{d}$	2.65
熱容量	c	$1.7 \times 10^3\ J/(kg\cdot °C)$	プラントル数	Pr	8.4
散逸損失因子	ϕ	$\approx 4 \times 10^{-5}$			

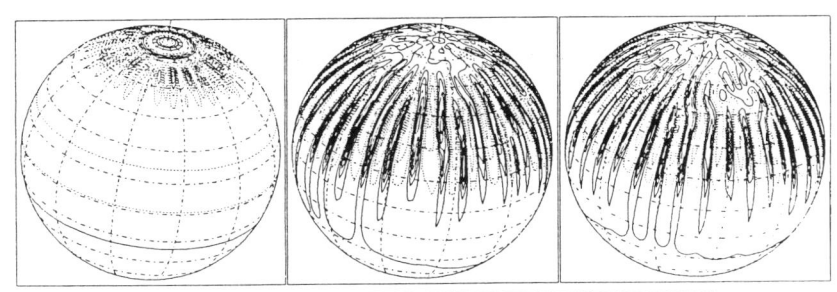

（a）　回転軸方向力場による対流の数値計算

図 4.15　シミュレーション結果

(b) 中心力場による対流の数値計算

図 4.15 （つ づ き）

Hart らの研究が半円に限られていたのに対し，Egbers らは球での実験を試みているが，微小重力実験には至っていない[11]。シミュレーション結果のいくつかを図 4.15 に示す[12]。

4.1.5 毛細管羽根液体の移動実験[13],[14]

平行な 2 本の板（毛細管羽根）の間を，表面張力を利用して液体を移動させる方法と実験について述べる。図 4.16 に示すような形状の実験装置を用いる。1 から 5 までの流管でベルヌーイの式を考えると，次式になる。

$$\int_1^5 \frac{\partial u}{\partial t} ds + \frac{1}{2}(u_5^2 - u_1^2) + \frac{1}{\rho}(p_5 - p_1) + g(z_5 - z_1) + \frac{1}{\rho}\Delta p \bigg|_1^5 = 0 \tag{4.22}$$

第 1 項は，すべての速度をメニスカスの速度 dz/dt に関連づけ，$A_5/A_1 \to 0$ とおくことにより，次式のようになる。

$$\int_1^5 \frac{\partial u}{\partial t} ds = \ddot{z}\left[z + z_0 + A_5\left(\frac{l_0}{A_1} + \frac{l_{23}}{A_3}\right)\right] \tag{4.23}$$

第 2 項は $u_1 \approx 0$ と仮定することにより

$$\frac{1}{2}(u_5^2 - u_1^2) = \frac{1}{2}\dot{z}^2 \tag{4.24}$$

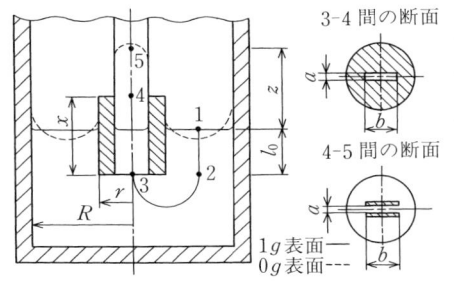

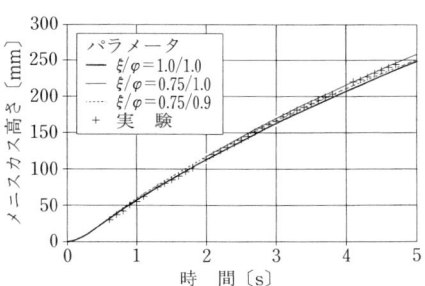

図 4.16 毛細管羽根実験装置概略図

図 4.17 実験結果と数値計算の比較

となる。ここで，外側の円筒の液体にラプラス条件を適用すると，湾曲した液体表面での圧力差は，液体の壁への濡れ角度を 0 とすると

$$\Delta p = 2\sigma \left(\frac{1}{R-r} \right) \tag{4.25}$$

となる。内側断面では，長方形の囲まれた領域 l_{34} と開かれた断面 l_{45} とを区別する必要がある。

$$\text{長方形の囲まれた領域 } l_{34}: \Delta p = 2\sigma \cos \left(\frac{1}{a} + \frac{1}{b} \right) \tag{4.26}$$

$$\text{開かれた断面 } l_{45}: \Delta p = 2\sigma \left(\frac{\cos \alpha}{a} - \frac{1}{b} \right) \tag{4.27}$$

ここで，移動している液体の動的濡れ角は Fritz の公式により

$$\cos \alpha = \frac{1}{[1 + 11.56(\dot{z}\eta/\sigma)^{2/3}]^{1/2}} \tag{4.28}$$

と与えられる。式(4.22)の第3項は

$$\frac{1}{\rho}(p_5 - p_1) = \begin{cases} -2\sigma \cos \alpha \left(\dfrac{1}{a} + \dfrac{1}{b} \right) + 2\sigma \left(\dfrac{1}{R-r} \right) & (z \leqq x - z_0) \\ -2\sigma \left(\dfrac{\cos \alpha}{a} - \dfrac{1}{b} \right) + 2\sigma \left(\dfrac{1}{R-r} \right) & (z > x - z_0) \end{cases} \tag{4.29}$$

となり，あとは，各流路での圧力損失 $\Delta p|_3 = \xi \dfrac{\rho}{2} \dot{z}^2$, $\Delta p|_3^4 = 9.12\eta \left\{ \dfrac{a+b}{ab} \right\}^2$

$z\dot{z}$,$\Delta p|_4^5 = \dfrac{12\eta}{\varphi^2 a^2}(z-x+z_0)\dot{z}$ 等を考慮して流れの加速度の方程式を得る。ξ は入口圧損因子,η は動的粘性,φ は形状係数である。図 **4.17** に,シリコンオイル $0.65\,\mathrm{cSt}$ に対する実験結果と数値計算の比較を示す。

4.2 燃 焼 実 験

　ガソリン機関,ディーゼル機関,天然ガス機関,ガスタービン,ロケットをはじめとする内燃機関,火力発電プラント,ボイラ,工業炉,家庭用暖房および厨房機器は,人類の社会生活においてきわめて重要な役割を果たしている。今後ともそれらの重要性は増すものと予想されるが,それに伴って熱エネルギーの供給源である燃料の枯渇,燃焼排出物による大気汚染ならびに熱汚染などの問題がますます深刻になっており,これらの問題の解決が社会的急務となっている。この課題に対処するためには,燃焼現象をより深く理解した上で燃焼制御技術を確立し,燃焼機器の排気浄化,燃焼効率および熱効率向上を図ることが必要不可欠である。

　燃焼現象は,熱および物質の拡散ならびに移動,化学反応,相変化などが干渉しあいながら同時に進行するきわめて複雑な現象である。このことが燃焼機構の解明を困難にしている一因であるが,さらに現象の把握を困難にしている要因として,燃焼に伴い発生する自然対流が挙げられる。燃焼場では温度差,すなわち密度差が大きく,自然対流の影響が他の現象に比べてより顕著であり,これにより現象の本質が隠蔽される場合が多い。微小重力環境下では,このような自然対流による障害が取り除かれるため,燃焼現象の本質的解明を行うことが比較的容易になる。

　さらに,微小重力環境においては重力による沈降にかかわる問題がないため,粒子,液滴等を測定場に長時間浮遊させることが可能となり,流体内における安定高勾配成層温度ならびに密度場の形成,分散相の燃焼,浮遊液滴の燃焼,超臨界雰囲気中の燃料液滴燃焼などに関する実験が容易となる。また,こ

のような環境下で得られた結果はスペースシャトル，宇宙ステーションなどにおける防災，安全工学上の基礎データとして直接利用することができる。

　燃焼分野において研究対象となる課題は多岐にわたり，そのため実験を遂行するのに必要な時間も大きく異なる。容器内混合気の燃焼，燃料液滴の燃焼などはきわめて短時間に終了するのに対し，混合気の自発着火，固体燃料の着火，燃焼などでは比較的長い実験時間が必要となる。このため，研究対象により，落下塔，航空機，ロケット，スペースシャトル，宇宙ステーションなどの多様な実験手段が用いられている。落下塔では，各研究者独自に所有している小形のもの（約1s程度），岐阜県土岐市MGLABの4.5sのもの，北海道JAMICの約10sのもの，NASAルイス研究所（現グレン研究所）の2.2sのもの，ブレーメン大学ZARMの約4.7sのものなどが利用されている。また航空機では，ダイヤモンドエアサービス社のMU-300，G-Ⅱ，仏国ノバスペース社のCaravelle，A300が主として用いられている。さらに，小型ロケットTR-IAおよびスペースシャトルを利用した燃焼実験も行われている。

4.2.1　落下塔を用いた実験

　液体燃料の噴射による燃焼方式，いわゆる噴霧燃焼は，ボイラや炉ばかりでなく多くの内燃機関に利用されている燃焼方式である。しかしながら，噴霧燃焼現象の解明は実験的にも理論的にも十分でなく，それらの燃焼器の設計において事前に解析予測ができない分野の一つである。噴霧燃焼中の火炎においては，燃料液滴の蒸発，燃料蒸気の拡散と混合およびその燃焼，燃料液滴の拡散燃焼が同時に行われている。

　これらを解明するための最も基礎的な研究として，単一燃料液滴の点火，蒸発および燃焼に関する研究が従来より行われてきた。また，噴霧中には多くの燃料液滴が存在しており，個々の燃料液滴がたがいに干渉しながら燃焼する場合も考えられ，このような液滴同士の干渉効果に関する研究が複数個の燃料液滴を並べた，いわゆる燃料液滴列を対象として行われている。

　燃料液滴の点火，蒸発および燃焼の実験に要する時間は比較的短いため，こ

れらの実験には主として落下塔が用いられている。世界初の微小重力燃焼実験[15]は，液滴の燃焼を対象としたものであったことからも，このテーマが短時間微小重力実験に適していることが示唆される。また，落下塔は比較的簡便に使用できる施設であるため，上述の燃料液滴に関する研究のみならず，さまざまな燃焼研究分野において使用されており，数多くの新しい知見が見いだされている。本節では，落下塔を用いた燃焼実験例として，燃料液滴の自発点火，2液滴列の燃焼および燃料液滴群の燃焼について概説する。

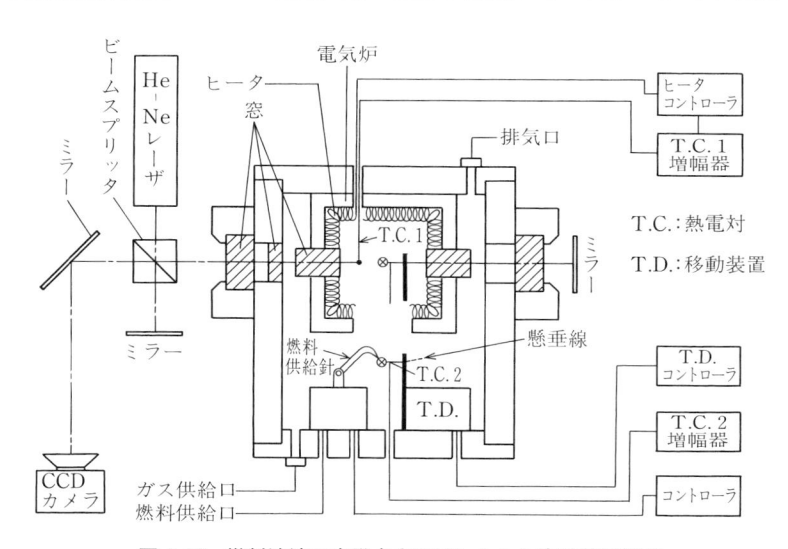

〔1〕 **燃料液滴の自発点火** 燃料液滴の自発点火に用いられた実験装置概略[16]〜[18]を**図4.18**に示す。本実験はブレーメン大学ZARMの落下塔を用いて行われた。高圧容器の内部寸法は直径80 mm×高さ260 mmであり，最大許容圧力は40 MPaに設計されている。高圧容器の上部には電気炉が設置されており，この電気炉の内部寸法は直径30 mm×高さ40 mmである。電気炉は熱線によって加熱され電気炉内の温度はほぼ均一に保たれる。電気炉内には挿入される燃料液滴と同じ高さに熱電対が取り付けられており，この熱電対と連結した温度制御装置によって電気炉内の温度は室温から1 100 Kまでの任意の温

図4.18 燃料液滴の自発点火に用いられた実験装置概略

4.2 燃 焼 実 験

度に設定可能である。

電気炉は多孔質セラミックスにより外部から断熱されており，このため，電気炉内が加熱された状態でも高圧容器下部は室温に保たれる。高圧容器上部および電気炉には燃料液滴の自発点火の様子を観測するための光学系用の窓が取り付けられている。また，図には示されていないが，高圧容器下部には燃料液滴の生成の様子を観察するための窓が取り付けられている。

燃料液滴は，室温に保たれた高圧容器下部に水平に保持されたガラス製懸垂線の先端に生成される。懸垂線の直径は 0.15 mm であり，燃料液滴の保持される先端は直径約 0.3 mm の球状である。燃料液滴を保持した懸垂線は，コンピュータで制御されたステッピングモータによって高圧容器上部の電気炉内に瞬時に挿入され，液滴は高温雰囲気中において自発点火する。燃料液滴の点火遅れを決定するためには，瞬時の雰囲気温度の上昇が必要である。このために，液滴挿入の速さは最大限速められており，液滴が 65 mm を移動するのにかかる時間は 120 ms となっている。また，この移動行程のうち，液滴周囲の雰囲気温度が室温から設定温度まで上昇するのにかかる実質的な時間は 30 ms である。

高圧容器下部における燃料液滴の生成の様子は CCD カメラによって観察され，ステッピングモータで駆動する燃料ポンプによって液滴径は制御される。懸垂線先端への燃料の供給は燃料供給針によって行われる。この燃料供給針は，燃料液滴の電気炉内への挿入に際しその進路を妨げないよう，燃料供給後は移動させる。

液滴の自発点火の観測には，マイケルソン干渉計が用いられる。同干渉計は燃料液滴の二段点火現象，すなわち冷炎発生の後に熱炎が発生する際の冷炎発生の検知に有効である。冷炎はほとんど発光を伴わないため，通常の直接写真法では観測不可能である。干渉計は液滴周囲の屈折率場を観測しており，冷炎の発生に伴う温度上昇を敏感に検知することができる。干渉計の光源には出力 1.2 mW，波長 632.8 nm の He-Ne レーザが用いられている。干渉計により得られる映像は，8 mm ビデオテープに毎秒 50 コマで録画され，この録画画

像により冷炎，熱炎発生の瞬間が測定される。したがって，点火遅れ測定の時間分解能は 20 ms である。

図 4.19 は，干渉計により観測された二段点火現象の一例である。液滴挿入後 380 ms において，液滴の左方で冷炎が発生し，その後 420 ms で熱炎が生じ，440 ms では火炎の存在に伴うほぼ球状の温度場が形成されている。

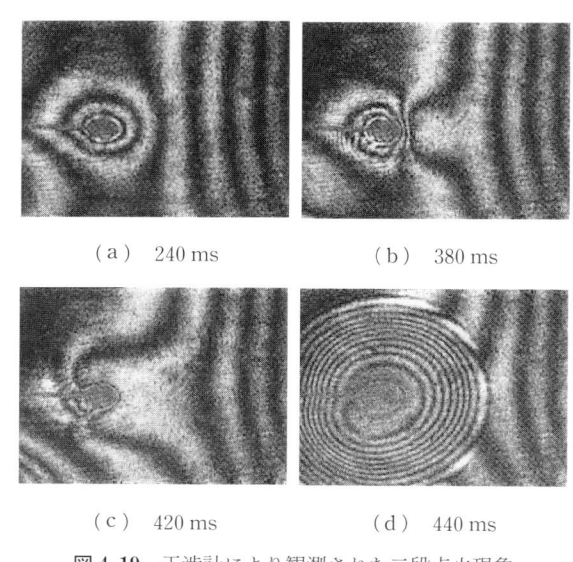

（a）240 ms　　（b）380 ms

（c）420 ms　　（d）440 ms

図 4.19　干渉計により観測された二段点火現象

図 4.20 は，点火遅れ時間に及ぼす重力の影響を示している。ここで，二段点火における点火遅れ時間として以下のような誘導期間を定義する。すなわち，第一誘導期間（τ_1）は，燃料液滴の電気炉内への挿入から冷炎の発生までの時間であり，総誘導期間（τ）は，燃料液滴の電気炉内への挿入から熱炎の発生までの時間である。低い雰囲気温度において，第一誘導期間は重力の影響を受けており，微小重力下での第一誘導期間は通常重力下に比べて短い傾向が現れている。これは，通常重力下では自然対流により熱および化学種が液滴近傍から除去されることによると考えられる。一方，第一誘導期間が比較的短い高い雰囲気温度条件では，重力の影響はほとんど見られない。

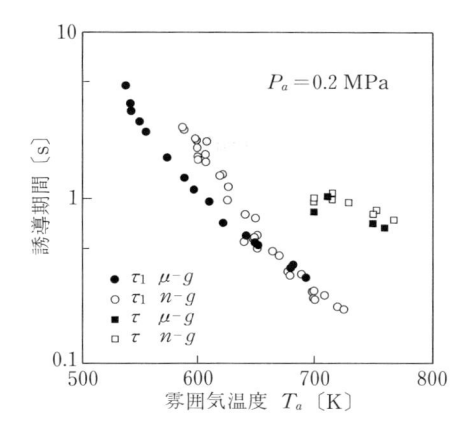

図4.20 点火遅れ時間に及ぼす重力の影響

〔2〕 **燃料液滴列の燃焼** 水平配置された2液滴の燃焼実験[19]〜[23]に用いた装置の概略を図4.21に示す。実験装置は主として，高圧容器，燃料供給系，点火系，撮影系，制御系から構成される。実験装置は一つのアルミニウム製フレームに組み込まれており，微小重力実験を行うにあたっては，このフレームを内箱として空気抵抗遮断用の外箱内に設置し両者をたがいに非接触の状態で落下させる。

燃焼容器は超超ジュラルミン製であり，その内部は内径 100 mm×高さ 240 mm（容積 1.9×10^6 mm³）の円筒形である。この容器内における燃焼時の酸

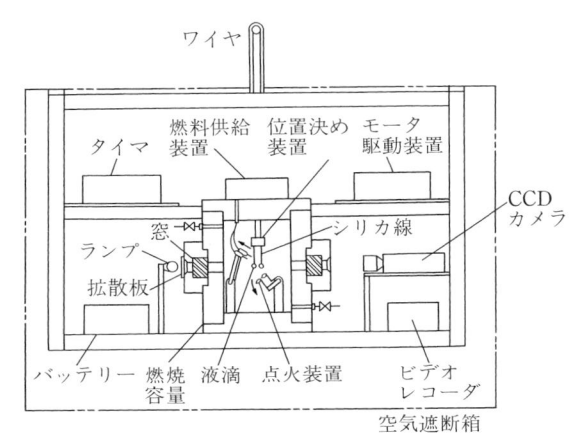

図4.21 2液滴燃焼実験装置

素消費は，例えば 0.1 MPa の大気雰囲気中で直径 1 mm のヘプタン液滴を 2 個燃焼させた場合，平均酸素濃度変化で 0.5％程度と見積もられる．この値は非常に小さいため，本研究を行うにあたり雰囲気中の酸素濃度変化は無視しうるといえる．

　燃料供給装置は，燃焼容器のフランジの上部に設置されている．燃料は，ステッピングモータ駆動の高圧シリンジにより押し出され，供給管を通じて液滴と接触する燃料供給針にまで供給される．燃料供給針がソレノイドのスイッチングで懸垂線の下部に移動された後，燃料が押し出され，懸垂線の先端に液滴が生成される．高圧雰囲気中においても，本供給装置により燃料の供給は問題なく行われる．ステッピングモータの駆動時間およびその速度は駆動用ドライバとタイマで制御され，これを調節することで液滴の大きさを任意に設定することが可能である．燃料供給管を途中で二つに分けることで，2 個の液滴が同時にかつほぼ等直径で生成される．液滴生成後，燃焼に影響を及ぼさないよう，燃料供給針は液滴から約 20 mm 離れた場所まで退避される．

　燃料液滴を空間的に保持するため，液滴は石英線先端に保持される．この懸垂線法は，二液滴を空間的に静止した状態で一定距離に保持し，全燃焼期間を観察する簡便で確実な手法といえる．懸垂線として熱伝導率の小さい石英線を採用した．石英線の線径は 0.125 mm であり，先端部は液滴を確実に保持するために直径約 0.2 mm の球形に加工されている．

　燃料液滴の点火法として火花点火法を用いると，高圧下で火花の生成が困難であることに加えて，火花が生成しても大きな擾乱が生じてしまうため，火花点火法は本実験のような高圧下での燃焼実験には適当でない．したがって，本実験では液滴の点火法として熱面点火法を採用した．これは，液滴の周囲にループ状に抵抗線（鉄クロム合金）を配置し，通電し発熱させることで液滴を加熱し点火させるものである．用いた抵抗線は，線径 0.2 mm，ループ径約 2 mm（液滴の約 2.5 倍）でΩ形に整形されている．電源は 24 V の鉛蓄電池である．2 個の点火装置に同時に同一電流値を流すため，二つのループ状抵抗線は直列に結線されている．この回路により通電後約 0.1 s で二つの液滴を同時

4.2 燃焼実験

に加熱し，点火させることが可能である．抵抗線は，燃焼過程に影響を与えないよう加熱終了後液滴から約 20 mm 離れた位置まで退避される．

燃焼容器側面四方に，光学測定用の直径 30 mm の窓が設けられている．これらの窓には，直径 80 mm×厚さ 40 mm の BK 7 ガラスがはめ込まれている．液滴燃焼の様子は，2 台の CCD カメラにより撮影される．2 台のカメラはそれぞれ燃焼容器側面のガラス窓を通して内部が観察できるように設置されており，2 液滴の正面と側面の 2 方向から同時に撮影が行われた．正面方向から燃焼中の火炎挙動を記録し，側面からはバックライトを用いて液滴が撮影される．記録されたビデオ画像は，8 mm 毎秒 60 フィールドの分解能を有する 8 mm ビデオデッキを用いて解析された．

燃料液滴の供給から点火までの過程は，実験装置内に設置されたマイクロコンピュータによってシーケンス制御される．実験に先立ち，外部のコンピュータから実験装置内のマイクロコンピュータに制御プログラムが組み込まれ，外部からの信号によって実行・開始される．落下の判別は，落下装置と落下塔を金属棒を介して通電させ，その離脱によるスイッチングにより行われる．

本実験に主として利用された落下塔は，NASA ルイス研究所（現グレン研究所）の 2.2 s 落下塔である．この落下塔では前述のように二重箱方式が用いられており，$10^{-4}g$ 程度の微小重力状態を実現することが可能である．また，シーケンス制御が採用されているため，落下前に地上から実験装置を遠隔操作することができる．落下装置には光ファイバがつながれており，これによって装置内の CCD カメラの画像を実験中に地上で観察・記録することが可能である．

実験装置は，装置上部に取り付けられた支持棒を落下塔上部固定壁に空気吸引することにより懸垂される．落下開始信号を受けると，吸引空気の解放により落下装置が落下を開始する．落下装置は 2.2 s 間の自由落下の後減速部へ到達，減速する．減速は落下塔底部に設けられたエアバッグにより行われる．エアバッグには，落下装置が減速部で静止するまで加圧空気が常時供給されている．減速時の衝撃は最大で 20 g 程度である．

図 4.22 は，2 液滴周囲に形成される火炎形態である．なお，ここでは「火炎」を輝炎の意味で用いる．2 液滴周囲の火炎形態は，二つの火炎がそれぞれ一つの液滴を取り囲み，分離している形状（以下モード 1 と称する），および一つの結合した火炎が二つの液滴を取り囲む形状（モード 2）という二つに大別される．これら二つのモードの中間形態として，二つの火炎の外縁が接触した形状，いわゆる火炎形状に関する臨界状態（critical state）が見られる．

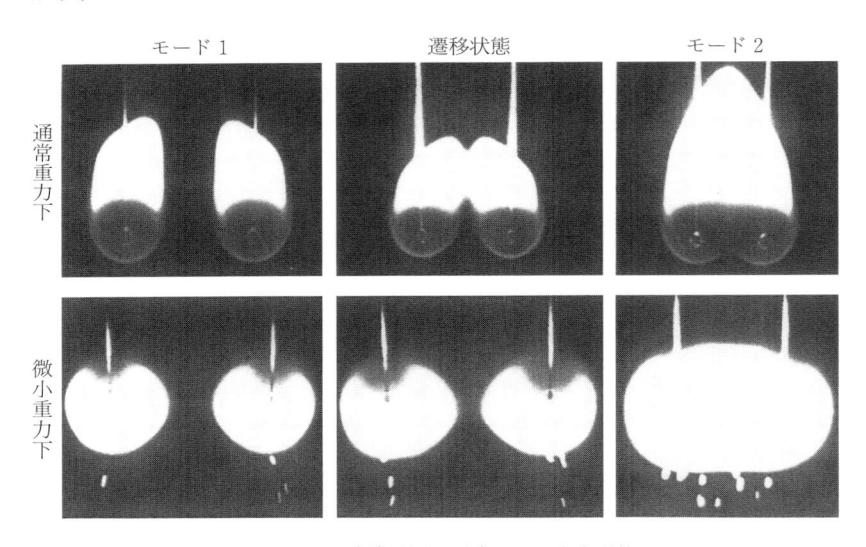

図 4.22　2 液滴周囲に形成される火炎形態

図 4.23 は，これら火炎形態の初期液滴間隔（l/d_0）および時間（t/t_b）依存性を，n-ヘプタンについて示したものである．ここで，d_0 は液滴初期直径，l は液滴中心間距離であり，時間 t は燃焼寿命 t_b で無次元化されている．微小重力場においては，初期液滴間隔がある程度大きいと，2 液滴は全燃焼期間中モード 1 の形態で燃焼する．また初期液滴間隔が小さくなると，2 液滴は燃焼初期においてモード 1 の形態で燃焼するが，火炎直径の増加に伴いモード 2 へと遷移し，さらに燃焼後期において火炎直径の減少にともないモード 2 からモード 1 への遷移が生ずる．

このように，2 液滴燃焼の準定常理論では予測されていないモード 1 からモ

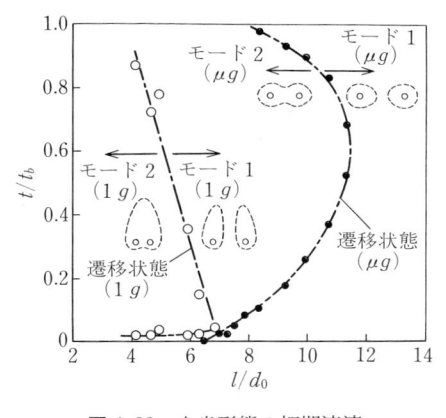

図 4.23　火炎形態の初期液滴間隔および時間依存性

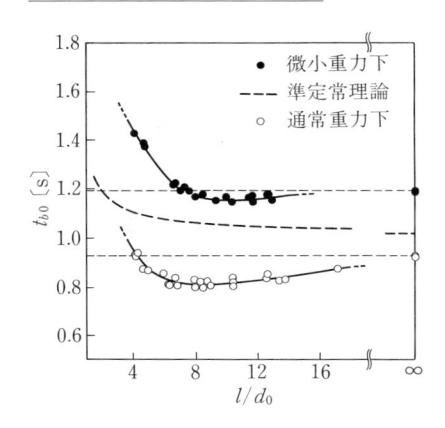

図 4.24　燃焼寿命と初期液滴間隔の関係

ード 2 への遷移が生じることは，火炎内での燃料の蓄積効果による気相の非定常性が火炎形態に影響を及ぼしていることを示唆している．一方，通常重力場ではモード 2 へ遷移する前のモード 1 の期間が，微小重力場の場合に比べて非常に短いことがわかる．このことは，通常重力場では，自然対流の存在により燃料の蓄積効果による非定常性の影響が小さくなることを示している．

　図 4.24 は，燃焼寿命と初期液滴間隔の関係を示したものである．ここで，無限大の液滴間隔は単一液滴の燃焼の場合を表している．通常重力場では，燃焼寿命はある液滴間隔において最小値をとる．これは，液滴間隔の減少に伴い液滴周囲の自然対流が強くなり，火炎への酸素供給量を増加させること，およびさらに液滴間隔を減少させると二つの火炎間で酸素不足が生じ，さらに火炎が結合している場合には液滴間隔の減少に伴い液滴下部の火炎面積が減少することによると考えられる．

　一方，微小重力場では，通常重力場での結果に比べて顕著ではないものの，燃焼寿命が液滴間隔の減少とともに若干減少している．準定常理論では，燃焼寿命は液滴間隔の減少とともに単調に増加する（図の破線）と予測されており，実験結果はこの理論結果と異なっている．この原因として，液滴間隔が減少するにつれて，他方の火炎から一方の液滴へ放射による熱の供給量が増大し

ていることが考えられる。

〔3〕**燃料液滴群の燃焼** 噴霧の燃焼機構を解明する有効な手段として，噴霧を単純化したモデルである均一に分散した均一粒径の燃料液滴群を対象とすることが考えられる。ここでは，燃料蒸気-空気飽和混合気を急速減圧することで起こる温度効果を利用した凝集法による均一液滴群の生成，燃焼実験[24],[25]を紹介する。液滴群の平均液滴直径が 15 μm を超えると重力による液滴の沈降が起こるため，液滴に分布に偏りが生じるといわれている。したがって，平均液滴直径 15 μm 以上の燃料液滴群を対象とした実験では，微小重力環境が有効となる。図 4.25 に実験装置の概要を示す。

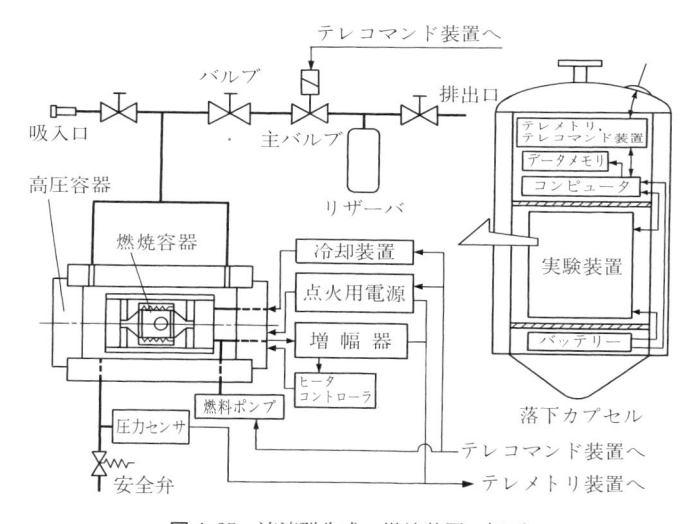

図 4.25 液滴群生成・燃焼装置の概要

液滴群生成・燃焼装置は，内部に燃焼室が設置されている高圧容器，排気タンク，燃焼室壁冷却装置，点火装置および燃焼噴射装置から構成される。燃焼室には観察用窓が一対設置されており，内部には燃料噴射ノズル，点火用電熱線，混合気温度測定用熱電対が設置されている。混合気の温度降下に合わせて燃焼室の壁温を下げるため，燃焼室壁を二重構造とし，内壁と外壁の間に冷媒通路が設けられている。液滴群の平均液滴直径は，レーザ光散乱方式粒度分布

測定装置（LDSA）を用いて測定される．また火炎の伝播挙動は，影写真法により高速度ビデオカメラで撮影される．これら両光学計測装置の光源として，He-Ne レーザが用いられる．本装置は，空気混合気の急速減圧を圧力容器に取り付けられたバルブを開放することにより行うため，作動時の振動が少な

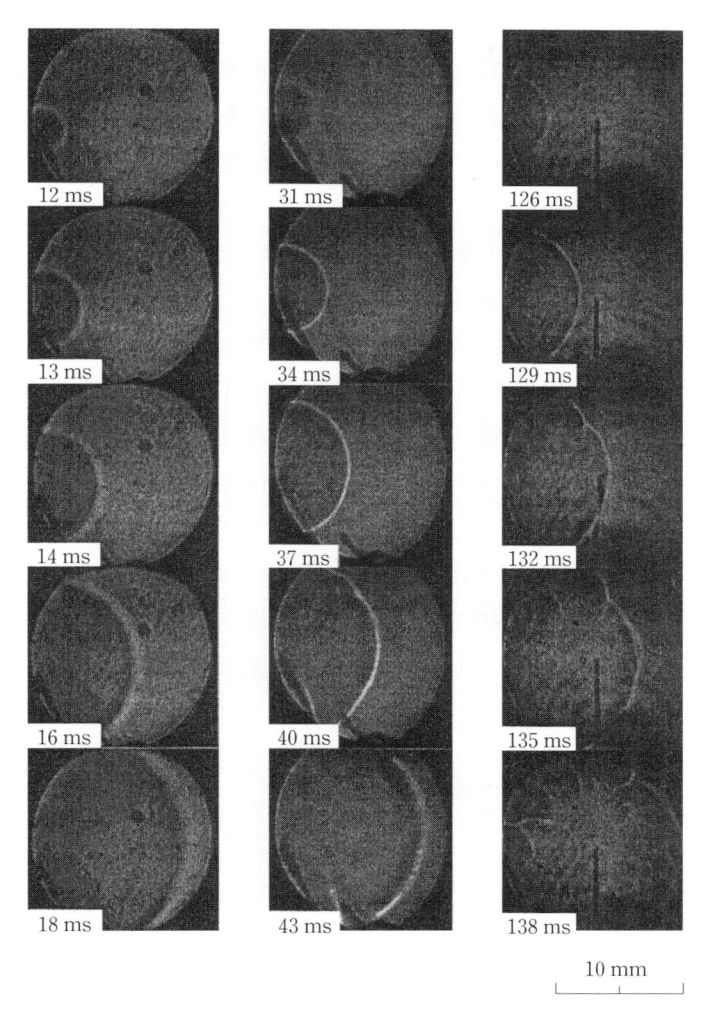

図 4.26 液滴群を伝播する火炎の影写真

い，装置の小形化が可能，などの微小重力実験に適した特徴を有している。

　燃料として，蒸気圧が適当なこと，燃焼によるすすの発生が少ないことなどの理由により，エタノールが使用された。なお，微小重力実験は，日本無重量総合研究所の落下施設を利用した。

　実験手順は以下のとおりである。まず地上で高圧容器と排気タンクを所定の圧力に設定した後，実験装置を落下カプセルに搭載する。カプセルを落下シャフトの頭部に吊り下げた後，燃料蒸気-空気飽和混合気を生成し，カプセルを落下させる。カプセルの加速度センサが $0.1g_0$ を感知したと同時に，燃焼室内の急速減圧を開始する。減圧開始から LDSA で液滴群の平均液滴直径を測定し，点火時刻の $0.4\,\mathrm{s}$ 前に可動式のミラーとレンズを光路に挿入し，高速度ビデオカメラで火炎の伝播挙動を撮影する。

　図 4.26 は，平均直径 d_{ig} が $11\,\mathrm{\mu m}$ の液滴群を伝播する火炎の影写真である。比較のため，予混合気を伝播する火炎の影写真を同図に示す。予混合気を伝播する火炎の火炎面は球状であるのに対し，液滴群を伝播する火炎の火炎面はしわ状になっている。これは，火炎面近傍に存在する液滴の影響を示しているものと考えられる。

　図 4.27 は，液体燃料当量比 ϕ_l を 0.3 および 0.41 とし，平均直径 d_{ig} を変化させた場合の火炎伝播速度を示す。図中の破線は，予混合気中での火炎伝播速度である。平均液滴直径が増大すると火炎伝播速度は減少する。また，平均

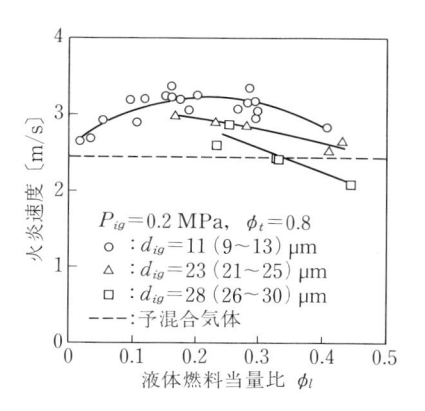

図 4.27　火炎伝播速度と平均液滴直径の関係

直径の小さい領域において液滴群中の火炎伝播速度は，予混合気中のそれより大きいことがわかる．これは，予熱帯で液滴から蒸発した燃料が形成する液滴周囲の濃度場において，最高燃焼速度を与える混合気付近を火炎が選択的に伝播するためであると考えられる．

4.2.2 航空機の放物飛行による実験

航空機の放物飛行を用いた微小重力実験は，微小重力の質では落下塔を用いた実験に劣るものの，実験時間が 20 s 程度確保できること，実験装置寸法の制約が比較的緩いこと等の利点を有している．また，1回の飛行で，数回から数十回の実験を行うことができるため，多数の測定点が必要な実験に適している．しかしながら，燃焼現象は残留重力の影響を比較的受けやすいため，航空機実験では重力レベルを実験中常に監視しておくことが要求される．本節では，実験結果が微小重力の質に比較的影響を受けにくく，かつ比較的長時間の実験時間を必要とする触媒燃焼実験[26]を概説する．

触媒燃焼法は低温での燃焼および希薄混合気での燃焼が容易なため，NO_x 等の環境汚染物質の排出低減および燃焼効率向上の両面から有力な燃焼方法とされている．触媒反応機構を基礎的に解明する上で，簡略な流れ場における実験が理論解析との比較が容易であるという観点から有用であり，自然対流が生じない微小重力環境はこのような実験に適しているといえる．さらに本実験では，球形の触媒を対象としたことで，半径方向 1 次元の極座標を用いて現象を記述することができるため，数値解析結果との比較が容易に行うことが可能である．なお，放物飛行は(株)ダイヤモンドエアサービスにより実施され，使用した航空機は MU-300 である．

実験装置の概略図を**図 4.28**に示す．燃焼容器はジュラルミン製で，内部は直径 109 mm，長さ 180 mm の円筒形である．触媒球を容器外部から放射加熱するため，容器にはパイレックス製の直径 90 mm の窓が二つ設けられ，サーモ理工製楕円曲面反射鏡付きハロゲンランプが固定されている．ハロゲンランプの焦点距離は約 80 mm，焦点部直径は約 10 mm である．ランプに供給され

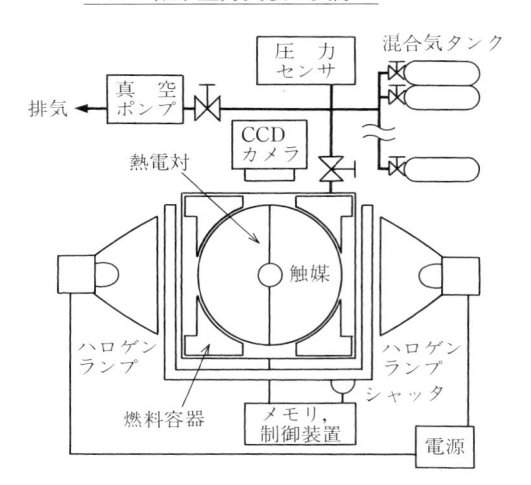

図 4.28 触媒燃焼実験装置

る電圧はそれぞれ約 560 W とした．加熱開始および停止は，ランプの前に設置されたシャッタにより行われる．シャッタはエアシリンダにより駆動され，駆動のための空気圧力は 0.2 MPa 以上である．

　触媒球は，保持線を用いて燃焼容器中に保持される．保持線の直径は 0.1 mm，長さは約 40 mm とした．保持線の一方は白金，もう一方は白金ロジウム合金を用い，R 形熱電対として球の表面温度を計測する．熱電対の出力はオペアンプにより増幅されてコンピュータに取り込まれ，解像度 0.5 K，サンプリングレート 50 Hz で記録される．この保持線は触媒効果を持つので，この触媒効果を抑制するためにシリカによって被覆された．触媒は純度 99.98 ％の白金の細線をバーナで加熱，融解し，表面張力を利用して直径 1.5 mm の球形になるように工夫した．このようにして得られた触媒の表面状態を，顕微鏡を用いて 500 倍に拡大して観察すると，ほぼ鏡面に等しい状態であった．また不純物を除去するため，都市ガス-酸素予混合火炎で触媒を融解温度まで加熱し，ゆっくり冷却させた．

　反応性気体として水素および酸素を用い，希釈気体として窒素を用いた．混合気は，水素，酸素および窒素を混合気タンクに移すことにより作成された．その際分解能 133.3 Pa 以下の電子圧力計を用いて，分圧法により混合気が所

定の当量比，希釈率になるように作成された．なお，実験装置には混合気タンクが10本搭載されており，それぞれに当量比，希釈率の異なる混合気を充塡させた．

実験手順は以下のとおりである．放物飛行開始の約2 min前に燃焼容器内を133.3 Pa以下まで排気した後，混合気タンクから燃焼容器内に地上で作成した混合気を充塡する．その後充塡時の擾乱が無視できるよう1 min程度放置する．放物飛行が開始され，支援装置から発信される微小重力開始信号を制御用コンピュータが感知すると，シャッタが開かれ，触媒球の加熱が開始される．加熱中触媒表面温度は制御用コンピュータにより監視され，表面温度があらかじめ設定した加熱停止温度に到達するとシャッタが閉じられる．その後微小重力実験終了まで，触媒表面温度は計測，記録される．

図4.29は，実験で得られた典型的な触媒球の表面温度履歴である．ランプ加熱期間中の変曲点は表面点火開始を意味している．加熱停止後では，触媒表面での自発的な反応による発熱と周囲への熱損失のバランスにより，触媒球の表面温度履歴は決定される．このような自発的反応領域の表面温度履歴を数値計算結果と比較することで，表面反応モデルの検証を行うことが可能である．

図4.30は，自発的反応領域における表面温度履歴について実験結果と計算

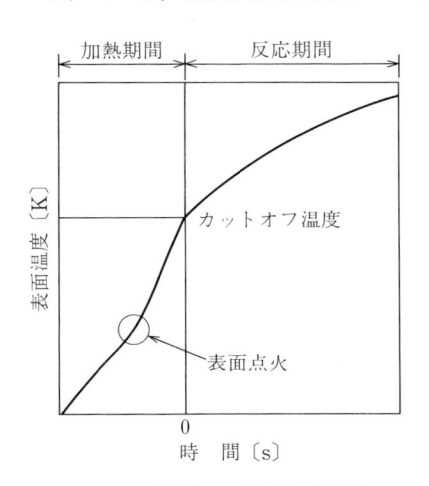

図4.29　触媒球の表面温度履歴

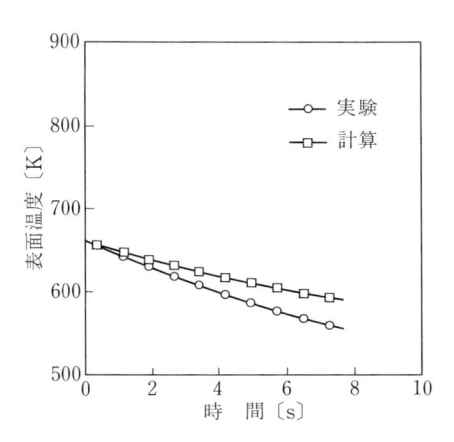

図4.30　表面温度履歴に関する実験および計算結果の比較

結果を比較したものである。ここで，表面温度の時間に対する傾きを表す指標として，加熱停止時の表面温度（T_0）とその 5 s 後の温度（T_5）の差を用いる。図から，計算結果と実験結果はよい一致を見せており，表面反応モデルがおおむね妥当であることを示している。しかしながら，当量比が 0.15 よりも小さい領域では両者に若干の相違が見られており，さらに詳細な表面反応モデルの検討が必要であると考えられる。

4.2.3　スペースシャトルを用いた実験

　前述のように，単一燃料液滴および液滴列の蒸発，燃焼に関する実験は，主として落下塔を用いて行われてきた。現在，落下塔により得られる最長微小重力時間は JAMIC における 10 s であり，燃焼実験に使用可能な最大液滴直径は 3 mm 程度である。これよりもさらに大きな液滴の燃焼は，消炎など多くの学術的に興味ある現象を含んでおり，それに関する微小重力実験が望まれていた。航空機実験では落下塔より長い期間微小重力環境（約 20 s）が実現できるが，微小重力の質に問題がある。

　このような理由から，1995 年 10 月に実施されたスペースシャトルでの宇宙実験において大きな液滴の燃焼実験が行われた[27]。液滴の初期直径は約 5 mm であり，燃焼時間は 40 s を超えるものである。実験装置はシャトル内グローブボックスに設置され，乗組員によって操作された。液滴はシリコンカーバイト細線によって支持されており，点火は電気加熱されたヒータによって行った。燃焼過程は，バックライトによる液滴像および火炎を 2 台のビデオカメラで撮影した。また小形の送風機によって対流の影響が調べられた。燃焼実験は，圧力，酸素濃度，相対湿度がそれぞれ $0.996 \sim 1.107 \times 10^5$ Pa，$0.204 \sim 0.222$，$39 \sim 46$ ％の条件下で行われた。

　このような大きな液滴の燃焼実験では，燃焼が途中で持続できなくなる現象，いわゆる消炎現象に関する詳細な検討を行うことができる。図 4.31 に，実験で得られた初期液滴直径と消炎直径との関係を示す。ここで，消炎直径は，消炎が生じた瞬間における液滴の直径と定義されている。図には，従来よ

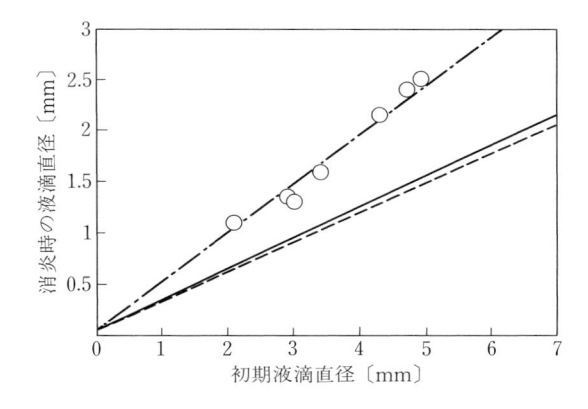

図 4.31 初期液滴直径と消炎直径との関係

り提案されていた方法による数値計算結果およびルイス数を用いた解析結果が示されている。図から，液滴直径の大きい領域においては数値計算結果は実験結果およびルイス数を 1 とした解析結果とも一致しておらず，ルイス数を 0.83 とした場合と一致する。従来からの解析には輻射の影響などは含まれておらず，これらによって図の差異が生じた可能性があり，さらなる理論的検討が必要であることが確認された。

スペースシャトルでの燃焼実験として，このほか，PMMA 板の燃焼[28]，くすぶり燃焼[29],[30]，噴流拡散火炎中のすす生成[31]，火炎球（flame ball）[32]などを対象としたものが行われている。

4.2.4　燃　焼　計　測

大形落下塔および放物飛行を行う航空機など微小重力実験設備の拡充は，燃焼実験に対しさまざまな恩恵を与えてきた。特に，実験装置の大形化により，レーザ計測装置等の高度な計測装置の活用が可能になったことは，微小重力下での燃焼研究の発展を促進させたといえる。従来，これらの測定法は通常重力場における燃焼現象に適用され多くの有益な成果をもたらしていたが，微小重力環境下では，精巧な光学機器を設置する空間が限られていること，実験中に装置の調整ができないこと，実験前後で装置にかかる重力が変化するため光軸に狂いが生じやすいこと，実験前または後に衝撃を受ける可能性が高いこと，

自動計測システムを設置する必要があることなど多くの制約があるためその利用は限定されていた。

しかしながら，近年これらの課題は徐々に解決され，各種測定装置の利用が盛んに行われるようになり，微小重力下での燃焼診断に関する結果ならびに計画が数多く報告[33]~[36]されている。おもなものとしては，LDV[37]およびPIV[38],[39]による気相および液層の流速測定，吸収法による火炎中の酸素分子温度測定[40]，赤外温度計による液面温度測定[38]，PLIFによる火炎中の化学種濃度測定[41]~[45]，ダイオードレーザ，光ファイバなどを用いた波長変調分光法による火炎中の水蒸気濃度測定測定[46]，および吸収法による火炎中の酸素分子濃度測定[40]等が挙げられる。

本項では，JAMICの落下塔での微小重力実験用に開発された小形PIV（particle image velocimetry）計測装置[47]について概説する。本PIV計測装置は，同軸噴流拡散火炎における乱流周囲空気流の速度場を計測するために開発されたものであり，装置は光学系，測定系および制御系より構成される。

図4.32にPIV装置用レーザシステムの概要図を示す。光源として，2台のNd:Yagレーザが用いられている。2台のレーザの発振波長はそれぞれ，532 nm（SHG）および355 nm（THG）である。同じ波長のレーザを使用す

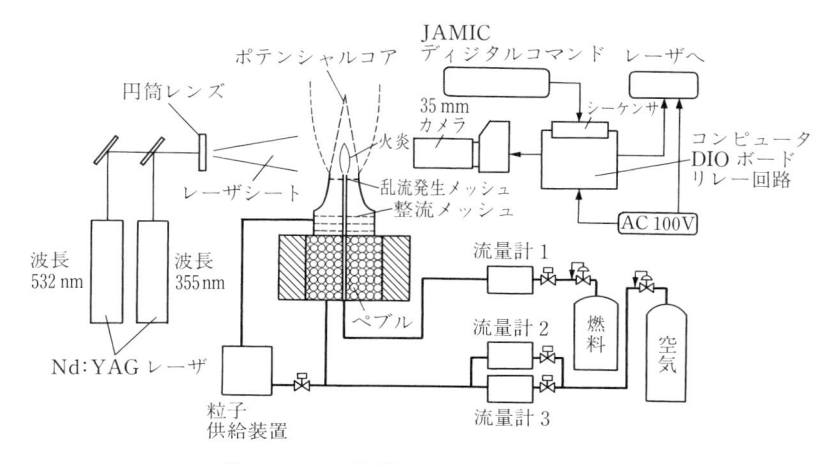

図4.32　PIV装置用レーザシステムの概要

4.2 燃焼実験

るほうが設定等の面から容易であるが，下記に示すようにカメラの幕速が約 3 ms/24 mm であるので，本装置では異なる波長のレーザを用い，それぞれの時間差における散乱光像を分離した．波長の違いによる粒子の散乱強度をほぼ等しくするため，カメラレンズ，ハーフミラー，フィルタ等の各波長の透過率も考慮し，レーザヘッド出口付近におけるレーザパワーをそれぞれ 38 mJ（532 nm），13 mJ（355 nm）に設定した．これらのレーザビームは凸および凹のシリンドリカルレンズを経て，高さ 70 mm，厚さ 0.7 mm のレーザシートに成形される．

なお，凸レンズを用いてシートを形成させる際，波長による色収差のため，焦点位置が若干異なる．これは観測領域のシート厚が異なることを意味しており，不必要な散乱光が記録され，誤差を生じさせる原因となる．この色収差を最小とするため，シリンドリカルレンズにはアクロマートレンズ（$f = 40$ mm）を用いる．また，レーザシートの高さの調整には 355 nm 用の凹レンズ（$f = -40$ mm）を用いる．

2 台のスチールカメラを用いて粒子の散乱光は撮影され，ネガフィルムに撮影された像はフィルムスキャナにより最大 2 000 dpi で取り込むことができる．このように，スチールカメラを用いた測定は非常に高解像度の画像が得られることが大きな特徴である．

図 4.33 にスチールカメラの配置図を示す．撮影系は UV レンズ（UV-Nikor，$f = 105$ mm），355 nm 用ハーフミラーおよび 2 台のスチールカメラから構成される．実験装置の大きさの制約上，UV レンズとカメラ本体の間にハーフミラーを設置した．このため，倍率が等倍以上の接写による撮影のみ可能である．スチールカメラとハーフミラーの間には色ガラスフィルタおよび干渉フィルタが設置されており，カメラ 1 では 532 nm の散乱光を，カメラ 2 では 355 nm の散乱光を別々の写真として記録できる．また，カメラ 1 においては同時に火炎形状の撮影も行われる．

スチールカメラおよびレーザは，遅延回路を含む制御系により制御される．これらの制御系により 2 台のレーザの発振間隔，カメラの撮影間隔，カメラ 1

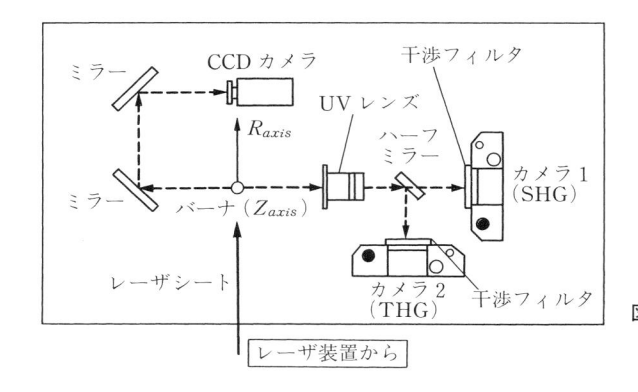

図4.33 受光系スチールカメラの配置図

の遅延時間が設定可能となる．本実験では，レーザ発振間隔を 150 μs，カメラの撮影間隔を 3 Hz に設定した．

散乱粒子を周囲空気流に混入させるため，空気の一部をパーティクルフィーダに通過させた．散乱粒子には直径 1.3 μm の SiO_2 粒子（NipSil SS-50）を用いる．パーティクルフィーダは，空気を 4 方向から噴射することによりスワールを形成させ，散乱粒子を混合させるものである．微小重力環境は地上とは異なる環境のため，粒子の流量調整が困難である．そこで，フィーダ上部にファンを取り付けることにより強制的なかくはんを行い，フィーダ内の流れに及ぼす重力の影響を最小限にした．

燃料流量および空気流量をそれぞれ 24 ml/min，42 l/min とし，層流周囲流の条件下で得られた速度ベクトルの一例を図 4.34 に示す．微小重力場では自然対流が存在しないため，流れ方向速度成分の変化がほとんどみられない．一方，通常重力場では下流にいくほど流れ方向成分が加速されており，それはバーナ中心におけるほど顕著となる．火炎基部においては，微小重力場，通常重力場とも熱膨張により流れは外側に向かっている．しかしながら，通常重力場では浮力の影響を受け，下流へいくほど流線は中央部に向いていることがわかる．

一方，微小重力場では外側に向かう流れは浮力等の外力を受けないため，そのままの方向を保ちながらしだいに外側へと広がっていく．このように，流れ

(a) 微小重力下　　　　　　　　　(b) 通常重力下

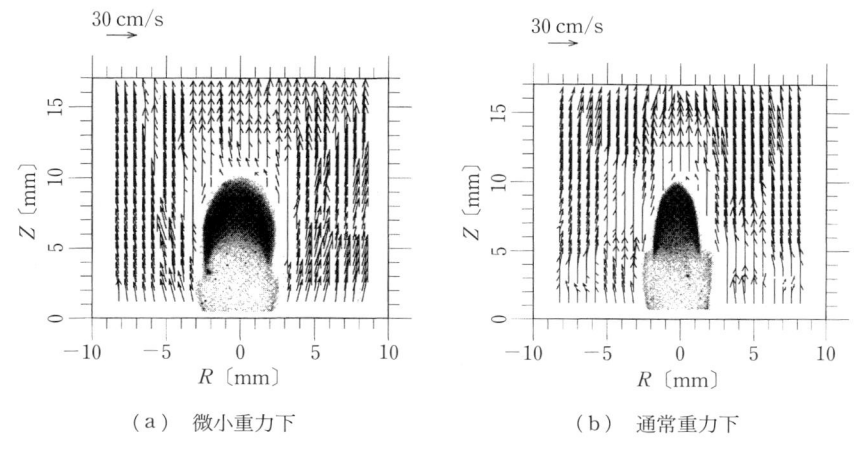

図 4.34　PIV により測定された層流周囲流中の速度ベクトル

場の違いが火炎形状に大きく関与していることがわかる。

4.3　沸　騰　実　験

4.3.1　通常重力下におけるプール沸騰および強制流動沸騰の概要

〔1〕 **プール沸騰**　　外部から液体に流動を与えず，容器中の液体に伝熱面を浸して加熱する場合をプール沸騰と呼ぶ．図 4.35 は沸騰曲線（boiling curve）と呼ばれ，縦軸には熱流束 q，横軸には伝熱面表面温度と飽和温度との差である伝熱面過熱度 $\varDelta T_{sat}$ をとり，通常は対数尺で表示される．

液体を飽和状態に保ち，通常重力下において伝熱面の加熱を開始すると，容器内に自由対流が生じる（点 A）．熱流束を増加させても容易に沸騰せず，伝熱面過熱度がオーバシュートして点 B に至り，伝熱面から沸騰を開始する．この沸騰は気泡核の成長に基づくもので核沸騰（nucleate boiling）と呼び，日常的な現象である．

沸騰開始により，熱伝達が飛躍的に向上するので，伝熱面過熱度が点 C まで低下する．さらに熱流束を増加させると，気泡の合体が生じ，孤立泡域から

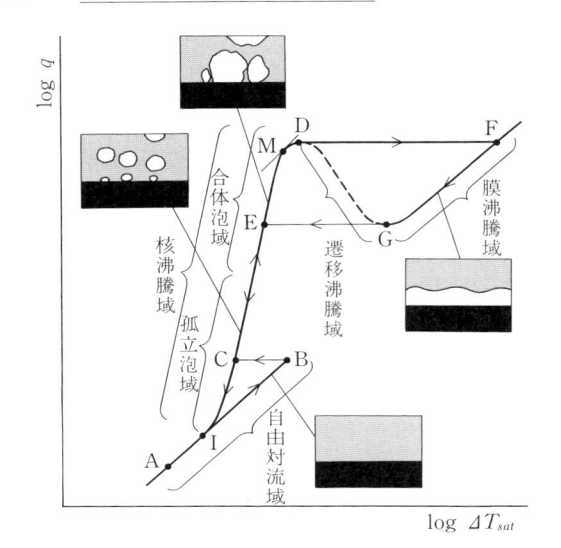

図4.35 プール沸騰の沸騰曲線

合体泡域へと移行する。もし点Cから熱流束を低下させると，熱流束増加時とは同じ経路をたどらずに発泡点数がしだいに減少して，点Iにおいて再び自由対流に戻る。このような状況を沸騰曲線のヒステリシスと呼ぶ。

熱流束を増加させて点Dに到達すると，伝熱面上に乾燥部分が急激に拡大して，バーンアウト（burnout）を生じ，点Fの膜沸騰（film boiling）へと移行する。このときの熱流束を限界熱流束（critical heat flux，CHF），点Dをバーンアウト点またはDNB（departure from nucleate boiling）点と呼ぶ。膜沸騰域では伝熱面は蒸気膜で覆われ，熱伝達が著しく低下するので，熱伝達の増大を目的とした沸騰現象の応用は核沸騰域に限定される。平板伝熱面を使用した場合には，伝熱面上に気泡が充満することにより，バーンアウト熱流束より若干低い熱流束（点M）で熱伝達係数は最大となる。

点Fから熱流束を低下させても点Dは通らず，点Gに到達するあたりから蒸気膜が崩壊して再び固液接触を生じるようになり，点Eにおいて核沸騰に戻る。点Dと点Gの間の負勾配の部分は伝熱面温度がこの範囲に制御可能な場合にのみ現われ，核沸騰域と膜沸騰域の中間的性質を持つことから，遷移沸騰（transition boiling）域と呼ばれる。点Gは極小熱流束点またはライデン

フロスト点 (Leidenfrost point) と呼ばれる。このようなS字形の沸騰曲線は1934年に抜山[48]により発見されたものである。

〔2〕 **強制流動沸騰** 沸騰現象の応用に際してはポンプなどにより液体を流動させる場合が多く，強制流動（対流）沸騰（flow boiling, forced convective boiling）と呼ぶ。管内流を基本とするが，矩形流路や各種断面形状の狭あい流路なども対象とする。

図4.36に垂直上昇流を対象とした管内強制流動沸騰において，流動方向に一様に熱流束を与えた場合の流動様式（flow pattern）の変化，および管内面温度 T_w，バルク流体温度 T_b の変化を示す。

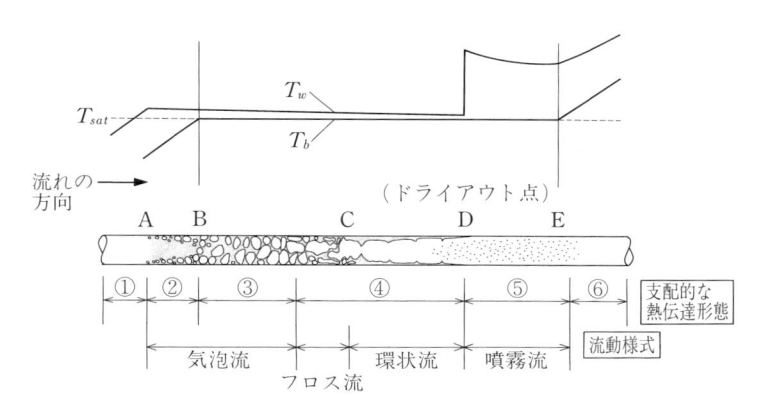

① 液体の単相強制対流　② サブクール核沸騰　③ 飽和核沸騰
④ 二相強制対流　⑤ 蒸気の単相強制対流＋付着液滴の蒸発
⑥ 蒸気の単相強制対流

図4.36 管内強制流動沸騰における流動様式と伝熱形態の変化

サブクール（過冷）状態で液体が流入する場合を考える。単相強制対流状態で，加熱により管軸方向に流体温度は上昇し，点Aで沸騰を開始すると管内面温度はほとんど変化しなくなる。液体はまだサブクール状態なので，管内面から発生した気泡は先端部で凝縮し，管内面に付着した状態となる。これをサブクール沸騰（subcooled boiling）あるいは表面沸騰という。

下流にいくに従って液体の加熱が進み，点Bで飽和沸騰状態となる。さら

に乾き度（quality），すなわち全質量流量に対する気相の質量流量が増加していき，気泡の合体が生じる。沸騰開始からここまでの領域の流動様式は気泡流（bubble flow）と呼び，熱伝達は一般に核沸騰支配となる。

さらに下流では，合体気泡と液体が複雑に入り組んでフロス流（froth flow）の様相を呈するようになる。釣り鐘状のテイラー気泡の発生に特徴づけられるスラグ流（slug flow）は通常の加熱系ではほとんど出現しない。

さらに乾き度が上昇すると，点 C で環状流（annular flow）となり，環状液膜流と蒸気コア流に分離する。この流動様式は，さらに下流で液膜が完全に蒸発するまで継続する。図中に示すように環状液膜表面には擾乱波（disturbance wave）が形成され，液膜表面を周期的に下流へと移動する。

環状流域においては，蒸気コア流にエントレインメント（entrainment）と呼ばれる液滴が同伴され，その発生と再付着が繰り返される。熱流束が比較的低い場合には環状液膜内での核沸騰が抑制され，熱伝達は二相強制対流により支配される。一方，熱流束が高い場合には，管内面からの気泡発生により環状液膜中で沸騰を生じ[49]，熱伝達は核沸騰支配となる。

環状液膜は蒸発によりその厚さの減少が進み，点 D で消滅してドライアウト（dryout）を生じる。これにより管内面温度は急上昇し，これより下流では熱伝達は主として蒸気の単相強制対流により行われるが，熱伝達はいちじるしく低下する。

ドライアウト点より下流においては，エントレインメント液滴の蒸発などによる蒸気流の加速により管内面温度はわずかに低下する傾向を持つ。点 E で液滴がほぼ蒸発すると，蒸気流が飽和状態から過熱状態に移行して上昇し始め，管内面温度もこれに対応して上昇する。

熱流束が高い場合には，気泡流域においても DNB によりバーンアウトを生じ，膜沸騰へと移行する。すなわち管内面を蒸気膜が覆い，管中央部を液体が流れる流動様式となり，逆環状流（inverted annular flow）と呼ばれる。

4.3.2 通常重力下の核沸騰に関する基礎事項

〔1〕 **気泡核生成** 伝熱面上での気泡核（bubble nucleus）の成長条件に関する検討は，熱伝達モデルに必要な発泡点密度の推定，伝熱面性状が熱伝達に与える影響，高性能伝熱面の開発などの課題に対して重要である。

液体中に球形の気液界面が静的状況下で存在するためには，表面張力 σ による収縮力と釣り合うだけの超過圧力 $\varDelta P$ が蒸気泡内に必要となる。

$$\varDelta P = \frac{2\sigma}{r} \tag{4.30}$$

ここに，$\varDelta P$：蒸気泡内と液体との圧力差 $(= P_v - P_l)$，r：気泡核の半径，σ：表面張力を表す。

蒸気泡内をほぼ飽和状態とし，その温度が液体温度に等しいとすれば，図 4.37 に示すように，この超過圧力は液体の過熱により生じる必要がある。蒸気圧曲線（vapor pressure curve）の勾配は，Clausius-Clapayron 式より

$$\frac{\varDelta P}{\varDelta T} = \frac{h_{fg}}{T_{sat}(v_v - v_l)} \tag{4.31}$$

ここに，$\varDelta T$：温度差，h_{fg}：蒸発潜熱，T_{sat}：飽和温度（絶対温度），v_v：蒸気の比容積，v_l：液体の比容積である。

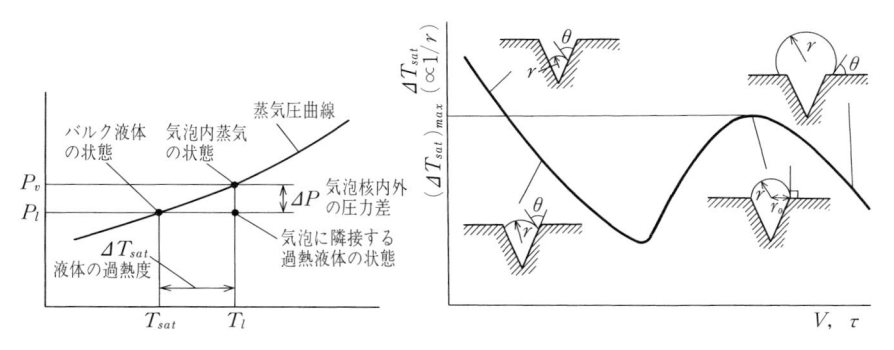

図 4.37 気泡核周りの液体の過熱度   図 4.38 気泡核との平衡を維持するために必要な液体過熱度

上式により式(4.30)の $\varDelta P$ をおき換えれば，半径 r の球形気液界面が静的釣合いのもとで存在するために必要な液体過熱度 $\varDelta T_{sat}$（$= T_l - T_{sat}$，T_l：液体温度）がつぎのように求められる。

$$\varDelta T_{sat} = \frac{2\sigma}{r} \frac{T_{sat}(v_v - v_l)}{h_{fg}} \tag{4.32}$$

これより,気液界面の半径 r が小さいほど大きな液体過熱度が必要なことがわかる。

気泡は伝熱面表面上のキャビティ内に捕捉された気泡核が成長したものである。ここで円錐（すい）キャビティを考え,図 4.38 に示されるように,気液界面の接触角 θ を一定と仮定すれば,気泡がちょうどキャビティの開口部に立つときに r は局小値をとる。

したがって,キャビティの開口半径を r_0 とすれば,活性化に必要な液体過熱度は式(4.32)において $r = r_0$ として求められる。さらに均一温度場を仮定して,T_l を伝熱面表面温度 T_w と等置すれば,気泡核の活性に必要な伝熱面過熱度を求めることができる[50]。

$$\varDelta T_{sat} = T_w - T_{sat} = \frac{2\sigma}{r_0} \frac{T_{sat}(v_v - v_l)}{h_{fg}} \tag{4.33}$$

このときの気泡半径 r_0 を臨界半径 (critical radius) と呼ぶ。

しかし実際には,式(4.33)より高い伝熱面過熱度が必要であり,図 4.39 に示すように温度境界層内に熱流束に対応した直線温度分布を仮定し,開口部に立つ球形気泡の頂部の位置における液体過熱度が式(4.33)で与えられる値よりも大きくなることを活性化条件とする方法などが考えられている[51]。

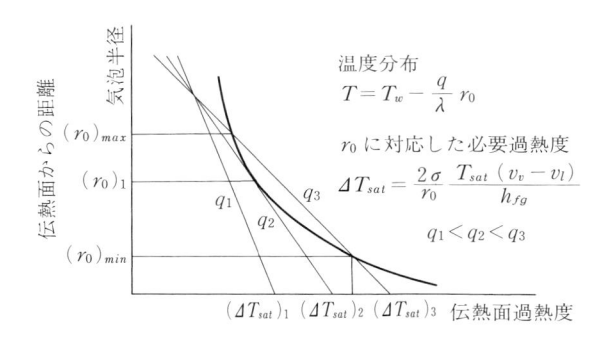

図 4.39 与えられた伝熱面過熱度に対して活性化が可能な気泡核半径

〔2〕 **気泡離脱直径** 通常重力下のプール核沸騰において,液体サブクール度が低い場合には,伝熱面から気泡離脱が生じる。Fritz[52]は接触角一定の

下に，伝熱面付着気泡の体積を徐々に増加させた場合の気泡形状を，気液界面における表面張力と気泡内外の圧力差の静的釣合いから描いた．しかし気泡体積がある値を超えると，気液界面に沿うすべての部分では静的釣合いを満足できなくなり，このときの体積から離脱時気泡直径（bubble departure diameter）を求めた．飽和沸騰に対して，この結果は以下の式で近似され，Fritz の式として知られる．

$$D_b = 0.0209\theta\sqrt{\frac{\sigma}{g(\rho_l - \rho_v)}} \tag{4.34}$$

ここに，D_b：気泡離脱直径，g：重力加速度を表す．接触角 θ の代入単位は deg であり，水に対しては通常 $\theta = 50$ deg 程度とするが，有機液体では小さい値となる．上式中 $\sqrt{\sigma/g(\rho_l - \rho_v)}$ はラプラス数（Laplace constant）と呼ばれ，気泡サイズを代表するパラメータである．

この式により大気圧下の水の離脱直径をよく予測するが，系圧力の影響が実際よりも小さい．

〔3〕 **沸騰熱伝達の予測式**　　核沸騰における熱伝達係数の予測式は実験式や半理論式も含めて多数存在するが，式ごとに予測値が大きく異なる．さらに重力の影響を調べてみると，図 4.40 に示されるように傾向がまちまちであることから[53]，予測式の適用は通常重力下に限定されるべきである．

西川ら[54]は，フロン系媒体について簡単な表示式を提案している．

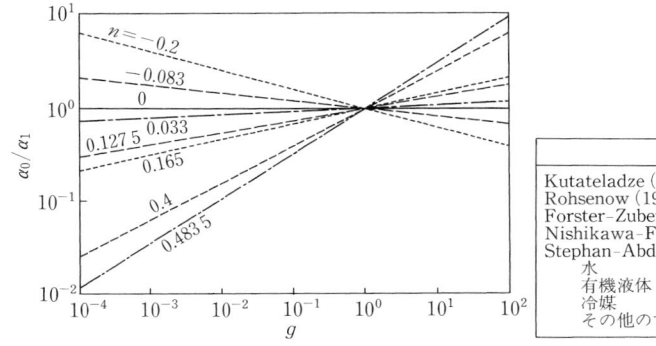

	n
Kutateladze (1952)	-0.2
Rohsenow (1952)	0.165
Forster-Zuber (1955)	0
Nishikawa-Fujita (1976)	0.4
Stephan-Abdelsalam (1980)	
水	0.4835
有機液体	-0.083
冷媒	0.1275
その他のすべて	0.033

図 4.40　既存の核沸騰熱伝達整理式が示す重力の影響

$$
\left.\begin{aligned}
\alpha &= \tilde{a} G\Bigl(R_p, \frac{P}{P_c}\Bigr) F\Bigl(\frac{P}{P_c}\Bigr) q^{4/5} \\
\tilde{a} &\equiv \frac{3.14 P_c^{1/5}}{M^{1/10} T_c^{9/10}} \\
G\Bigl(R_p, \frac{P}{P_c}\Bigr) &\equiv (8 R_p)^{(1-P/P_c)/5} \\
F\Bigl(\frac{P}{P_c}\Bigr) &\equiv \frac{\bigl(\frac{P}{P_c}\bigr)^{0.23}}{[1-0.99(P/P_c)]^{0.9}}
\end{aligned}\right\} \tag{4.35}
$$

ここに，α：熱伝達係数〔W/(m²・K)〕，q：熱流束〔W/m²〕，P/P_c：換算圧力（reduced pressure，圧力と臨界圧力との比）〔－〕，R_p：表面粗さ（中心線の深さ）〔μm〕，T_c：臨界温度〔K〕，v_c：臨界比容積〔m³/kg〕，M：分子量〔kg/kmol〕である．

また Stephan-Abdersalam[55] は既存のデータに最も適合する式として，液体の種類ごとに異なる四つの予測式を提案している．

〔4〕 **プール沸騰の限界熱流束** Zuber[56] はバーンアウト点近傍においては，伝熱面と垂直方向に，発生蒸気の排出による流れと液体の供給による逆向きの流れが存在するとし，これらの流れの流体力学的不安定条件により飽和沸騰に対する限界熱流束 q_{CHF} の予測式を導いた．

$$
\frac{q_{CHF}}{h_{fg}\rho_v} = K\Bigl[\frac{\sigma g(\rho_l-\rho_v)}{\rho_v^2}\Bigr]^{1/4}, \quad K = 0.13 \tag{4.36}
$$

仮定されたモデルは大胆であるが，本式は結果的にプール沸騰の限界熱流束をきわめてよく予測する．上式による限界熱流束の値は通常の液体に対して，換算圧力 $P/P_c = 0.3$ 付近で最大値をとり，臨界点では 0 となる．

サブクール沸騰の場合には，式(4.36)に修正項を付加することにより，限界熱流束 $(q_{CHF})_{sub}$ が予測できる[57]．

$$
(q_{CHF})_{sub} = q_{CHF}\Bigl[1+0.1\Bigl(\frac{\rho_v}{\rho_l}\Bigr)^{1/4}\frac{c_{pl}\rho_l \varDelta T_{sub}}{h_{fg}\rho_v}\Bigr] \tag{4.37}
$$

ここに，$\varDelta T_{sub}$：液体サブクール度，c_{pl}：液体の定圧比熱を表す．

〔5〕 **核沸騰における熱伝達特性**

(1) 圧力の影響 圧力が高くなるにつれて飽和温度が蒸気圧曲線に沿って上昇し，物性値の変化を介して，沸騰様相や熱伝達係数が変化する。圧力が高くなると離脱気泡径が減少し，同一熱流束で比較すると発泡点密度（bubble population demsity）は増加する。

図 4.41 は一定熱流束において，換算圧力 $P/P_c = 0.01$ における値で規格化された熱伝達係数を換算圧力に対して示したものである。熱伝達係数は圧力とともに増加し，$P/P_c = 0.1$ 以上になると急激に増加する[58]。この様子は式 (4.35) の $F(P/P_c)$ で再現されている。

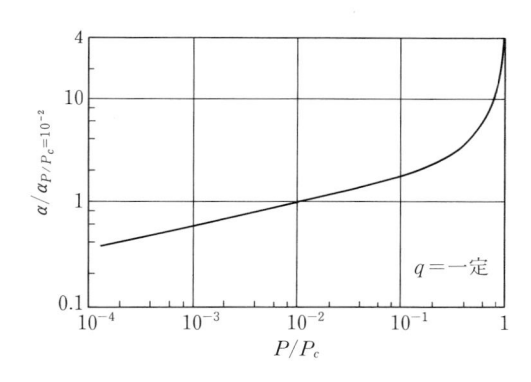

図 4.41 核沸騰熱伝達に及ぼす圧力の影響

(2) 液体サブクール度の影響 サブクール沸騰時においては，気泡径の減少や伝熱面からの気泡離脱がなくなるなど，飽和沸騰（saturated boiling）時のそれとは大きく異なる。サブクール沸騰においては，熱伝達係数を伝熱面表面温度とサブクール状態のバルク液体（bulk liquid）温度との差で定義する場合と，系圧力に対する液体の飽和温度との差である伝熱面過熱度で定義する場合との二通りがあり，これらの区別は明確にしておく必要がある。

$$\alpha = \alpha_b = \frac{q}{T_w - T_b} = \frac{q}{\Delta T_{sat} + \Delta T_{sub}}, \quad \Delta T_{sub} = T_{sat} - T_b \quad (4.38)$$

$$\alpha = \alpha_s = \frac{q}{T_w - T_{sat}} = \frac{q}{\Delta T_{sat}} \quad (4.39)$$

ここに，α_b：液体温度で定義された熱伝達係数，α_s：飽和温度で定義された熱

伝達係数，T_w：伝熱面表面温度，T_b：バルク液体温度，ΔT_{sat}：伝熱面過熱度，ΔT_{sub}：液体サブクール度を表す。

図 4.42(a)からわかるように，バルク液体温度で熱伝達係数が定義される場合には，サブクール沸騰時の熱伝達係数は飽和沸騰時のそれよりも小さくなる。一方，図(b)に示されるように，サブクール沸騰時であっても飽和温度で熱伝達係数が定義される場合には，熱伝達係数は飽和沸騰時のそれと大差ないとされている。

$$\Delta T_b (= T_w - T_b = \Delta T_{sat} + T_{sub}) \qquad \Delta T_{sat} (= T_w - T_{sat})$$
(a) (b)

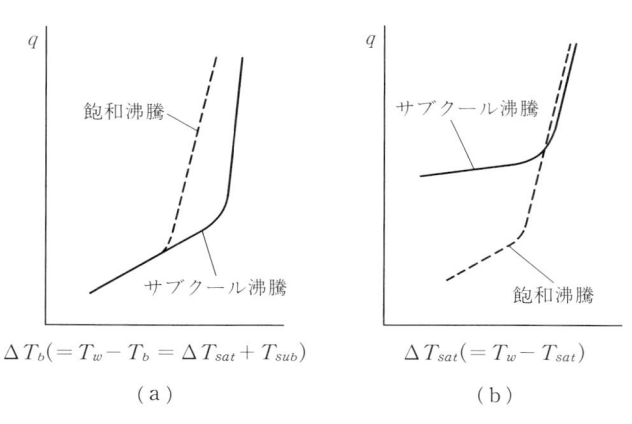

図 4.42 飽和沸騰とサブクール沸騰における熱流束と伝熱面・流体間の温度差との関係

サブクール沸騰では伝熱面近傍において液体温度分布が一様にはならず，熱伝達の議論の際には，これを明確にしておく必要がある。

（3） **伝熱面表面性状の影響**　図 4.43[54]は，水平上向き銅平板伝熱面を異なる粗さのエメリ紙で研磨した場合や鏡面仕上げした場合について熱伝達係数 α と熱流束 q の関係を比較したものであるが，伝熱面表面粗さによる α の差異は著しい。ただし，圧力が高くなると活性化可能なキャビティの大きさの下限が拡大して，粗さにかかわらず発泡点密度が増加し，表面粗さの影響は小さくなる。式(4.35)では，この状況が $G(R_p, P/P_c)$ により再現されている。

しかし，一般に表面性状の違いを一つの粗さパラメータのみで規定することは本質的に無理があり，さらに伝熱面の濡れ性なども考慮した核生成特性

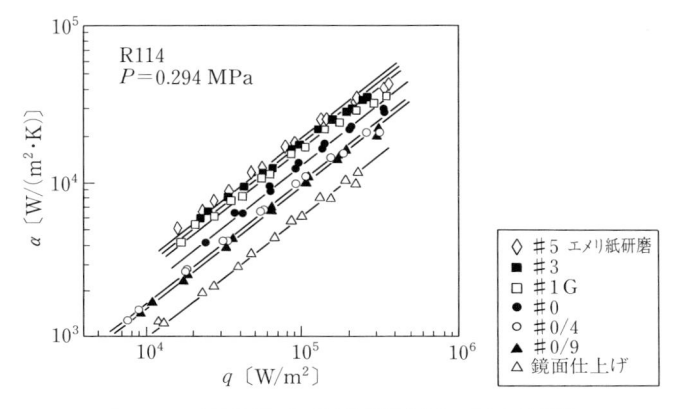

図4.43 伝熱面粗度が核沸騰熱伝達に及ぼす影響

(nucleation characteristics)の差異を的確に規定できないことが,核沸騰解明の大きな障害となっている。

(4) **混合媒体の核沸騰熱伝達**　非共沸混合媒体(non-azeotropic mixture)の核沸騰においては,図4.44[58]に示されるように,同一圧力で比較した場合に,単成分媒体の熱伝達係数をモル分率や重量分率で線形補間した値よりも一般に低い熱伝達係数が得られ,いわゆる混合媒体特有の熱伝達劣化(heat transfer deterioration)を生じる。

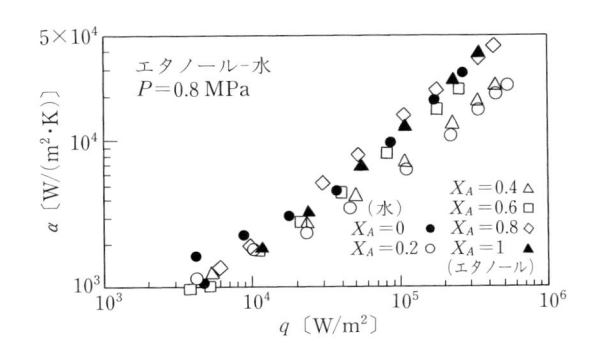

図4.44 混合媒体の核沸騰に見られる熱伝達劣化

すなわち非共沸混合媒体では低沸点成分が優先的に蒸発するため,液体中の物質拡散抵抗の存在により蒸発界面に向かって濃度勾配を生じる。二成分系に対する相平衡図の例を図4.45に示す。横軸には低沸点成分〔more volatile

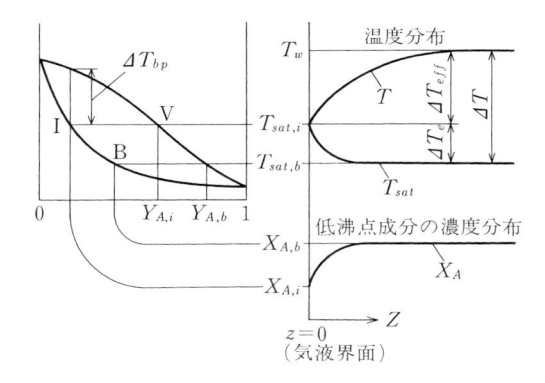

図4.45 二成分系混合媒体の相平衡図と気泡周りの液体の温度および濃度分布

component，参考：高沸点成分（less volatile component）]の濃度をとる。

バルク液体では点Bの濃度 $X_{A,b}$ であったものが，蒸発界面における液体では低沸点成分の欠乏のために点Iの濃度 $X_{A,i}$ に濃縮され，点Vの濃度 $Y_{A,i}$ の蒸気と平衡を保つ。点Iでは点Bよりも飽和温度が上昇し，ΔT_e だけ伝熱面の有効過熱度（effective surface superheat）が減少して ΔT_{eff} となるにもかかわらず，熱伝達係数の定義を ΔT で行うために伝熱劣化となって現れるという簡単な考え方もある。

混合媒体における熱伝達の低下割合の予測式として，Stefan-Koerner式[59]やThom式[60]などがある。

4.3.3 強制流動沸騰に関する基礎事項

〔1〕**重力の影響を規定する無次元数** 気液挙動に及ぼす重力の影響を調べる上で重要となる無次元数として，フルード数（Fr, Froude number），ボンド数（Bo, Bond number），ウェーバー数（We, Weber number）の三つが挙げられ，例えば以下のように定義される。

$$Fr = \frac{u_l^2}{gD} \tag{4.40}$$

$$Bo = \frac{(\rho_l - \rho_g)gD^2}{\sigma} \tag{4.41}$$

$$We = \frac{(\rho_l - \rho_g)Du_l^2}{\sigma} \tag{4.42}$$

ここに，u：流速，g：重力加速度，ρ：密度，σ：表面張力，D：代表寸法を表す．添字 l および g は，それぞれ液体および気体に対する値を示す．フルード数は慣性力と重力の比，ボンド数は重力と表面張力の比，ウェーバー数は慣性力と表面張力の比をそれぞれ表し，それぞれの力の支配領域の一例を図 **4.46** に示す．重力の変化による影響が表われるのは重力支配域のみとなる．

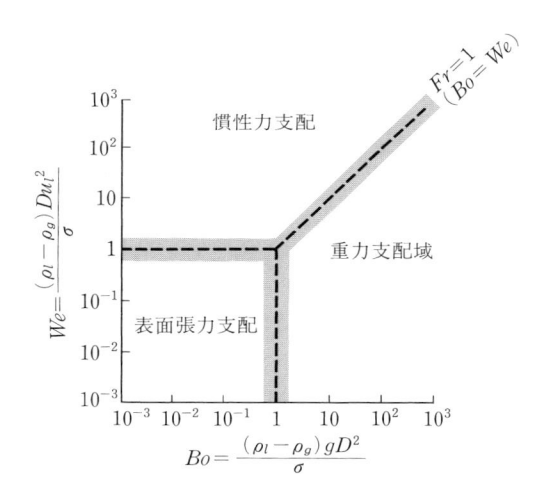

図 **4.46** 慣性力，表面張力，重力の各支配領域

〔2〕 二相強制対流域の熱伝達　強制流動沸騰の環状流域では，熱流束が高い場合を除き，質量速度（mass velocity）が大きい場合や乾き度が高くなると環状液膜（annular liquid film）中での沸騰が抑制され，熱伝達は二相強制対流（two-phase forced convection）により支配される．核沸騰域も含めて，熱伝達係数は一般に以下のように表示される．

$$\frac{\alpha}{\alpha_l} = C_1\left[N_{BO} + C_2\left(\frac{1}{X_{tt}}\right)^n\right] \tag{4.43}$$

$$N_{BO} \equiv \frac{q}{Gh_{fg}}$$

$$\frac{1}{X_{tt}} \equiv \left(\frac{x}{1-x}\right)^{0.9}\left(\frac{\rho_l}{\rho_v}\right)^{0.5}\left(\frac{\mu_v}{\mu_l}\right)^{0.1} \tag{4.44}$$

ここに，N_{Bo}：ボイリング数，X_{tt}：Lockhart-Martinelli パラメータ（液相，気相ともに乱流の場合），G：質量速度，x：乾き度，h_{fg}：蒸発潜熱，μ_v および μ_l：蒸気および液体の粘性係数，ρ_v および ρ_l：蒸気および液体の密度を表す．

α_l は，液体流量のみまたは蒸気も含めた全流量が管断面全体を流れるとした場合の熱伝達係数それぞれ α_{l1}，α_{l2} のいずれかであり，提案式により指定されている．α_{l1}，α_{l2} は Dittus-Boelter の式により，以下のように計算される．

$$\alpha_l = 0.023 \frac{\lambda_l}{d} Re^{0.8} Pr_l^{0.4} \tag{4.45}$$

α_{l1} を用いる場合：$Re = \dfrac{G(1-x)d}{\mu_l}$

α_{l2} を用いる場合：$Re = \dfrac{Gd}{\mu_l}$

ここに，λ_l：液体の熱伝導率，d：管内径，Re：レイノルズ数，Pr_l：液体のプラントル数である．

図 4.47 に異なる質量速度および熱流束について，いくつかの提案式[61],[62],[63]により計算される熱伝達係数の値を示す．この種の実験式による計算値は定性的には正しいが，提案式による差異ははなはだ大きいことに留意する必要がある．

Chen[64]は熱伝達係数を対流寄与分と核沸騰寄与分との和であるとし，沸騰抑制を表すパラメータを導入して両者の加算割合を変化させて，熱伝達の予測

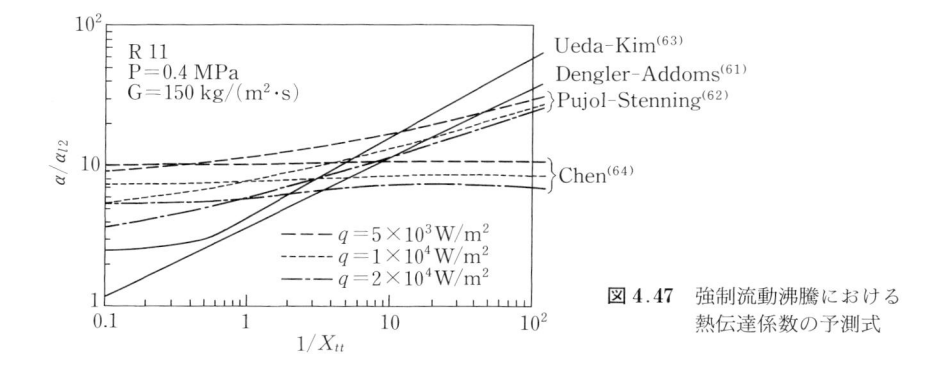

図 4.47 強制流動沸騰における熱伝達係数の予測式

式を提案している．図中にはこの結果も記入してある．

〔3〕 **強制流動沸騰の限界熱流束の整理式**　管内強制流動沸騰におけるバーンアウト機構は乾き度，質量速度，系圧力などにより異なり，一つの整理式でまとめることは本来不可能である．甲藤[65],[66]は一様熱流束加熱の円管内垂直上昇流に対して，入口が飽和状態で流入する際の限界熱流束が，加熱長さ (heated length) を用いたウェーバー数の導入によって統一的に表現できることを示し，整理式を提案している．

4.3.4　微小重力実験の目的

核沸騰熱伝達は液相から気相への相変化に伴って蒸発潜熱 (latent heat of vaporization) が輸送されるため，一般に高い熱伝達係数が得られるので，同一温度差では伝達可能な熱量を大きく設定でき，また同一熱流束では伝熱面温度を低く抑えることができる．沸騰熱伝達を応用すれば，熱交換過程の高効率化が可能となり，宇宙用熱交換器の大きさや打上げ重量の低減が可能となる．

具体的には材料開発に付随した熱交換装置，宇宙用電子機器に組み込まれる高発熱密度半導体素子の冷却，各種の排熱処理過程や生命維持関連の熱交換装置などがその対象となり得る．

また液体単相を対象とした熱交換過程においても，不測の事故等による発熱密度急増の際には沸騰熱伝達に移行することが考えられるので，宇宙用熱交換器の安全作動確保のために，過渡特性も含めた沸騰熱伝達の知識が必要となる．

さらにもう一つの重要な点は，微小重力下の実験は沸騰熱伝達の最重要因子の一つである浮力の効果を除外し得るので，気液挙動が単純化し，通常重力下の沸騰熱伝達の解明に対してきわめて貴重な情報を与え得ることである．

4.3.5　微小重力実験における装置製作と方法

〔1〕 **プール沸騰用伝熱面の製作**　プール沸騰実験に用いられる伝熱面は，大部分が細線および平板である．

細線では直接通電によるジュール加熱を行い，電気抵抗値やその温度係数の

レベル，表面酸化防止の点から白金細線が使用されることが多い．線の直径は0.5 mm以下の場合が多く，図4.48(a)に示されるように通常重力下において電極間に水平に配置される．白金線の温度は電気抵抗値から求め，熱流束は電気入力をもとに見積もられる．構造は簡単であるが，白金線から電極への熱損失のために，限界熱流束近傍においては，細線中央部で膜沸騰を生じる一方で，両端部は核沸騰というような共存状態を生じやすく，熱伝達データとの対応が困難になる．また地上での沸騰により細線の表面状態が変化するような場合には，継続して微小重力下で実験を行っても，細線周りに気泡点が均一に分布しない．また細線は，実際に使用される伝熱面とは形状・寸法が著しく異なるなどの基本的な問題を含んでいる．

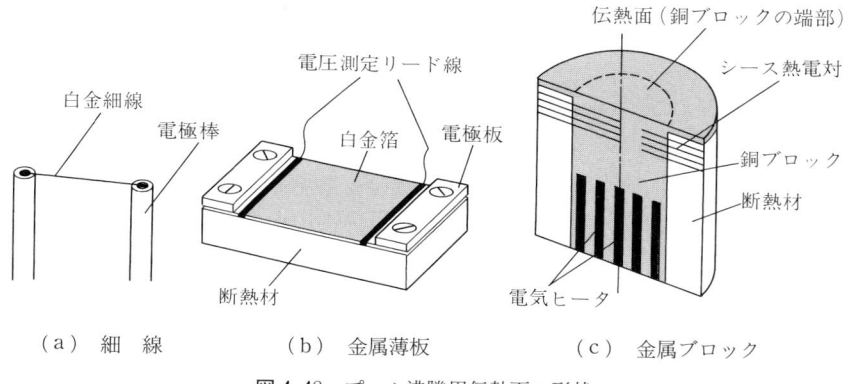

図4.48 プール沸騰用伝熱面の形状

水平平板の場合は，金属薄板を使用する場合〔図(b)〕と，金属ブロックの端面を使用する場合〔図(c)〕とがある．金属薄板にはステンレスや白金などの材質が選ばれ，加熱は直接通電により行われる．伝熱面温度の評価は薄板の電気抵抗値から求める場合と，熱電対を薄板の裏面にスポット溶接して行う場合とがあり，後者の場合に，素線をそのまま使用して直流加熱を行うと印加電圧の一部を拾って起電力が測定できないなどの問題を伴う．細線の場合にもあてはまるが，特に通常重力下で交流加熱を行う場合には周波数を増加させるなどして，気泡離脱周期に影響を与えないように配慮する必要がある．

また伝熱面姿勢に関しては，通常重力下において水平配置の場合は上下面で現象が異なるために下面に断熱材を密着させるか，姿勢を垂直にして現象を左右対称にする必要がある．ただし後者の場合，一般に水平上向き面とは異なるデータが得られることに留意しなければならない．図(b)の構造上の問題として電極板との境界部から優先的に気泡発生が生じる欠点があり，ろう付けなどの方法をとる場合もある．

一方，金属ブロックの端面を伝熱面とする方法では，通常，ブロックの下部に挿入された電気ヒータによる間接加熱が行われる．ブロック中深さ方向に段階的に挿入された熱電対の指示温度を外挿して表面温度を，またその勾配をもとにフーリエの法則を適用して熱流束を求めるのが一般的である．ブロックの材質としては銅が選ばれることが多く，伝熱面表面温度は気液挙動のいかんによらずほぼ一様となるが，熱伝導率がきわめて大きいために局所熱流束の分布を評価することは困難である．これはブロックの材質としてブロンズや真鍮などを選べば解決できるが，現象が伝熱面内の熱伝導とつねにリンクしていることに留意すべきである．

微小重力実験においては現象観察がとりわけ重要であり，とくに核沸騰では，伝熱面に付着する気泡底部の薄液膜挙動が熱伝達に重要な役割を果たすので，気泡底部の観察は多くの知見を与え得る．岡・阿部ら[67]はガラス板上に透明ITO膜をコーティングし，これに直接通電して加熱を行うとともに，感温液晶を表面に塗布して，気泡底部の伝熱面表面温度分布を調べている．

大田ら[68]は局所熱伝達データの測定と裏面からの現象観察を同時に可能とし，さらに付着気泡底部と伝熱面との間に介在するミクロ液膜の厚さの測定が可能な伝熱面を考案した．その構造を**図 4.49** に示す[68]．これは厚さ 3 mm のサファイアガラス板の上に温度センサおよび液膜厚さ計測センサを直接コーティングしたもので，センサ電極の材質は白金，厚さは約 $0.1 \sim 0.2\,\mu m$ である．

加熱は裏面にコーティングされた透明ITO膜に直接通電することにより行われる．これによりセンサ電極とヒータとの絶縁を確保すると同時に，基材への熱損失の評価が困難な表面加熱を回避して，表面熱流束分布の評価精度を高

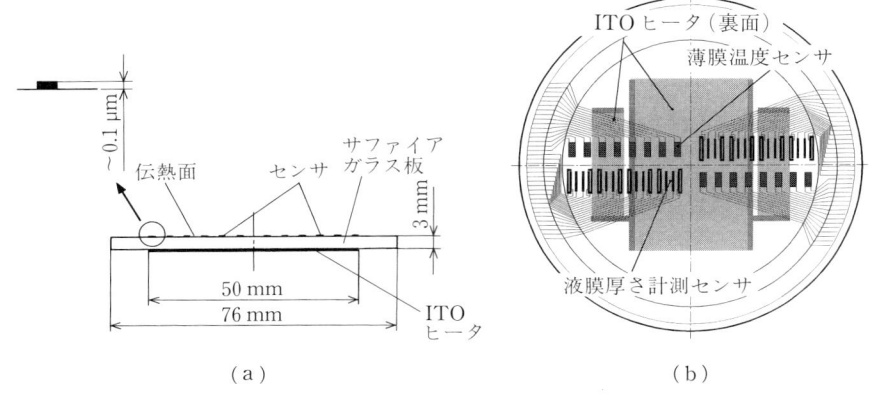

図 4.49　透明伝熱面の構造

めている。基材材質にサファイアガラスを用いる理由としては，大きな熱伝導率を持つために裏面の加熱開始から沸騰開始までの時間が短縮できること，また後述の加圧による残留気泡除去の際に機械的強度を確保することの2点が挙げられる。

温度センサはミアンダ部分の電気抵抗値を測定して温度に換算するもので，液膜厚さセンサは，導電性液体への通電により液膜の電気抵抗値を測定して求めるものである[69]。

伝熱面表面熱流束分布は，測定された伝熱面表面温度分布と裏面での加熱条件から，基材ガラス内の非定常熱伝導問題を解くことにより求められる。特に円形の伝熱面を使用する場合には，その保持方法などの要求から，伝熱面を囲む周辺面積が大きくなるので，基材ガラス周囲における境界条件の設定には周辺温度の実測値を用いるなどして慎重に行う必要がある。

〔2〕　**沸騰容器の製作**　　プール沸騰実験装置の概要を図 4.50 に示す[68]。通常重力下で上部に蒸気空間が存在するような場合，液体との体積割合によっては，微小重力下で気泡となって液体中に分散して，伝熱面から発生する気泡との干渉を生じる。したがって，微小重力下での実験の場合，沸騰容器内に金属ベローズを設けて，沸騰開始前の容器内を液体で充満しておくと同時に，伝

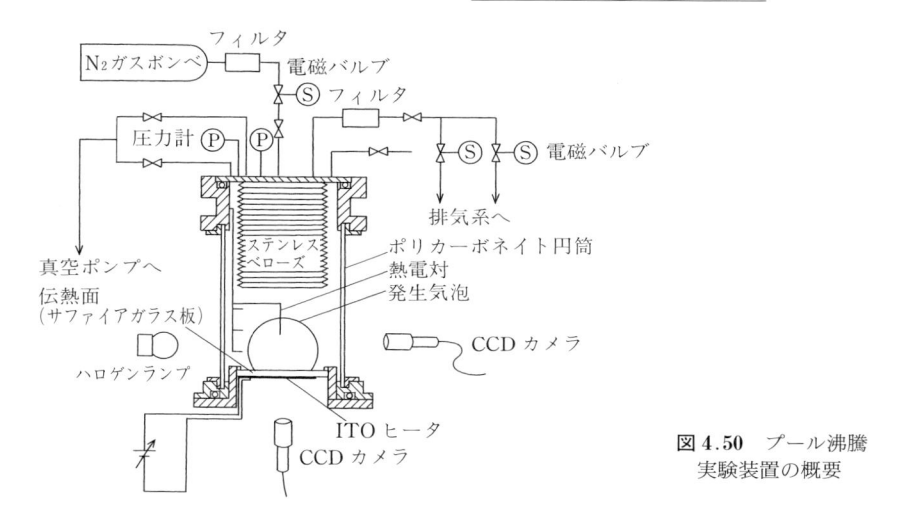

図 4.50 プール沸騰実験装置の概要

熱面からの気泡発生による体積増加に対応できる構造が採用されることが多い。

この金属ベローズは系圧力調整の機能も兼ねるが，気泡発生によりベローズが収縮するとベローズ内ガス圧力の制御を行わないかぎり系圧力が上昇し，液体温度一定の条件下では液体サブクール度が増加して気泡の凝縮を促進する結果となる．また同時に，潜熱の放出により液体温度は上昇することになる．

沸騰様相の観察方法としては，CCDカメラや高速度ビデオが頻繁に使用されるが，一般的には$1/1000 \sim 1/2000$ s 以上のシャッタ速度を選択すること，高撮影倍率が必要な場合には対象物までの距離を大きくとれるレンズを使用すること，蛍光灯下で撮影する場合は照明用に高周波電源を使用することなどに注意を要する．

〔3〕 **沸騰開始に関する留意事項** 通常重力下で加熱を開始してそのまま沸騰系を微小重力下に移行させた場合には，密度差により生じた対流がしばらく残存するので，微小重力下本来の気泡挙動や熱伝達が実現できない可能性がある．しかし事前に検証を十分に行えば，このような方法は重力レベル以外の実験条件をほぼ一定に保ち得るので，重力の影響を系統的に調べるのに適しているとも考えられる．一方，微小重力への移行後に沸騰開始を行う方法では，

微小重力の継続時間が短いと定常状態の熱伝達データを得ることはできない。

無人で実験を行う場合には，① 付与熱流束が十分でないことによる非沸騰状態の回避，② 付与熱流束が大き過ぎることによるバーンアウトと伝熱面過熱度の急上昇の回避，③ 残留気泡の除去，の３点に留意する必要があり，実験はかなり困難なものとなる。

① については，液体が飽和状態になるように系圧力を調整して高熱流束で加熱を開始することが必要である。② の要求は ① とは相反するものであり，伝熱面の最高温度を検知して入力を一時遮断もしくは低減するなどの方法をとる必要があるが，再び非沸騰状態に戻らぬようにしなければならない。③ の要求は，前フェーズにおける発生気泡が残留して後続フェーズでの発生気泡と干渉することを回避せんとするものであり，サブクール液体を容器内でかくはんする方法や，系をいったん加圧して液体サブクール度を上昇させ，気泡を凝縮させる方法などが考えられる。

図 4.51 は，宇宙開発事業団 TR-1 A 5 号機で行ったプール沸騰実験において採用された実験条件の設定と伝熱面表面温度 T_w の経過を概念的に示したものである[68]。

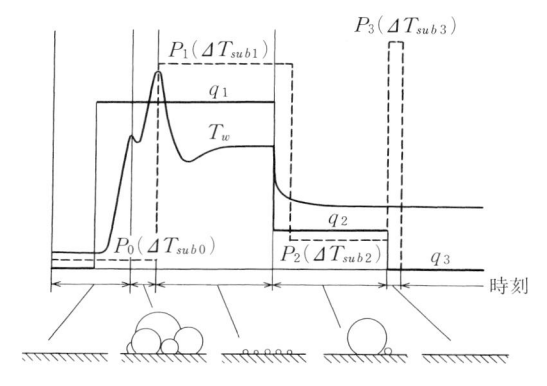

P：系圧力，q：熱流束，
$\varDelta T_{sub}$：液体サブクール度，
T_w：伝熱面表面温度
図 4.51　ロケットによるプール沸騰実験における沸騰開始時の条件設定と伝熱面表面温度の経過

〔4〕 **強制流動沸騰用伝熱管の製作**　従来，円管内を対象とした強制流動沸騰系においては，加熱部に金属管を使用するために，観察部は非加熱として分離させる方法がとられてきた。これに対して，加熱，観察，熱伝達データの

収集を同時に可能とする透明伝熱管が考案され[49]，微小重力実験に使用することが試みられた．

この伝熱管は**図 4.52**に示すように，内径 8.0 mm，肉厚 1.0 mm のパイレックスガラス管の内面に，直流パルスマグネトロンスパッタリング法により，金薄膜を厚さ 0.01 μm オーダにコーティングし，管壁の透明性を保ったものである[49]．この金薄膜は直接通電により発熱体として機能するとともに，抵抗温度計として管内面の温度測定に使用される．すなわち，熱伝達データを沸騰様相に直接対応させて議論することが可能となる．さらに，加熱部の途中に電極を追加して管軸方向の温度分布を測定することもできる．

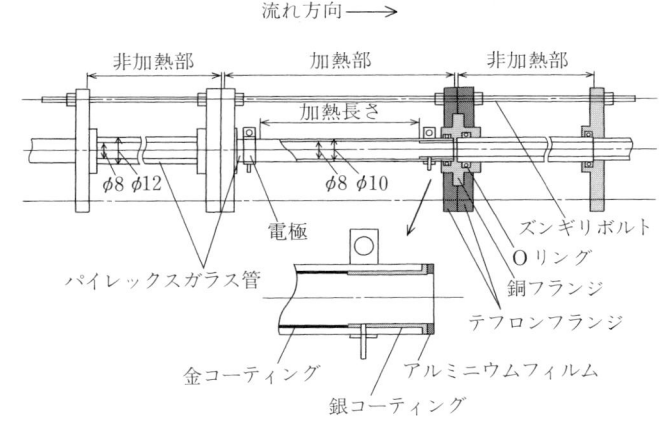

図 4.52 透明伝熱管の構造

〔5〕 **強制流動沸騰実験用テストループ**　　微小重力下における強制流動沸騰の実験に際しては，バッチ方式として一定時間だけ所定条件で流体をテストセクションに送り込む方法と，テストループを構成して流体を循環させる方法とがある．前者は，短時間の実験を比較的流量が安定した状態で実現できる利点がある．一方，後者は，循環ポンプの導入により実験を連続的に行うことが可能であるが，航空機実験では重力レベルの急変により，流量が安定するまでに時間を必要とする．

4. 微小重力実験の実際

　航空機実験用テストループは**図4.53**の例によれば，循環ポンプ（circulating pump），予熱器（preheater），入口混合器（inlet mixing chamber），テストセクション（test section），出口混合器（outlet mixing chamber），凝縮器（condenser），気液分離器（liquid-vapor separator），冷却器などから構成されている[49]。予熱器はテストセクション入口温度や乾き度を調整するためのものである。ループ全体の温度や圧力をほぼ定常状態に保つためには，予熱器およびテストセクションで加えられたのと同じ熱量を凝縮器などで除去する必要がある。しかし航空機実験などにおいては空冷のみが可能となり，ペルチェ素子（Peltier element）を併用して冷却面温度を上昇させ，除熱量の増大をはかる必要がある。また循環ポンプに気相を巻き込まないためには，微小重力下において気液分離を確実に行う必要があり，航空機実験のように比較的短時間の場合は，気液分離器内に金網の充填や各種形状の金属板の装填を行って気泡をトラップすることが行われている。

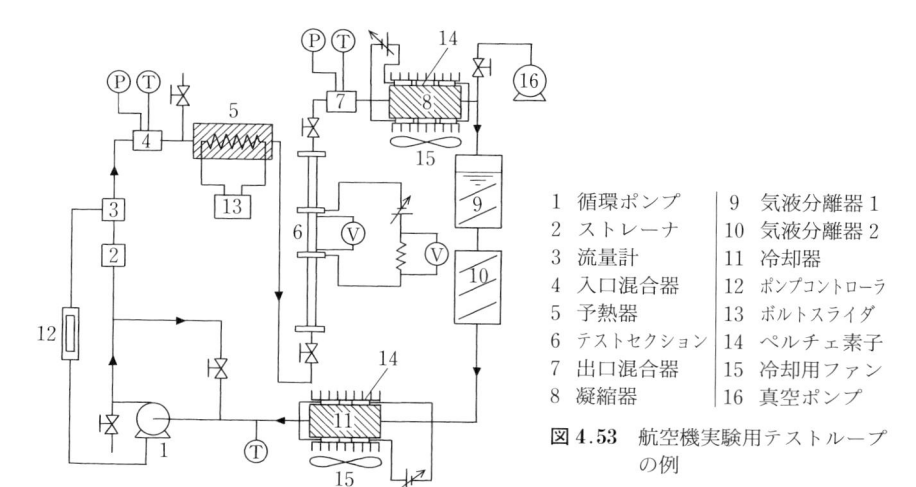

1　循環ポンプ	9　気液分離器1
2　ストレーナ	10　気液分離器2
3　流量計	11　冷却器
4　入口混合器	12　ポンプコントローラ
5　予熱器	13　ボルトスライダ
6　テストセクション	14　ペルチェ素子
7　出口混合器	15　冷却用ファン
8　凝縮器	16　真空ポンプ

図4.53　航空機実験用テストループの例

4.3.6　プール沸騰に関する実験結果

〔1〕**微小重力下における気泡挙動**　　微小重力下においても，熱流束が低い場合や液体サブクール度が大きい場合には孤立気泡（isolated bubble）が観

察される。ただし飽和沸騰においては，通常重力下と比較した場合に気泡径は著しく大きくなる。航空機実験のように $10^{-2}g$ オーダの残留重力や g ジッタが存在する場合は飽和沸騰では一般に気泡離脱が観察されるが，ロケットや大規模落下施設を利用する場合には飽和沸騰でも気泡は離脱しない場合がある。

気泡離脱直径に関する既存の整理式との比較については，重力レベルを厳密に規定しにくい場合が多いので，困難を伴う。気泡形状については，微小重力下において，気泡内外圧力差と表面張力による静的釣合いが成立する限り球形に近くなる。気泡離脱を生じない場合には気泡は巨大化するが，ベローズなどによる調圧機構の存在により，同時に気泡表面では凝縮が進行するので一定体積に留まる傾向が見られるが，本来の現象ではない。

微小重力下でも熱流束が高い場合や液体サブクール度が小さい場合には合体気泡 (coalesced bubble) が観察される。航空機および TR-1 A によって直接観察された合体泡の複合構造の例を図 **4.54** に示す[68],[70]。

蒸留水の 0.1 MPa における飽和沸騰の例では合体泡底部に比較的厚いマクロ液膜が存在しており，伝熱面より発生した 1 次気泡 (primary bubble) がマクロ液膜 (macrolayer) 表面で崩壊する様子が観察される。これに対してエタノールの 0.01 MPa における飽和沸騰の例では，大きな 1 次気泡が合体泡

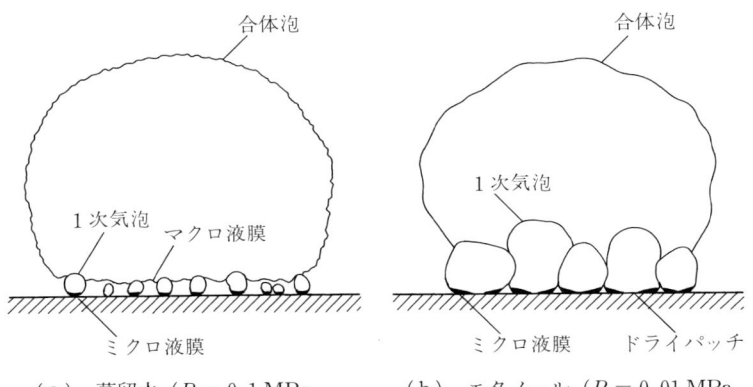

(a) 蒸留水 ($P = 0.1$ MPa, $q = 3 \times 10^5$ W/m²)

(b) エタノール ($P = 0.01$ MPa, $q = 8 \times 10^4$ W/m²)

図 **4.54** 飽和沸騰における合体泡の複合構造

の底部を充満しており，マクロ液膜の存在は明確ではない。各1次気泡の底部にはミクロ液膜（microlayer）が存在しており，その中心部にドライパッチ（dry patch）が広がる様子が確認されている。

〔**2**〕 **通常重力下の熱伝達係数との比較**　微小重力下では通常重力下と比較して，核沸騰域の熱伝達に差異がほとんどないという報告もあるが，Straub[71]やMerte[72]によるデータをはじめとして，明らかに熱伝達促進を示すものもある。**図 4.55** は航空機実験で得られた核沸騰域における局所熱伝達データの例で，上から局所表面温度 T_{wi}，局所熱流束 q_{wi}，局所熱伝達係数 $α_{wi}$ の順に示す。これより微小重力下では通常重力下と比較して，熱流束レベ

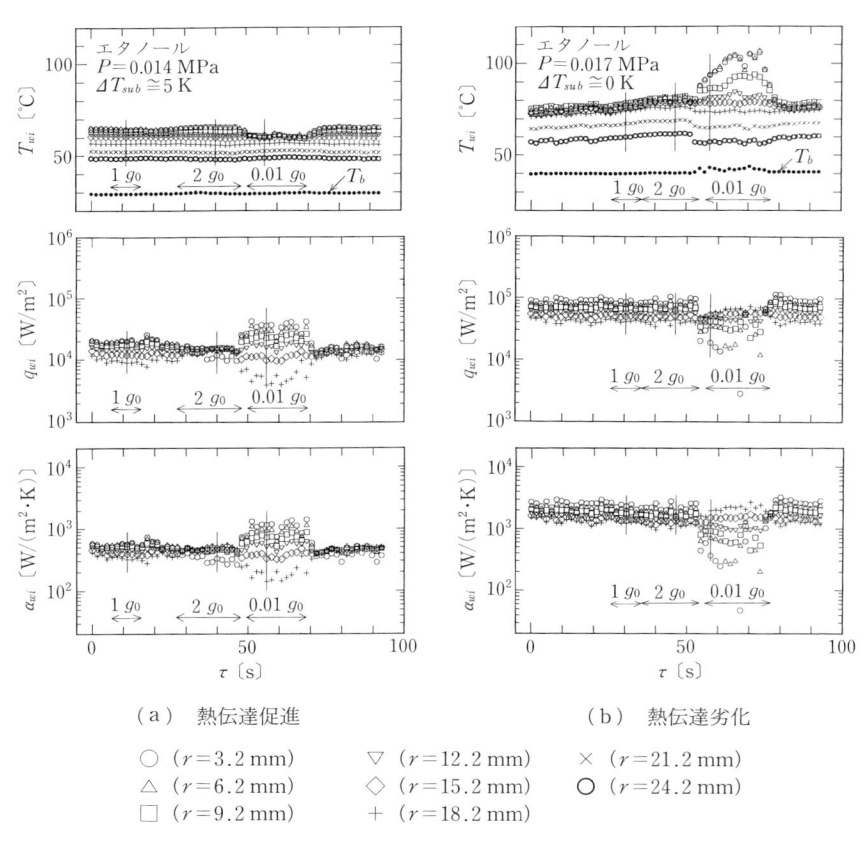

（a）熱伝達促進　　　　　　　　　（b）熱伝達劣化

○ ($r=3.2$ mm)　　▽ ($r=12.2$ mm)　　× ($r=21.2$ mm)
△ ($r=6.2$ mm)　　◇ ($r=15.2$ mm)　　◯ ($r=24.2$ mm)
□ ($r=9.2$ mm)　　+ ($r=18.2$ mm)

図 4.55　航空機実験の局所熱伝達データに見られる熱伝達促進と劣化の例

ルに応じて，熱伝達が促進される場合と，逆に劣化する場合とが存在することが確認される。

口絵3は，合体泡底部の気液挙動を透明伝熱面裏面から観察したものであるが[68],[73]，1次気泡底部にミクロ液膜が拡大し，その中にさらにドライパッチが拡がる様子が観察される。低圧力下などで1次気泡が伝熱面積の大半を覆っているような場合には，1次気泡の成長に伴ってミクロ液膜中にドライパッチが拡大するために，熱伝達に対して，ミクロ液膜厚さの減少と三相界面の全長の増加という正の効果と，ドライパッチ面積の増大という負の効果とが一般に共存すると考えられる。そして，通常重力下から微小重力下への移行に際して，1次気泡径が増大するためにこれらの効果が顕在化し，条件により熱伝達促進あるいは劣化のいずれかが生じるものと解釈される。

図4.55に示した熱伝達促進や劣化は，航空機実験で伝熱面からの気泡離脱が観察された場合に対するものであり，より低い重力レベルのもとでは，飽和沸騰において定常的な熱伝達の実現は不可能であると考えられる。また航空機実験で得られる重力レベルにおいても，微小重力継続時間がより長くなれば，図に示した熱伝達促進や劣化の状態を保持できず，熱伝達促進から劣化へ，劣化からバーンアウトへと移行する可能性がある。

〔3〕 **微小重力下における定常的熱伝達の維持の可能性とバーンアウト**
サブクール沸騰におけるバーンアウト熱流束に関しては，鈴木ら[74]の測定結果によれば，**図4.56**の例にも見られるように，通常重力下の値と比較して低下するが，式(4.36)，(4.37)などの既存の予測式による値より大きい値となる結果が得られている。

液体が飽和状態近傍で気泡が離脱しない場合には，定常状態の保持は一般に不可能と考えられ，沸騰を維持するだけの低い熱流束で，時間の経過によりバーンアウトへと移行する傾向がある。

微小重力下の核沸騰熱伝達において，定常状態の維持が可能となるのはサブクール沸騰の場合であり，液体に比較的大きなサブクール度を与えると，気泡は伝熱面に付着した状態で凝縮を生じ，通常重力下のサブクール核沸騰に類似

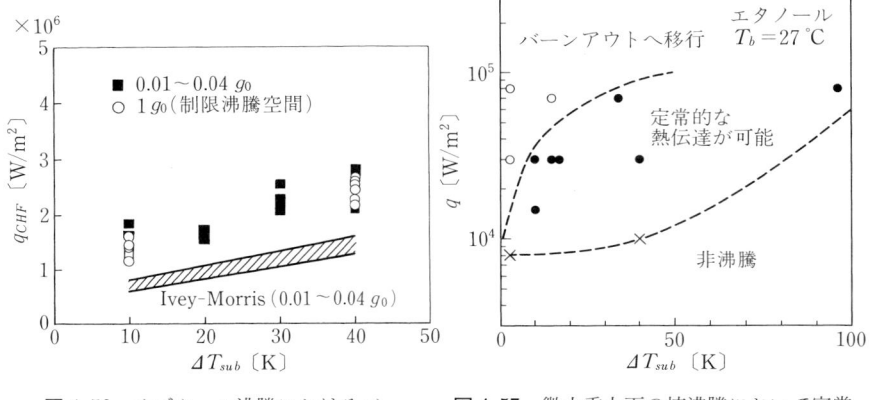

図 4.56 サブクール沸騰におけるバーンアウト熱流束の測定結果

図 4.57 微小重力下の核沸騰において定常的熱伝達が可能となる条件の例

した気泡挙動となる。飽和状態においても気泡離脱が観察されなかったロケット実験の結果から，バーンアウトの発生条件および定常状態の実現が可能な範囲を熱流束 q と液体サブクール度 ΔT_{sub} の関係で整理すると，**図 4.57** のようになる[68]。

〔4〕 **ミクロ液膜厚さの測定結果と伝熱量の予測**　液膜厚さ計測センサにより，気泡底部の液膜厚さを測定した結果の一例を**図 4.58**に示す[75]。中央部（センサ F1）においては実験開始からの時刻 $\tau = 290$ s でドライパッチが拡

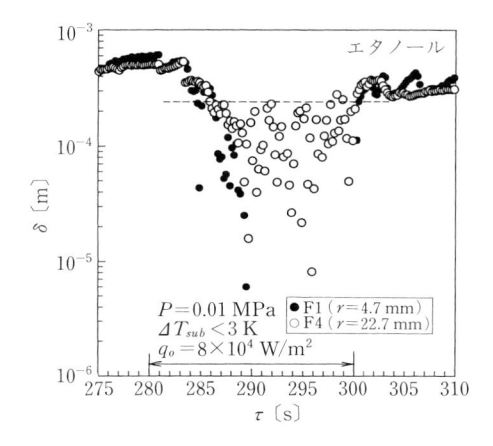

図 4.58 合体泡下 1 次気泡底部の液膜厚さの測定例

大し，液膜厚さ δ がゼロとなるのに対し，周辺部（センサ F 4）では依然として液体が供給され続けている様子が明らかである。センサがバルク液体で覆われている場合であっても，センサ仕様による測定可能上限値の存在のために，液膜厚さが 0.3～0.6 mm で飽和する傾向を持つが，液膜厚さが約 0.2 mm 以下（図中の破線以下の領域）の場合には，実際の液膜厚さを表している。

測定された局所液膜厚さの値および伝熱面局所表面温度をもとに，液膜内の非定常熱伝導問題を解けば，図 4.59 に示されるように，蒸発による液膜厚さ δ の減少の状況とそれに伴う伝熱面表面熱流束 q_{wf} の変化を詳細に予測することが可能になる[75]。このようにして求められた表面熱流束のレベルは，基材ガラス内の熱伝導計算により別途計算される熱流束と比較され，両者が比較的よく一致することが確認されている。

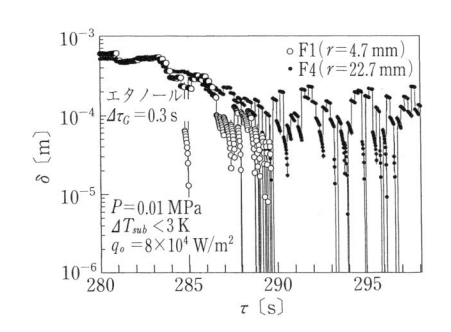

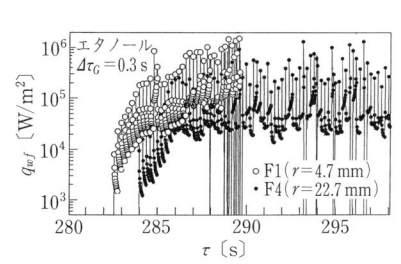

図 4.59 気泡底部液膜厚さの実測値より計算された液膜厚さと伝熱面表面熱流束の変化

4.3.7 管内強制流動沸騰および非加熱系二相流体に関する実験結果

〔1〕 **流動様式に及ぼす重力の影響**　宇宙用二相流体ループの実用化に必要な圧力損失や熱伝達のデータは，気液の流動様式により大きく変化するので，まずこの特定が出発点となる。

図 4.60 は非加熱系における，通常重力下と微小重力下における流動様式の観察結果の例を示す。図(a)は水平管において，通常重力下の層状流（stratified flow）が微小重力下でスラグ流となる場合を示している[76]。図(b)

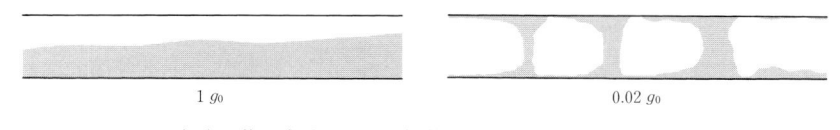

（a） 落下実験における層状流からスラグ流への遷移

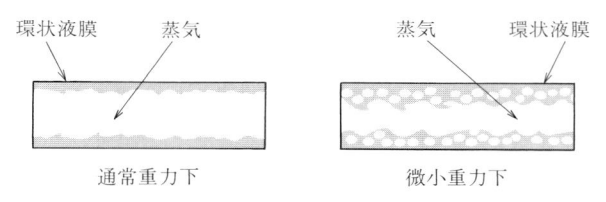

（b） 重力による環状流の気液分散状態の相違

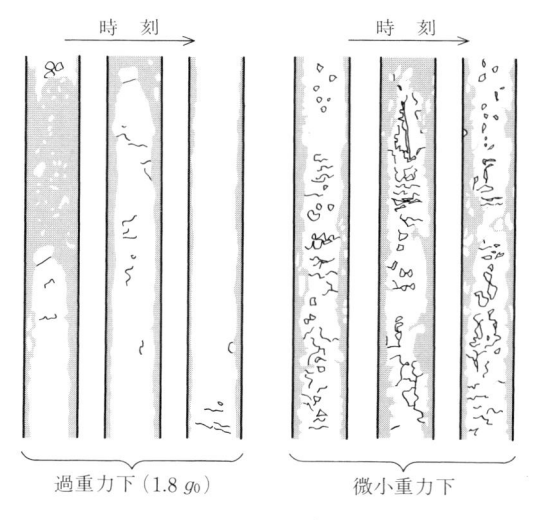

（c） 重力低下に伴う垂直管における
スラグ流から環状流への遷移

図 4.60　通常重力下と微小重力下における流動様式の違い

は通常重力下の環状流が微小重力下で気泡を巻き込み，液膜厚さが厚くなるという観察結果を示しており，frothy annular 流の様相を呈するとしている[77]。図（c）は垂直管において重力レベルの減少に伴い，スラグ流域で観察されるテイラー気泡（Taylor bubble）が伸展して環状流へと移行する例を示したものである[78]。

　通常重力下においては，水平管と垂直管のそれぞれに対して多くの流動様式

線図が提案されている。流動様式を判別するパラメータに重力加速度を含まない場合には，とくに断りがない限り，通常重力下のみの適用に限定する必要がある。

図 4.61 は水平管に対して作成された Taitel-Dukler[79] の流動様式線図 (flow regime map) に微小重力下で得られたデータをプロットしたものである[77]。図の縦軸は修正 Froude 数で，ここでは次式で定義される。

$$Fr = \frac{Gx}{\sqrt{(\rho_l - \rho_g)\rho_g g d}} \tag{4.46}$$

ここに，G：質量速度，ρ_l および ρ_g：液体および気体の密度，g：重力加速度，d：管内径を表す。横軸は式(4.44)で与えられる Lockhart-Martinelli パラメータ X_{tt} である。この流動様式線図ではスラグ流から環状流への遷移が重力レベルによらず，一定の乾き度（$X_{tt} = 1.6$ に対応する値）で生じるとしている。

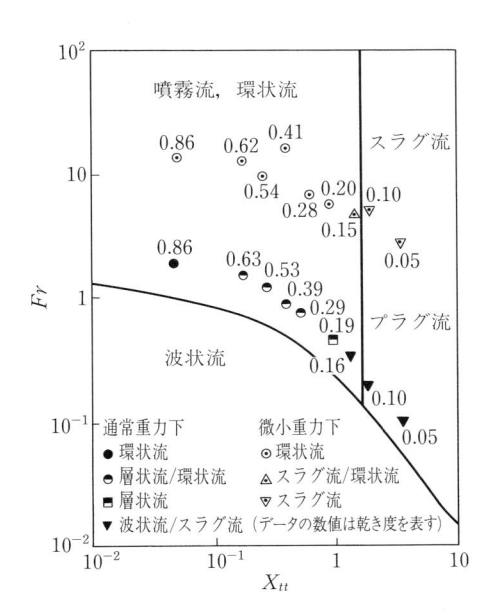

図 4.61 通常重力下の水平管に対する Taitel-Dukler の流動様式線図上にプロットした微小重力下のデータ

図 4.62 は水平管に対して作成された Quandt の流動様式線図[80]を $g = 0.01g_0$，$0.05g_0$ についても境界線を記入し，微小重力下で得られたデータをプ

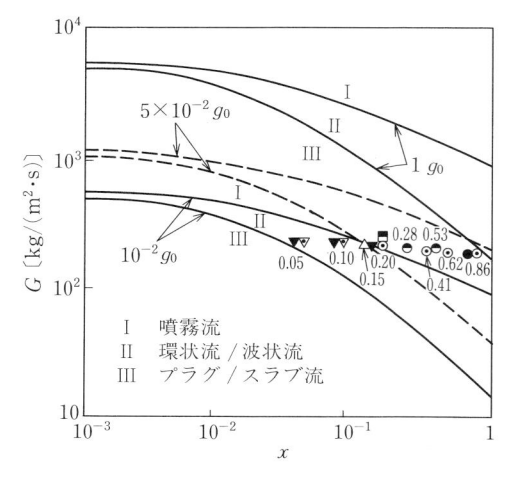

112　4．微小重力実験の実際

図4.62　通常重力下の水平管に対する Quandt の流動様式
線図上にプロットした微小重力下のデータ

ロットしたものである[77]。縦軸および横軸はそれぞれ，質量速度 G および気相の質量流量割合 x である。この線図は領域 II を環状流と見なせば，航空機実験による微小重力レベル（$g = 0.01 \sim 0.03 g_0$）において，スラグ流から環状流への遷移は比較的よく再現されている。

一方，図4.63 は水平管について，微小重力下で得られたデータのみをもとに作成された Dukler らの流動様式線図[81]を示したものである。縦軸および横軸は液相および気相の見かけ速度（superficial velocity）j_l, j_g で，重力加速度を含んでいない。図中の気泡流とスラグ流の境界，スラグ流と環状流の境界は，ともに微小重力下では気液の速度差（スリップ slip）はないという前提下で導かれたものである。

図4.64 は強制流動沸騰において，液体単相流が比較的低質量速度 $G = 150 \mathrm{kg/m^2 s}$ で内径 8 mm，加熱長さ 260 mm の伝熱管に流入する場合について，乾き度の増加に伴って流動様式が変化する様子を調べたものである（R 113，$P = 0.1 \mathrm{MPa}$，$G = 150 \mathrm{kg/(m^2 \cdot s)}$，$\varDelta T_{sub,in} = 7 \mathrm{K}$，$x_{ex} = 0.08$，$q = 2 \times 10^4 \mathrm{W/m^2}$）[82]。通常重力下（$1 g_0$）では，気泡流からフロス流と環状流

図 4.63 微小重力下の水平管に対する流動様式線図

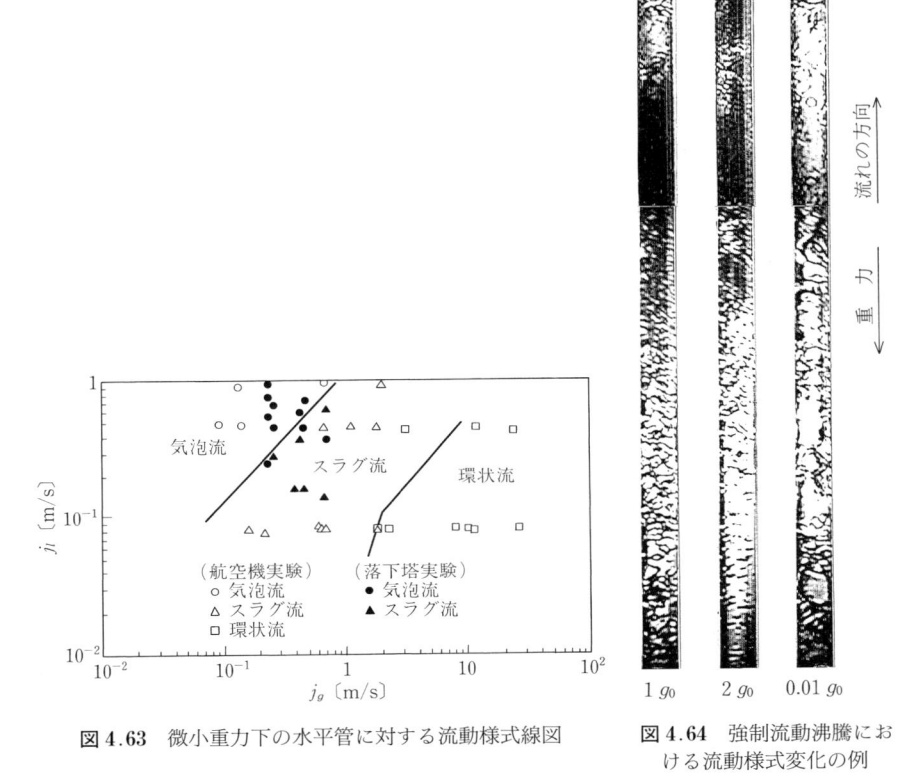

図 4.64 強制流動沸騰における流動様式変化の例

が交互に現れる流動様相へと遷移する。過重力下（$2g_0$）では気泡が小さくなり，上昇速度が増大する結果，同一位置すなわち同一乾き度で比較すれば，ボイド率（void fraction）は低下している。これに対して，微小重力下（$0.01g_0$）では管入口付近から気泡が大きくなるとともに，浮力の低下により移動速度が小さくなる。この結果，気泡流域でのボイド率は通常重力下，過重力下に比べ

て増加する。重力レベルの減少は環状流への遷移点を低乾き度側へ移動させている。

〔2〕 **熱伝達に及ぼす重力の影響**　表4.2は，強制流動沸騰の核沸騰域および二相強制対流域において，質量速度および熱流束を変化させた場合について，気液挙動および熱伝達に及ぼす重力の影響をまとめたものである[83]。すなわち

表4.2　強制流動沸騰の気液挙動と熱伝達に及ぼす重力の影響

			低乾き度	中乾き度	高乾き度
			気泡流域	環状流域	
気液挙動	低質量速度	低熱流束	(微小重力下で)気泡離脱直径増大	(微小重力下で)環状液膜中の乱れが弱くなる	重力の影響なし
		高熱流束		重力の影響なし	重力の影響なし
	高質量速度		重力の影響なし		
熱伝達	低質量速度	低熱流束	[核沸騰]顕著な重力の影響なし	[二相強制対流]微小重力下で熱伝達劣化	[二相強制対流]重力の影響なし
		高熱流束	[核沸騰]顕著な重力の影響なし	[核沸騰]顕著な重力の影響なし	[核沸騰]重力の影響なし
	高質量速度		重力の影響なし		

1) 低質量速度で気泡流となる場合，気泡の大きさは過重力下で小さく，微小重力下で大きくなるが，核沸騰支配の熱伝達は沸騰様相の変化とは対照的に重力レベルの変化に対して比較的鈍感である。
2) 環状流域で熱流束が低い場合，核沸騰が完全に抑制されて二相強制対流支配の熱伝達となるが，低質量速度，低乾き度の条件下では図4.65に示されるように，環状液膜表面の擾乱が過重力下で大きく，微小重力下で小さくなることに対応して，熱伝達係数は過重力下で高く，微小重力下で低くなり，重力の影響が顕著に現れる[49]。しかし，乾き度が増加して気相速度が上昇すると，環状液膜挙動および二相強制対流熱伝達に及ぼす重力の影響は消滅していく。

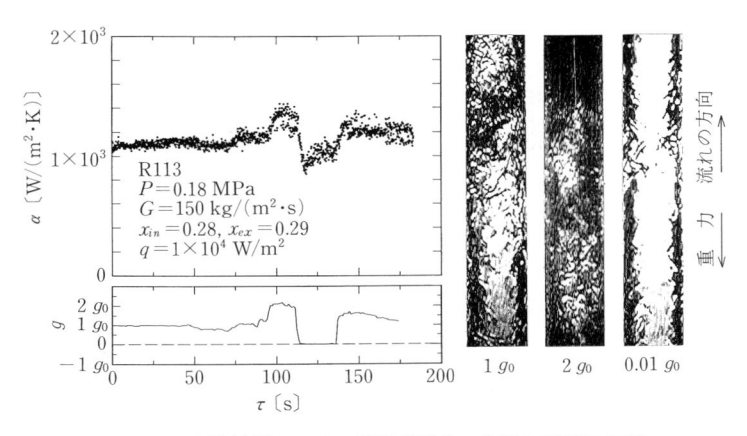

図 4.65 環状流域における液膜挙動と二相強制対流熱伝達に及ぼす重力の影響

3) 環状流域でも高熱流束の場合は，環状液膜内に核沸騰による多数の気泡発生が認められ，熱伝達が核沸騰に支配されるようになる結果，重力の影響をほとんど受けなくなる。

4) 質量速度が高い場合には，気泡流域および環状流域ともに，気液挙動や熱伝達に及ぼす重力の影響は消滅する。0.1 MPa において R 113 を用いた実験では，内径 8 mm の管を用いた場合に，重力の影響が消滅する質量速度は $G = 300 \text{ kg/m}^2\text{s}$ 程度の値となった。

項目 2) の実験結果を検証するために，気液界面摩擦係数（interfacial friction factor）を Froude 数と乾き度 x の関数と考えれば，環状液膜内のせん断力分布をもとに乱流速度分布および液膜厚さ δ を求めることができる。さらに温度分布を求めれば，二相強制対流熱伝達係数 α の値が定められる。**図 4.66** は，このようにして計算された δ および α に及ぼす重力の影響を質量速度 G および乾き度 x の変化に対応させて示したものである。この条件範囲では，微小重力下において環状液膜厚さは気液界面せん断力（interfacial shear stress）の低下により増加するが，熱伝達低下の原因は液膜中の乱れの強さが減少することによるものと結論されている[84]。

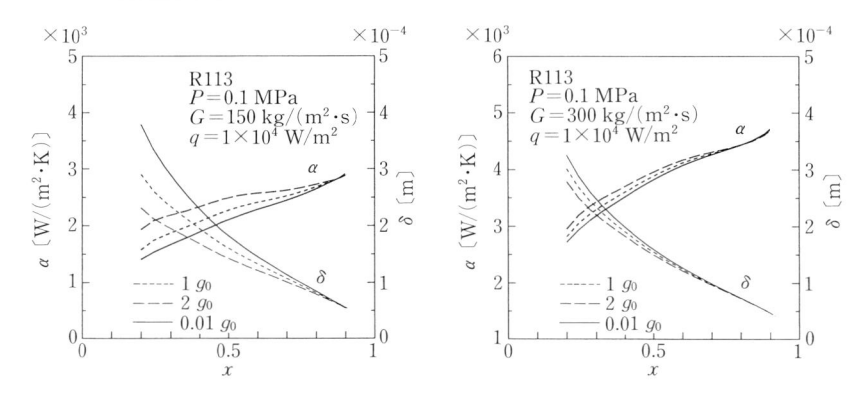

図 4.66 環状液膜内のせん断力レベルの変化に着目して計算した液膜厚さと熱伝達に及ぼす重力の影響

[3] 圧力損失および液膜厚さに及ぼす重力の影響　圧力損失には加速，重力，摩擦の三つの寄与があるが，一般に加速の寄与が大きい系は少ない。水平管を対象とした場合には，重力の寄与は無視できるので，圧力損失は各相の相互間あるいは管内面との間に働く摩擦によるものと見なすことができる。

一方，垂直管を対象とした場合，通常重力下でかつ低ボイド域においては重力による圧力損失が大きく，微小重力下における圧力損失との差異は顕著である。しかし，ボイド率の測定などをもとに通常重力下で測定された圧力損失から重力寄与分を差し引いて，摩擦寄与分のみを精度よく求めて微小重力下の値と比較することはかなり難しい。

圧力差の測定は通常，圧力変換器を用いて行われるが，微差圧の高感度測定と圧力変換器内のダイアフラムの耐圧とは相反する要求であり，系圧力のレベルに応じて，例えば背圧を別に制御するなどの工夫が必要である。

藤井ら[85]は水平管を対象として航空機実験を行い，図 4.67 に示されるように，水-N_2 ガスの微小重力下と通常重力下における摩擦損失の比 $(dP/dz)_{0.01g_0}/(dP/dz)_{1g_0}$ を，以下で定義される Martinelli パラメータに対して示した。

$$X = \sqrt{\frac{(dP/dz)_{l1}}{(dP/dz)_{g1}}} \tag{5.47}$$

ここに，$(dP/dz)_{l1}$，$(dP/dz)_{g1}$ はそれぞれ液相，気相のみがそれぞれ単独で

4.3 沸騰実験

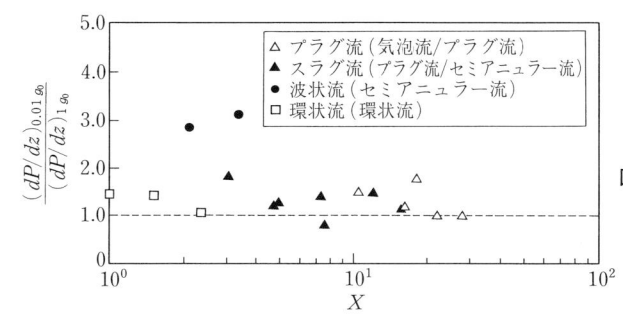

図 4.67 水平管内水-N_2ガスの微小重力下と通常重力下における摩擦損失の比

流れた場合の圧力勾配を表す。図中には，対応する流動様式が通常重力下，微小重力下〔図中の（ ）内〕の順に記されている。これによれば，全体的に微小重力下の摩擦損失が通常重力下のそれよりも大きく，特に通常重力下での波状流が微小重力下でほぼ環状流となるような場合には，摩擦損失は3倍程度に増加することがわかる。

微小重力下の圧力損失に対して，通常重力下における Chisholm の式[86]を修正した式が提案されている[85]。

$$\phi^2 = \frac{(dP/dz)_{TP}}{(dP/dz)_{l1}} = 1 + \frac{16}{X} + \frac{1}{X^2} \quad (4.48)$$

ここに，$(dP/dz)_{TP}$：二相圧力勾配である。

一方，環状流域やスラグ流域を対象とした液膜厚さの測定は，擾乱波挙動やボイド率の把握が可能となるので，二相流のモデル化や強制流動沸騰の熱伝達機構の解明には不可欠である。

液膜厚さは導電性液体を用いて，電極間の電気抵抗値から推定する方法がよく用いられており，管内面と同一面となるように配置された一対の点状電極やリング状電極，管断面を横断する一対の細線電極などが考案されてきた。これらの電極には通常1 000 Hz オーダの交流電圧が印加され，検定は，例えば絶縁体の円筒を管内に同心となるように挿入したり，所定体積の気泡を管内に保持して行われる。

図 4.68 は環状流域における液膜厚さの測定例[87]であり，スパイク状に立ち上がった部分が擾乱波の通過に対応している。気相速度が低い場合には，微小

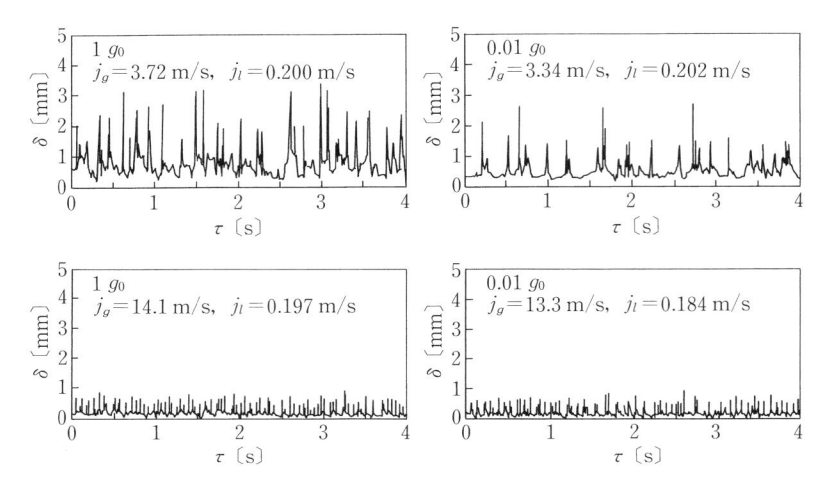

図 4.68 環状流域における液膜厚さの測定例

重力下では通常重力下に比して擾乱波の通過頻度が低下しており，擾乱波間の基底液膜（substrate film）の厚さも薄くなっている様子が確認される．一方，気相速度が高い場合には擾乱波の通過頻度が増加するが，液膜厚さに及ぼす重力の影響はほとんど認められなくなる．

環状液膜厚さに及ぼす重力の影響に関しては，重力レベルの低下により，① 液膜表面に働くせん断力が低下する結果，液膜流の平均速度が減少して液膜が厚くなる効果，② 重力の低下により液膜流の平均速度が増大し，液膜が薄くなる効果，③ 擾乱波により輸送される液体流量の低下に伴って液膜流量が増加し，液膜が厚くなる効果が考えられ，気液の流動条件によってこれらの寄与割合が変化するものと考えられる．

4.3.8 これからの研究

微小重力下のプール沸騰では，得られた知見を通常重力下の現象解明に生かすことを目的とする一方で，例えばStraubらによるThermocapillary Jet[88]のような微小重力下固有の現象を詳細に解明することも重要である．また，気液界面に作用するマランゴニ力が特定の非共沸混合媒体で強調されることに着

目し,微小重力下でこれをさらに顕在化させて観察を行った阿部ら[89]の研究は,気泡底部ミクロ液膜への液体供給効果によるバーンアウトの回避なども含めて,科学的にも応用面でもきわめて重要であると考えられる。

微小重力下で液体が飽和状態に近い場合には,わずかな条件の違いにより熱伝達係数の値に大きな差異が生じることが明らかであるので,厳密な条件設定が困難で,かつ実験機会も限られる短時間の微小重力実験設備を用いて熱伝達のデータベースを作成することは避けるべきである。むしろ熱伝達機構や限界熱流束状態に至る機構の解明を目的として,その素過程を明らかにする方向が望ましい。

一方,微小重力下の強制流動沸騰に関しては,特に過渡現象に関する基礎研究は著しく不足しており,Kawajiら[90]により,液体が枯渇状態にある伝熱管のクエンチ過程において,過渡熱伝達特性を調べた実験が見られる程度である。加熱系を対象とした二相流の不安定現象に関する研究とともに,気液挙動および熱伝達の動特性の把握が宇宙用熱交換器の開発上不可欠である。また沸騰を利用した電子機器の冷却などでは,一般に狭隘流路を対象とするが,微小重力場下では流路幅の減少と伝熱劣化割合の増大とが必ずしも対応しない場合もあるので[91],今後詳細な研究が望まれる。

微小重力下における非加熱系気液二相流のダイナミクスに関する研究は,強制流動沸騰解明の基礎となるものである。流動様式の特定は基本課題だが,微小重力下での系統的なデータ数が不足している上,通常重力下の場合も含め,流動様式の判定が研究者間で統一できない[92]という根本的な問題も残る。

4.4 凝固・結晶成長とその計測技術

4.4.1 はじめに

流体を介した材料プロセスの場合,流体中の熱・物質輸送過程は多少なりとも重力の影響を受ける。そしてその履歴が,得られる物質の特性を決定する一つの原因となる。したがって,プロセスの制御因子として温度,圧力等の熱力

学的量に加えて重力加速度を考える必要がある。高品質物質を作る立場からは，対象となる物質に最適な生成条件を地上重力が提供するとは限らない。したがって，地上での流体を介した材料プロセスの最適化を図るには，流体中の熱・物質輸送過程の巨視的・微視的挙動の理解とそれらの制御が必要になる。

無重力環境特有の現象は大別して，① 無対流，② 無沈降，③ 無静圧，④ 浮遊，であろう。流体中の熱・物質輸送過程を考える上で単純な系は，環境相の移動つまり流れや沈降がないという仮定に基づくものである。この場合，熱物質輸送過程は拡散のみで支配されるために，現象の理解がより容易になるのだが，現実には真の無重力状態は存在せず，また材料プロセスにおいて輸送現象の駆動力は重力のみではない。そこで，密度差対流，沈降など重力に起因する効果を極力抑制するという観点から，程度の差こそあれわずかながら重力加速度が存在する微小重力環境の利用がさまざまな重力環境での材料プロセス実験の第一歩として考え出された。

微小重力環境における材料プロセス実験の目的は，おもにつぎの4点に集約できる。それは，① 物性値の取得，② 理論の検証と修正，③ 新素材開発，④ 新たな材料プロセス技術の開発と応用である。

例えば，① は相中の熱伝導率，物質の拡散係数，電気伝導度，粘性率，② は相転移・分離現象，臨界点近くの流体挙動，熱・物質輸送過程，核生成，③ は産業的に重要であるが，地上重力下では現時点でその品質が要求レベルに遠く及ばない材料の製造，④ は無容器プロセス，能動的な対流の制御，などが挙げられる。

本節では，いままでの材料プロセス実験の中でも報告の多くを占める金属や半導体の凝固・結晶成長実験，そしてそれらの計測技術に主眼をおいて解説を行う。その他の興味深い現象に関しては他書を参考にされたい[93],[94],[95]。

4.4.2 対流の制御

地上において，得られる材料の成分分布や組織に与える自然対流の影響を減少させる方法として，① 強制対流を発生させる，② 対流を抑制する，が考え

られる。① は結晶，液体ないし容器を回転させることで容易に達成される。② は，例えば静磁場の印加が考えられる。得られる結晶中の溶質濃度分布を均一とするためには，対流を抑制して拡散律速の状態にする必要があるため，② の方法が採用される。これは，導電性流体に対して静磁場における MHD 効果により見かけの粘性を増加させるものである[96]。軸対称の外部磁場の印加により，乱流によりもたらされた不純物縞が抑制され，転位密度が大口径結晶においても減少したことが報告されて以来[97]，対流抑制のための静磁場の印加が数多く試みられたが，この方法は媒体が導電性の場合にのみ有効である。

対流を抑制する他の可能性として，高粘性を有する，またはゲル化した媒体中で成長させる方法が考えられるが[98]，この方法のプロセス温度は比較的低温であり，また限られた物質系でのみ適用できる。その他は磁気力の応用が考えられる。近年，10 T を超える強静磁場を得ることが研究室レベルで可能になり，その結果高い磁場勾配が比較的容易に得られるようになった。このため，常磁性体に対して重力ベクトルと逆方向に体積力である磁気力を与え，浮力を軽減する試みもなされているが[99]，強磁場が流体挙動に及ぼす影響はいまだ不明な点が数多く残されている。

密度差対流の駆動力である浮力は重力加速度に比例するため，純粋に浮力を軽減する目的に対して微小重力環境の利用は最も理想的な方法である。われわれが現在利用できる微小重力加速度レベルは有人ミッションで $10^{-4} g_0$ 台であり，回収型カプセルや衛星を利用して $10^{-6} g_0$ 台となる。これらの残留加速度条件において，流体中の熱・物質輸送過程が拡散支配の状態となるかどうかは後述するように実験条件に依存する。

4.4.3 高温融液中の拡散現象

高温融液中の拡散挙動はその液体構造と深いかかわりがあり，液体状態と固体状態における短距離秩序の差異を反映しているものと考えられる。拡散挙動を特徴づけるパラメータとしてナビエ・ストークス方程式中の拡散係数が知ら

れているが,地上で得られる拡散係数の計測値は容易に対流の影響を受ける。

拡散係数の計測法として,① ロングキャピラリ法,② シアーセル法,が知られており,両者とも均熱炉中で行われる。前者の場合,濃度の異なる領域を先端部に設けた棒状試料を地上で作り,この棒全体を微小重力環境のもとで溶融させ,一定時間が経過した後に液体を急冷し凝固させる。自己拡散係数を求める場合は,通常は試料先端部を同位元素の高濃度領域とし,実験後の試料中の元素分布については SIMS (secondary ion mass spectrometer) を用いて測定する。

同位元素を用いる理由は,元素同士の原子量の差が僅少であるため,自己拡散挙動が理想に近い状態で計測されると期待されるからである。しかし,この方法は温度保持のみならず昇温・降温時においても拡散が進行し,試料が固化時に体積変化するため,それらを補正してデータ解析する必要がある。

その点,シアーセル法(図 4.69)は実験開始時に拡散対を形成し,実験終了時に試料を分割するため,昇温・降温時での拡散量をなくし,短時間でデータをとることが可能である[100]。ただし,セル分割時にセルの移動により融液

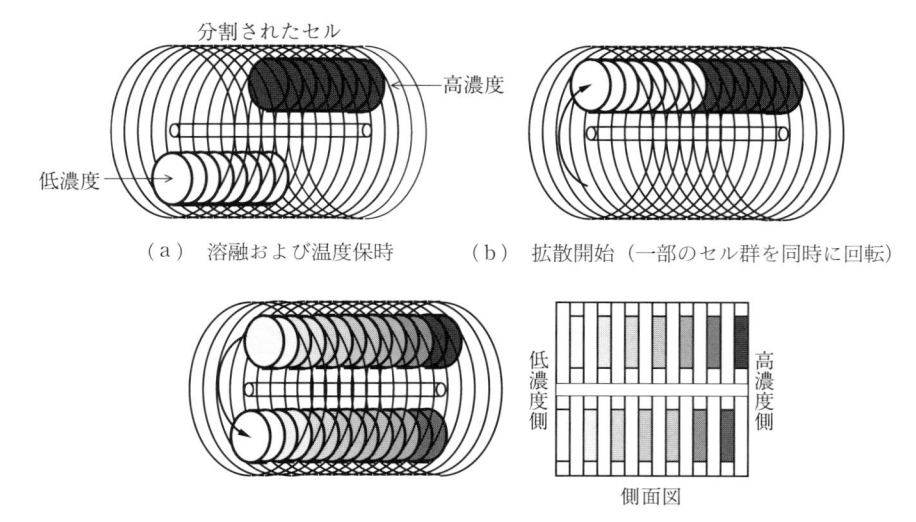

(a) 溶融および温度保時　　　(b) 拡散開始(一部のセル群を同時に回転)

(c) 拡散停止(すべてのセルを別々に回転)

図 4.69　シアーセル法の概念

の移動が発生すること,またセルの構造が複雑である点が問題である.

　Frohberg による SL-1, D-1 計画における溶融 Sn を用いた自己拡散係数測定実験[101]では,対流が抑制された結果,拡散係数はこれまで地上での測定値より小さくなり,偏差がきわめて小さくなることが明らかになった.それに加えて,溶融 Sn の拡散係数の温度依存性が,従来信じられてきたような固体での場合と同じアレニウス形(拡散係数の対数をとったものが,絶対温度の逆数に比例)ではなく,絶対温度のべき乗則に従う可能性が示された.

　この実験結果に端を発し,さまざまな融液系での拡散係数の温度依存性が精力的に計測され,① 溶融金属として In-Sn 合金[102]はべき乗則,② 溶融ガラス中の成分はアレニウス形[103],の傾向を示すことが報告された.半導体融液に関しては,$Pb_{1-x}Sn_xTe$[104],Ge[105]が試みられている.また,原子量の小さい金属である Li 同位体を用いた実験では,原子量のわずかな違いによる拡散の違い(同位体効果)も確認された[106].このように,微小重力環境を利用にすることによって,融液の種類により拡散挙動が異なる可能性があることが明らかになり始めた.

　理論的解析に関して,溶融 Sn の拡散挙動に対して Frohberg は液体金属中の拡散を揺らぎを仮定した Swalin モデル[107]に従うことを主張したが,定量的に一致しているとはいい難い.その後,剛体球モデルによる拡散係数のべき指数の解析が行われた[108].剛体球モデルによれば,液体中の拡散係数は原子の充填率 $y = (\pi n \sigma^3)/6$ で記述することができ,それは融液中の等温圧縮率から求められる.ここで,σ は剛体球直径,n はその数密度を表す.

　図 4.70 (a)[105]はこのモデルに基づいて求めた Ge 融液中の拡散係数であり,比較的融点に近い低温域では実験結果とよく一致している.ここでは,y の値を融点近傍での値($y = 0.426$)とし,σ の温度依存性として経験式を用いたものである.ただし,高温域での大きなずれは,充填率の見積りが正しくない可能性がある.また,充填率が典型的な金属である Na の場合($y = 0.472$)に比べ小さいことから,溶融 Ge は共有結合をある程度残していることが示唆される.さらに,Sn の自己拡散係が Frohberg の場合よりも広い温度域で求

(a) Ge

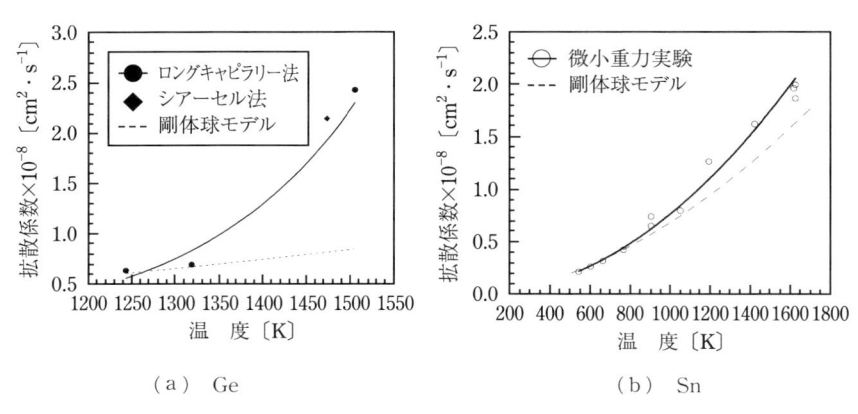

(b) Sn

図 4.70 微小重力実験結果と剛体球モデルにおける高温融体の自己拡散係数の比較

められ，低温域では剛体球モデルとよい一致を示した〔図(b)〕[109]。他の解析方法としては，経験的3体ポテンシャル近似を用いた分子動力学に基づく計算機シミュレーションも行われたが[110]，それぞれの報告値にばらつきが見られる。液体構造を踏まえた詳しい議論を行うには，今後，より一層の微小重力実験が必要であろう。

4.4.4 凝固および結晶成長における対流の影響

金属および多くの半導体の液相からの結晶成長過程を固液界面で見た場合，界面における原子，分子の結晶への組込みを支配する界面カイネティクスはきわめて速く，結果としてその過程は界面近傍の液相中の熱・物質輸送に律速される。固相内拡散を考えない限り，溶質は結晶化に伴い濃度境界層を通して界面から液相全体へまたはその逆方向へと輸送され，また放出された潜熱は結晶側および温度境界層を通して界面からバルク液相へと輸送される。成長速度が一定の場合，バルク溶質濃度が極めて小さければ，熱対流が流体挙動に関して支配的となるが，濃度の増加に伴い溶質対流の効果が無視できなくなる。

ここでは，まず平坦界面において熱対流が偏析に及ぼす影響について述べる。結晶，容器壁と液相との境界面では液体の滑りなしの条件が満たされるから，流速が0からバルク液体中での値に近づく遷移領域の幅を運動量境界層と

呼び，その厚さ δ_f は大体レイノルズ（Re）数の平方根に反比例する。ほかに，温度や濃度の拡散場に関しても，その領域の内側で大きく値が変化する境界層が存在し，それぞれ，温度境界層，濃度境界層と呼ばれる[111],[112]。それらの厚さ δ_t，δ_f は金属や半導体のような低プラントル（Pr）数液体では

$$\delta_t \approx \delta_f Pr^{-1/3}, \quad \delta_m \approx \delta_f Sc^{-1/2} \tag{4.49}$$

で与えられる。金属や半導体での融液では通常プラントル数は 10^{-2} 程度のオーダで1よりも小さいため，液相中の熱輸送は伝導で支配されると見なしてよいが，シュミット（Sc）数は 10^2 程度のオーダで1よりも大きいため，物質輸送は対流の影響を強く受けることが推察される。

図4.71は，一方向凝固後の結晶内の濃度分布の模式図である。固体中の拡散が無視でき，液相中の溶質濃度が対流により完全ないし部分的に混合されている場合，固液の長さを有限としているが1次元近似をした場合の固相濃度に関してシャイル則[113]が知られている。

$$C_s = k_e C_0 (1-l)^{k_e-1} \tag{4.50}$$

ここで，C_s，C_0，l はそれぞれ固相濃度，初期液相濃度，初期液相長さで規格化した凝固長さであり，平衡分配係数 k_0 の代わりに実効分配係数 k_e を用いている。k_e は凝固速度が小さい場合 $k_e = k_0$ であるが，濃度境界層の存在が重要になるにつれ k_e は1，つまり拡散支配領域に近づく。Burtonらは D を拡散係数，凝固速度を一定値 R とした場合，k_e はつぎの式で与えられるとし

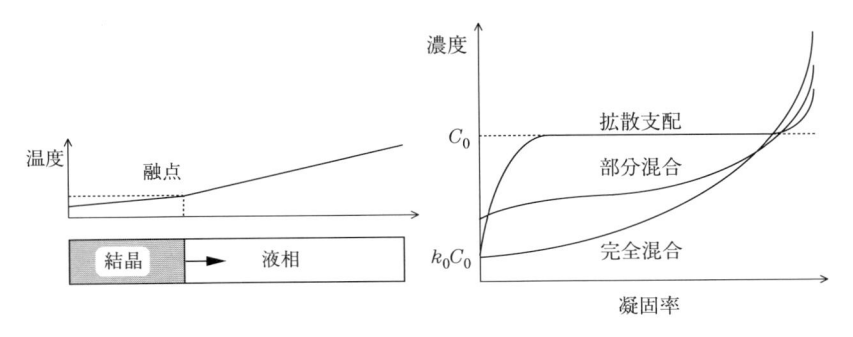

図4.71　一方向凝固後の濃度分布

た[114]。

$$k_e = \frac{k_0}{k_0 + (1 - k_0)\exp\left(-\dfrac{R\delta_m}{D}\right)} \quad (4.51)$$

その後，Ostrogorsky と Müller は k_e をシュミット（Sc）数，ペクレ（Pe）数，濃度境界層厚さ，および流速で記述するように修正した式を提案した[115]。

固体中の拡散は無視できるが液相中の溶質濃度は拡散のみにより混合されている場合の固相濃度に関して，凝固長さを X とすると，液相の長さを無限として 1 次元近似をした Tiller の式が知られている[116]。

$$C_s = C_0\left[(1 - k_0)\left\{1 - \exp\left(-k_0\frac{R}{D}X\right)\right\} + k_0\right] \quad (4.52)$$

その後，Camel はブリッジマン成長における，対流による溶質輸送と偏析について境界層モデルに基づくスケーリング解析により調べ，その結果，溶質輸送はグラスホフ（Gr）数とペクレ数のダイアグラムで整理できることを示した（図 4.72）[117]。

この図から予想されるように，均一濃度分布を得ようとするならば，ペクレ数の増加を図ればよいが，これは成長速度の増加を意味し界面の不安定化をもたらすことにもつながる。

M-S 理論として知られる界面形態安定性理論によれば[118],[119]，定常成長の場合に界面形態の不安定化をもたらす組成的過冷却領域を界面前方で発生させない条件は，以下の式で与えられる。

$$\frac{G_L}{R} \geq \frac{(1 - k_0)m_L C_0}{k_0 D} \quad (4.53)$$

ここで，m_L は平衡状態図上での液相線勾配，G_L は与えられた液相内の温度勾配，R は成長速度である（図 4.73）。したがって，界面形態が安定のまま拡散支配領域を維持するためには重力加速度を減少させ，グラスホフ数を低下させる必要があることがわかる。

Krishnamurti は，熱対流に関して，プラントル数とレイリー（Ra）数によ

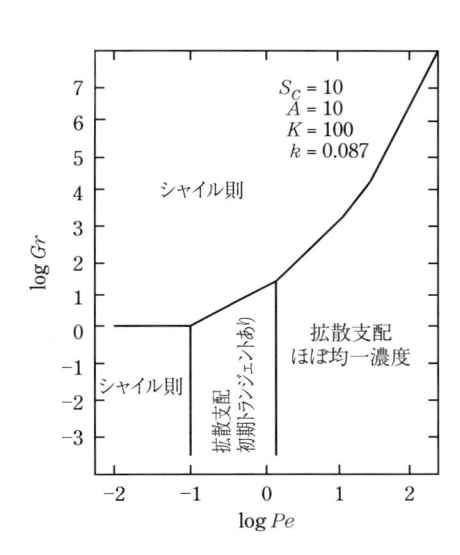

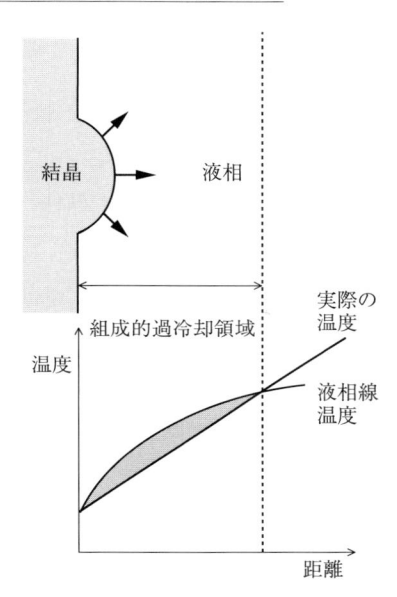

4.4 凝固・結晶成長とその計測技術

K：試料形状係数，A：試料のアスペクト比，
k：平衡分配係数

図 4.72 異なる溶質輸送過程に対応する長さ方向の偏析領域図

図 4.73 組成的過冷却状態での固液界面の形態不安定化

り対流モードを分類した（**図 4.74**）[120]。この図から金属や半導体では定常流の領域がせまく，レイリー数のわずかな変化で乱流に移行することがわかる。

また，Coriell は PbSn 合金系の一方向凝固において，対流の不安定化が起こる臨界バルク濃度を凝固速度の関数として与え，重力加速度が低いほど，臨界バルク濃度を増加させることが可能であることを示した（**図 4.75**）[121]。したがって，重力加速度の減少が熱・溶質対流の安定化，そして界面形態の安定化をもたらすことが期待される。

ここまでは，平滑界面を有する固液界面を前提とした，凝固・結晶成長における対流の寄与についてふれた。実際の構造用材料の製造では，組織の制御により強度，靭性を図る手法がよく用いられており，この場合には組織の微細化や異方性の制御が大きなかぎを握る。例えば，凝固時に現れるデンドライトアームを一方向に伸長させかつその組織をそろえることができれば，高温で高強

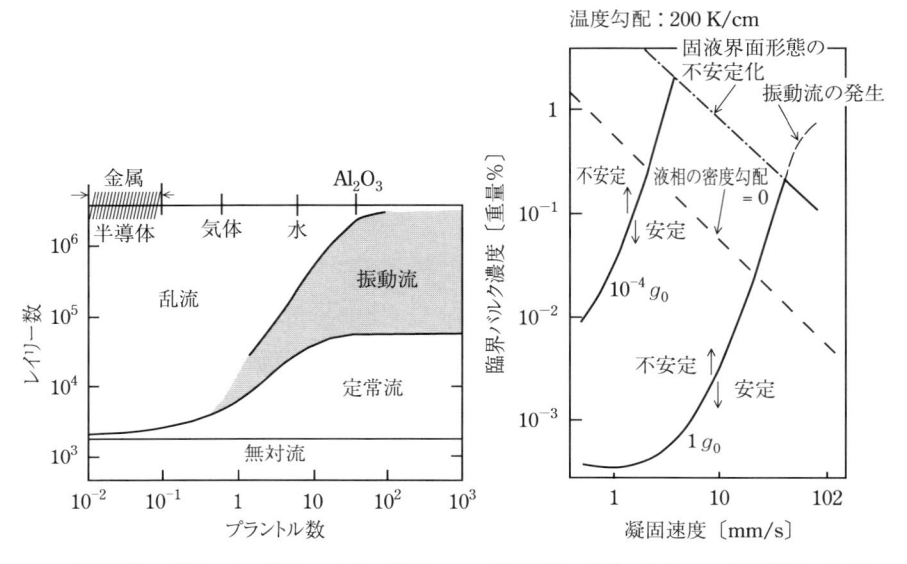

図 4.74 プラントル数とレイリー数の組合せによる対流モード図

図 4.75 PbSn 合金の一方向凝固における臨界バルク濃度と凝固速度との関係

度が求められるジェットエンジンのタービンブレード素材の製造に応用が可能である。

　したがって，デンドライト状凝固の研究は，応用のみならず理論面においても多くなされている。デンドライト状結晶の成長においては，凝固開始時は平坦であった凝固界面が時間とともに不安定化しセル状界面となり，さらに進むとその界面形状が突起状となり，デンドライトアームと呼ばれる枝が成長するとされている[122]。

　純物質の融液成長の場合，律速過程は固液界面から結晶およびバルク液相への潜熱の輸送であるから，デンドライト形態形成を理解する上での単純なモデルは純物質の過冷却融液からの自由デンドライト成長である。その成長が熱伝導にのみ支配され，デンドライト形状が回転放物体であると仮定した場合，デンドライト成長時の熱輸送問題に対して Ivantsov は一つの解を与えた[123]。Ivantsov モデルでは，無次元化された過冷度 Θ は

$$\theta = Pe_G \exp(Pe_G) E_1(Pe_G) \tag{4.54}$$

で表される.ここで,$Pe_G = VR/2\alpha$ は成長ペクレ数,V, R, α はそれぞれ定常デンドライト成長速度,デンドライト先端曲率半径,液相の温度伝導率,$E_1(x)$ は積分指数関数である(**図4.76**).この式からわかるように,先端曲率半径が決まれば先端過冷度が決まるが,界面での境界条件を満たす先端曲率半径は一意に定まらないため,これまでのところ最大成長速度の仮定[124]や中立安定性の仮定[125]に基づいて曲率半径を決定する方法が提案されている.

しかし,地上ではデンドライトの1次アームの伸びる方向とその形状は液相中の流れの影響を受けることが知られていた[126].重力加速度が存在する場合,試料外部から与えられた液相内部の温度勾配が固液界面近傍での潜熱放出により変化し,その結果,熱対流はその影響を受ける.したがって,微小重力環境で自由デンドライト成長を行いその界面形状を調べれば,対流が先端曲率半径等のアーム形状に及ぼす影響を精密に議論することが可能になる.

Glicksmanは金属と同様の凝固界面形態を有するとされるモデル有機物質,

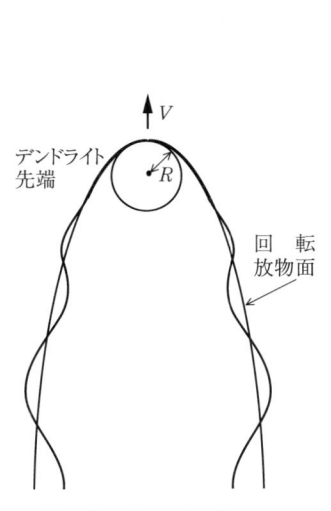

図4.76 自由デンドライト先端形状の模式図

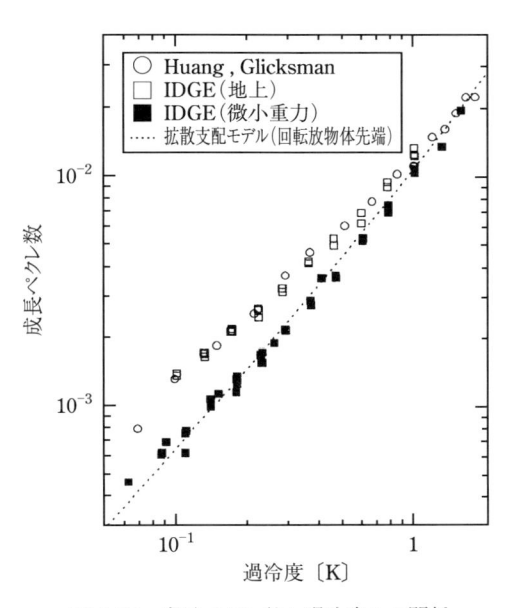

図4.77 成長ペクレ数と過冷度との関係

精製サクシノニトリルのデンドライト凝固実験を宇宙で行い，成長速度とアーム先端の形状を測定する実験を行った[127]。その結果，① 高過冷度領域では成長速度は地上と微小重力環境でよく一致しているが，V と R の実測値から求められた成長ペクレ数は微小重力下よりも地上でのほうが大きくなる傾向があり，その傾向は低過冷度で顕著であった，② 低過冷度での成長ペクレ数はIvantsov モデルでの予測値よりも小さい，ことが明らかになった（図 4.77）。

Ivantsov モデルでは液相長さを無限大と仮定したが，その後，デンドライトはその先端から"有限長さ"だけ離れた共焦放物面境界に向かって成長するとした Ivantsov 式の修正モデルを Cantor, Vogel が提唱した[128]。この"有限長さ"の解釈に関して，近年，Sekerka らによる境界層（stagnant film）モデル[129]，Pine らによる容器壁近接（Wall proximity）モデル[130]が提案された。前者は対流によりデンドライト先端前方に形成される温度境界層の厚さ，後者はデンドライト先端と最近接の試料容器壁との距離，と仮定したモデルである。前述の低過冷度での成長ペクレ数のずれを説明するモデルとして，この二つが現在有力候補として考えられている[131]。

実際の一方向凝固におけるデンドライト界面近傍に対しては，① バルク液相領域，② デンドライト先端間の領域，③ デンドライトアーム間の領域，の三つの領域を考えなければならない。鉄鋼鋳物における中心偏析，逆 V 偏析，非鉄鋳物における逆偏析，また密度差の大きな合金元素を含む場合の重力偏析等，合金融液からのデンドライト凝固に生じるマクロ偏析は，いずれもデンドライトアーム間領域内の液相の流れが原因と考えられている。

デンドライトアーム間領域内で生ずる流れの駆動力としては，① 凝固収縮，② 冷却に伴う液相の収縮，③ 密度差による対流，④ 固液共存域に十分浸透した場合でのバルク流れ，⑤ ガス発生，等が考えられる。

ここで密度差対流のみに注目すると，デンドライトアーム間領域は狭いため平滑界面の場合とは異なり，その領域内においては粘性による浮力への抵抗力が大きく，またバルク液相中の対流の影響を受けにくい。Camel らは平滑界面の場合と同様にスケーリング解析を用いて，アーム間領域の溶質輸送が拡散

支配から対流支配領域へと移行する臨界重力加速度と凝固速度の関係（図 4.78）[132]を求めた。この図で示されるように，デンドライトの場合の m 値および臨界 g/g_0 が平滑界面での場合に比べ大きいことから，同じ凝固速度ではアーム間領域の溶質輸送は重力加速度の影響を受けにくいことがわかる。

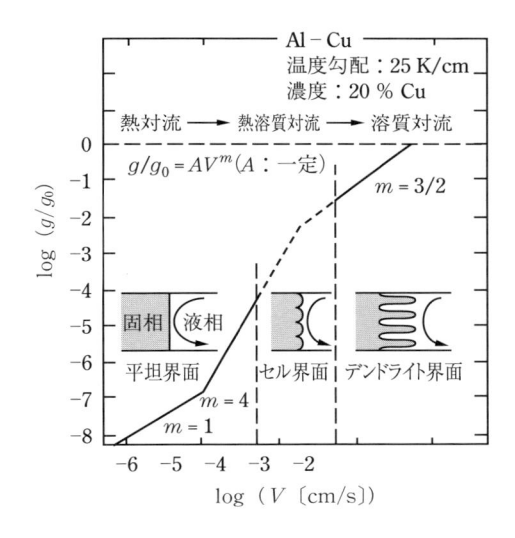

図 4.78 アーム間領域での溶質輸送が拡散から対流支配に移行する臨界重力加速度と凝固速度との関係

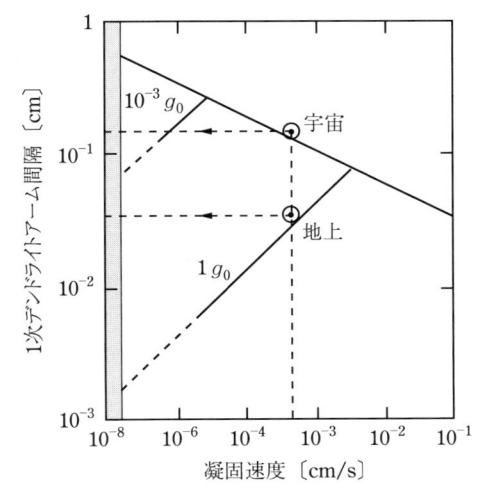

図 4.79 凝固速度と1次デンドライトアーム間隔との関係

また，微小重力環境では，図 4.79[133]に示すように 1 次アーム間隔の増加が予想され，Al-Cu 合金を用いたデンドライト凝固実験が微小重力環境で行われた。その結果，① 1 次アーム間隔[133]，2 次アーム間隔[134]が地上の場合よりも大きく理論値に近くなること，② 2 次アーム間隔は地上に比べ凝固初期温度の影響を受けやすくなること[134]が示された。

4.4.5 半導体の融液・溶液成長

融液成長は，固液界面での結晶化に伴う潜熱の放出が支配的である。融液成長法は主として Czochralski（Cz）法，Floating Zone（FZ）法，ブリッジマン法が知られており（図 4.80），いずれも種結晶を移動させてバルク結晶を得るものである。FZ 法は原料棒の一部を帯状に溶融し，その部分を一方向に動かしていくもので，溶融帯の形状維持は融液の表面張力に頼っている。地上重力では溶融帯長さ h_{max} は，以下の Heywang の式[136]で求めることができる。

$$h_{max} = K\left(\frac{\gamma}{\rho g}\right)^{1/2}, \ K \approx 3 \tag{4.55}$$

ここで，γ は表面張力，ρ は密度である。一方，無重力環境での h_{max} はレイ

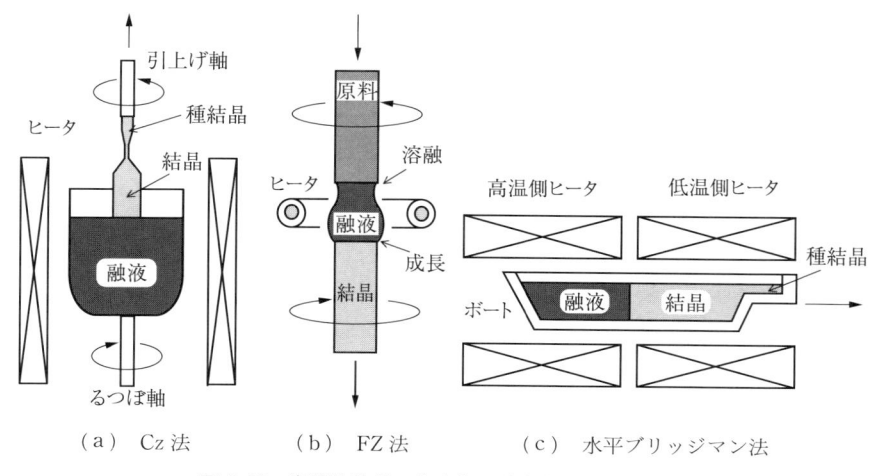

（a）Cz 法　　　（b）FZ 法　　　（c）水平ブリッジマン法

図 4.80　半導体結晶の代表的な融液成長法の概略図

リー限界（その長さが円周以上になると分裂する）[135]まで伸ばすことができるため，大口径の単結晶をFZ法で得るには，微小重力環境で育成するのが有力な方法である（図4.81）[137]。

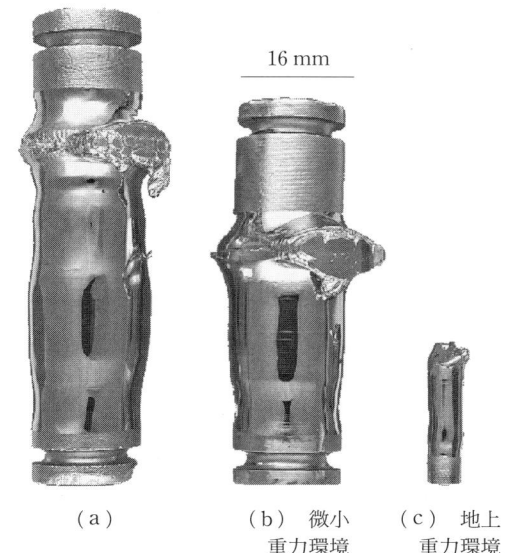

図4.81 FZ法で得られたGaAs結晶
（a）
（b）微小重力環境
（c）地上重力環境

　Cz法，FZ法の場合，得られた結晶の内部には細かい周期で変動する不純物縞が形成される。その原因として，① 結晶回転によるもの，② 融液中に現れる温度変動によるもの，が挙げられる。① は，地上，微小重力にかかわらず現れるもので，成長軸方向の周期は結晶が1回転する間に成長する距離である。② は対流が非定常流になったために現れるものであり，対流は熱対流とマランゴニ対流に起因する。

　一般に液体自由表面での表面張力は，表面での溶存成分濃度および温度により規定され，マランゴニ対流は液体の表面張力の不均一分布が原因となる対流である。地上では静磁場の印加により対流が定常流化し，後者の縞が消失することが知られているが，マランゴニ対流の寄与を明らかにしたのはEyer[138]やCröll[139]らにより実施された，微小重力環境でのFZ法によるSi成長実験で

あった（**表4.3**）。図からわかるように，微小重力環境においてもマランゴニ対流に起因する不純物縞が観察された。

表4.3 FZ法により育成したSi結晶の断面

	宇　宙	地　上
結晶回転なし		
結晶回転あり		

　Cz法，FZ法はSiに対し用いられている一方，化合物半導体の多くは原子間結合が弱く，成長後に発生する応力により転位が容易に結晶中に導入されるため，より温度の均一性の高いブリッジマン法が用いられる。しかし，この方法で問題になるのは，結晶化に伴う体積膨張と冷却過程におけるボート材と結晶との熱膨張係数の差により結晶内の応力が増加する点である。融液が保持容器と接触しない状態を維持できれば，体積膨張に起因する応力の発生なしに結晶成長が可能になり[140]，また，その非接触領域が狭ければ，マランゴニ対流の寄与が小さくなるため不純物縞が現れないことが期待される。実際，宇宙での一方向凝固実験時に容器内での凝固・結晶成長においても，融液と容器壁との間にわずかな空隙が存在したためにほとんど，またはまったく試料アンプルに接触せずに成長した結晶が得られることがあり[141]，この場合，高品質結晶が得られることが知られていた。これが非接触凝固と呼ばれる現象で，その状

態の発生・維持の機構はいまだ完全には理解されていない。

RegelとWilcox[142]により提案されているモデルによれば，成長に伴い排出されるガス成分の液相内濃度は界面前方で時間とともに増加し，それが十分大きな値になると気泡となって成長結晶の周囲を取り囲む形で維持される。図4.82は，平滑容器壁で非接触が起こる場合の模式図で，$\alpha + \beta > 180°$ の条件が満たされる[143]。この成長法を利用したスペースシャトル実験がいくつか実施された[144]。

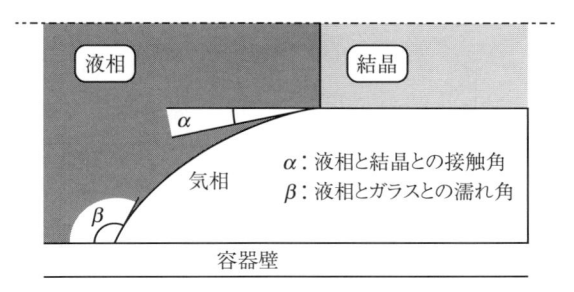

図4.82 非接触凝固の模式図

半導体の溶液成長は大別して，LPE（liquid phase epitaxy）成長法，THM（travellin heater method）成長法が知られている（図4.83）。LPE法は薄膜を成長させるのに用いられ，均熱炉中で飽和状態になった溶液を基板に接触させ，その後に系の温度を下げることによって成長層を得るものであり，成長系

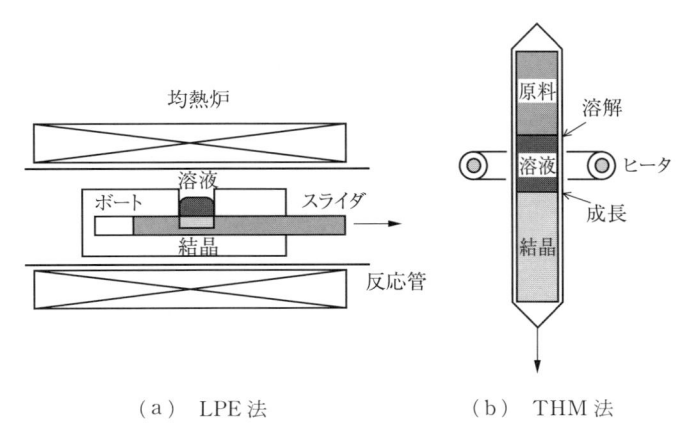

（a） LPE法　　　（b） THM法

図4.83 半導体結晶の代表的な溶液成長法の概略図

は通常等温と見なせる。THM法は，原料，溶媒，種結晶を試料アンプル内に封じ，加熱炉ないし試料アンプルを一定速度で移動させながら部分加熱することで，連続的に原料を溶媒中に溶解させ，溶媒中を移動した原子を種結晶表面上に積層する方法である。この場合，溶液側から成長表面に向かって正の温度勾配があり，これはバルク結晶を成長させるのに適している。この両方法はともに平衡にごく近い成長法であり，高完全性結晶を得る成長法として従来より多用されてきた。

　LPE成長の場合は温度勾配がきわめて小さく，THM成長では液相中の自由表面がほとんど存在しないために，いずれの場合でもマランゴニ対流の影響は通常考慮されない。しかし，地上では以下の2種類の不純物縞が重なって観察される。① 熱対流により引き起こされる不純物縞（第1種不純物縞），② 成長界面の形態安定性に起因する不純物縞（第2種不純物縞）。

　D-1計画でのSドープInPのTHM成長実験により ① は微小重力環境では消失することが示され（図4.84），ようやく第2種の不純物縞の形成原因が明らかにされ始めた[145]。すなわち，第2種の不純物縞は原子ステップが集合してできる巨大ステップ（マクロステップ）の移動した跡であり，そのステップは原子ステップ密度の高い領域（ライザ部）と低い領域（トレッド部）で構成されている。分配係数が1よりも小さい不純物の場合，トレッド部ではライザ部に比べ純物原子がより多く結晶界面から排斥され，結晶内の濃度不均一分布の結果としての不純物縞が観察された。また，THM成長法においては，正

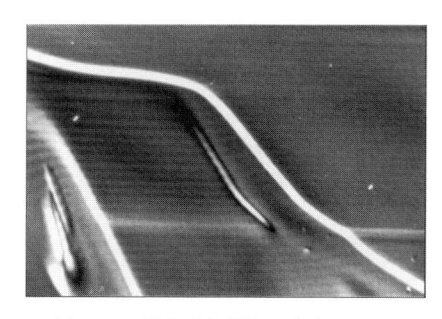

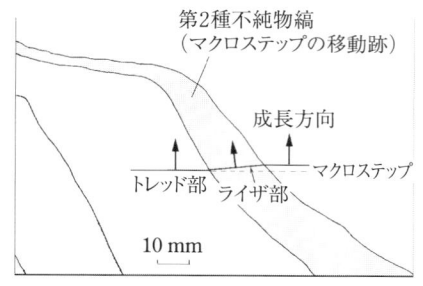

図4.84　微小重力環境で育成したSドープInPの断面エッチング写真とその模式図

の温度勾配の大小によりマクロステップの生成・消滅が左右されることが地上実験でわかっていたが，微小重力環境の利用により温度勾配の寄与を含めた界面形態安定性が詳細に議論されるようになった[146]。

そのほか，宇宙実験の運用シーケンスが不純物縞を生み出す例をここに示す。EURECA-1計画におけるSドープInPのTHM成長では，残留重力加速度ベクトルがEURECAに対して相対的に回転したために，その周回周期の2倍の周波数の成長速度変動が不純物縞として観察された[147]。この現象は，gジッタによるものではなく，太陽電池パドルがつねに太陽指向であったために発生したものである。長時間にわたる宇宙実験では，たとえそれが無人計画であっても，わずかな対流の影響を軽減するためには衛星やスペースシャトルの姿勢制御をも考慮する必要があることを意味する。

4.4.6 計 測 技 術

従来の微小重力材料実験では，得られた試料の分析はそのほとんどが試料回収後に行われてきた。微小重力環境利用においては限られた装置重量・寸法，電力および実験回数を有効に利用するという観点から，動的計測法，特に高サンプリングレートのデータ取得は有望な方法である。ここでは試料分析法の一般的説明は他書[148]に譲り，近年精力的に研究が進められている微小重力環境における動的計測法の中でも，① 光学的計測，② X線透過法，③ 高速温度計測，④ 熱電効果の利用，に的を絞り簡単に説明する。

〔1〕 **光学的手法** 結晶成長時の環境相または結晶が観察光に対して透過性を有する場合において，環境相中の溶質濃度・温度，また相界面での形態を干渉縞計測により画像としてとらえることが可能である[149]。干渉計を基軸にしたその場観察法は，試料の屈折率は光路と平行方向に対しては均一であるという近似に基づいており，その条件を極力満たすよう，試料セル作りにも細心の注意が払われる。

一般に干渉計の分解能はきわめて高く，その剛性が低いと干渉計構成部品のわずかな変形をも検出してしまうため，微小重力実験用干渉計の設計は容易で

はない．さらに，打上げ時の振動や衝撃，また宇宙環境での運用においてもその特性を著しく損われないことが搭載機器としての必須条件である．

宇宙環境利用という特殊なニーズが新たな技術的突破口を生み出す好例として，顕微鏡レベルの空間分解能を持つ顕微干渉計が SFU 計画で実施された凝固・結晶成長過程のその場観察実験（MEX）用として世界で初めて開発されたことが挙げられる[150]．この干渉計は Dyson によって考案された共通光路型（試料光と参照光の光路を共通とする）レンズ干渉計[151]を顕微干渉計に発展させたものであり，ロケットや衛星用搭載装置に対して共通に求められる軽量，堅牢，かつ低消費電力という必須条件を満たすものとなっている（図 4.85）．SFU 計画の進行に伴い，本干渉計の設計は TR-1 A ロケットや落下塔実験での結晶成長のその場観察実験装置に応用された[152]．

図 4.85 SFU 用共通光路型干渉計

一般に，液体中の屈折率は温度・溶質濃度に依存する．屈折率の波長依存性に基づき波長の異なる複数の光源を用いて干渉させれば，温度・溶質濃度を抽出することが原理的には可能である．ここに，微小重力環境で顕微干渉計が使われた例として，① ファセット的一方向凝固における潜熱効果，② 拡散係数の取得，に関する2実験を紹介する．

① 凝固界面がファセット的形態となる物質（例えば，酸化物超伝導体等の

セラミックス）の多くは，金属のような非ファセット的形態を有する物質に比べ凝固潜熱が大きい。このような物質では，凝固速度が速い場合，凝固界面から放出される潜熱が界面近傍の温度分布に影響を与えることは容易に予測されるが，従来の研究では，凝固潜熱効果を無視して界面の形態安定性が議論されていた。特に，多成分系試料においては，熱・溶質対流が温度・濃度分布を乱すため，ファセット的凝固のモデル物質である精製サリチル酸フェニルおよびt-ブチルアルコールとの二元系混合物の一方向凝固実験が，微小重力環境下で行われた[153]。

その際，顕微干渉計による界面前方の濃度，温度場の可視化を通して，界面安定性を規定する因子の抽出が試みられた。その結果，界面近傍での等濃度線および等温度線は界面にほぼ平行となることが示され，ファセット的界面の形態安定性には潜熱効果を考慮する必要があることが明らかになった。

② 金属凝固のモデル物質であるサクシノニトリルとアセトンの二元系混合物を用いてその界面安定性を議論する際には，液相内のアセトンの拡散係数の正確な値を知る必要がある。この混合物は，融解時に潜熱吸収効果が無視でき，界面不安定化が起こらないため，平坦界面が維持される。この性質を利用し，微小重力環境において，融解過程における液相中のアセトン濃度分布，界面移動速度を干渉縞と明視野像観察からそれぞれ求め，拡散方程式を解くことによっていままで用いられてきた値に比べ低い拡散係数が得られた[152]。

以上，宇宙環境利用を前提とした干渉計について述べたが，落下塔や航空機の利用を考える場合，干渉計の剛性は大きな問題とはならない反面，短時間でいかに高精度の計測を行うかが問題となる。そのため，各画素での位相情報の抽出が可能な位相シフト干渉法によりその空間分解能を1桁以上向上させることが考えられ，偏光を利用したリアルタイム位相シフト干渉法の応用がTR-IAロケット実験において試みられた[154]。

これまでの微小重力環境でのその場観察実験は，その対象とする物質系が可視光に対して透過性を有する性質を利用したものであったが，それらの実験で用いられた物質はすべて水溶性ないし低融点の物質であり，実用材料である金

属や半導体での例はなかった。ところが，最近，半導体結晶の近赤外線に対する透過性に基づき，半導体の溶液成長時における固液界面形態変化をミクロン以下のオーダでかつリアルタイム計測する試みが航空機および落下塔実験で行われた。その結果，微小重力環境では対流が抑制された結果，成長速度が低下することが確認された[155]。

〔2〕 X線透過法　微小重力環境における対流挙動を理解する上で，実際の半導体や金属のような低いペクレ数を有する高温融体の流れを可視化する技術の開発が大きな課題となっている。そこで，融液内部の流れを直接観察する手段としてX線を使う方法が考えられた。原子量の小さい半導体や金属においては，結晶と融液とでのX線の吸収係数は異なるので，X線透過法を用いることにより固液界面の観察が可能になる。

X線透視法を結晶育成に応用した例として，LEC法によるGaAs[156]，垂直ブリッジマン法によるInSb[157]の結晶成長中の固液界面形状観察が知られている。また，Si融液対流の直接観察は，固体トレーサによる流れの可視化手法とX線透視装置を組み合わせることにより可能となる（図4.86）[158]。TR-

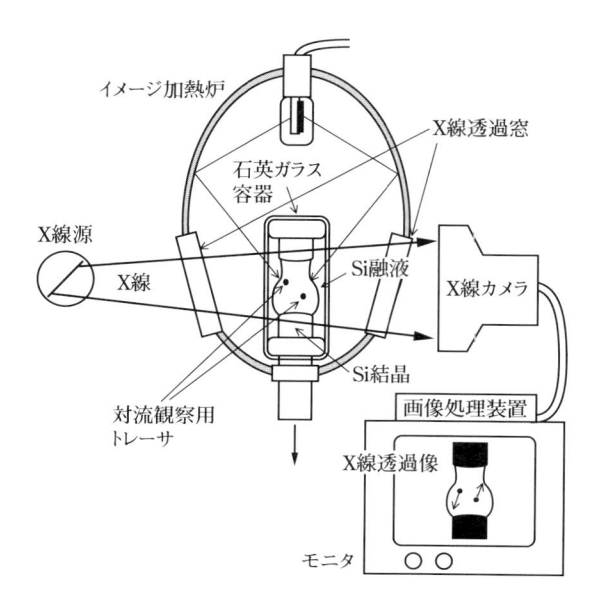

図4.86　X線透過法によるSi融液内の対流の可視化

IAロケット実験においては，Zrを内包したトレーサ粒子を用いたX線透過法により，溶融Si液柱内の対流の可視化が試みられた[159]。

〔3〕 **高速温度測定**　微小重力環境を利用してマランゴニ対流の挙動を調べる際，重要になるデータとしては，融液内の温度が考えられる。微小重力環境でのFZ成長ではイメージ加熱炉が通常用いられるが，これはハロゲンランプからの放射光を楕円反射面で集光し試料を加熱する方式であるため，非接触の高温温度計では試料の温度を正確に測定することは困難である。したがって，熱電対や光ファイバ式放射高温温度計を融液に接触させて温度計測することが考えられ，特に対流の不安定性を論じる際に必要となる温度の高振動成分を解析するためには後者が適している（図4.87）。

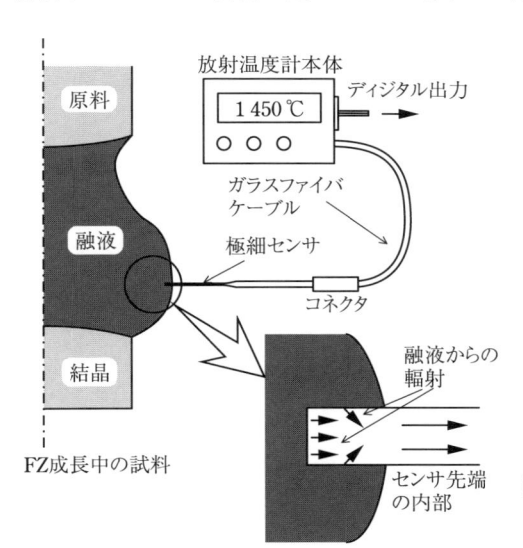

図4.87　光ファイバ式放射高温温度計による融液中の計測例

光ファイバ式放射高温温度計を用いると，温度校正を正確に行えば，サファイアを使って±0.01℃以下の高分解能が400℃から1900℃の測定範囲内で期待でき，サンプリングレートは20 Hzに及ぶ。このセンサを用いた融液Siでのマランゴニ対流の安定性に関する実験は，TEXUSロケット実験により実施された[160]。

〔4〕 **熱電効果の利用** 熱電効果とは電流と熱流の干渉効果であり，ゼーベック効果およびペルチェ効果が知られている。前者は2種類の異なる金属や半導体の一端を高温，もう一端を低温にするとその両端に起電力が発生する現象を指し，後者は同じく2種類の異なる金属や半導体を一定温度に保ちこれに通電すると接合部においてジュール熱以外の熱の発生または吸収が起こる現象を指す。

スペースシャトル上で実施されたMEPHISTO計画では，固液界面でのゼーベック効果に注目して連続的に固液界面で発生するゼーベック電圧が計測され，またペルチェ効果を利用して固液界面で短時間の温度変化をもたらし，成長結晶中にそのときの固液界面形状をマーキングすることで，金属や半導体の凝固・結晶成長に与える対流の影響が調べられた（**図4.88**）[161]。図では，ゼーベック効果により，電圧 V は $T_{mov}-T_{eq}$ に比例する。ここで，T_{mov}：移動界面での温度，T_{eq}：固定界面での温度，T_0：固相両端での温度である。

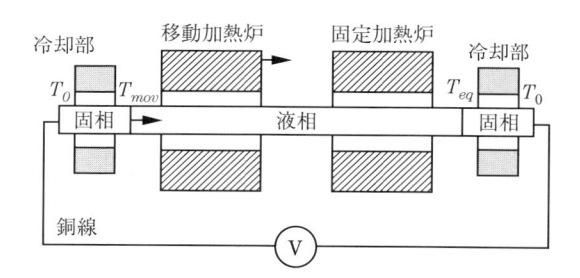

図4.88 MEPHISTO装置によるゼーベック電圧の計測

この方法では，ゼーベック電圧から成長中のデンドライトの先端部と底部での固相濃度を求め，さらにはそれらの値から拡散係数，分配係数を求めることが可能である。計測値から予測される液相濃度は界面形状を平坦近似した1次元拡散方程式の解とよく一致することも確認された。

4.4.7 ま と め

この節では，金属や半導体の凝固・結晶成長について，実際の微小重力実験例を中心に簡単に触れた。スペースシャトルや宇宙ステーション計画に代表さ

れる宇宙環境利用も，科学技術の目覚ましい発展によりいまはその役割の一部を地上研究が担うことが可能になってきた。材料プロセスの視点でいえば，落下塔，航空機，研究室規模の落下管の利用により微小重力環境が研究者にとってより身近になっており，成果の蓄積がより一層加速されるであろう。

4.5 無容器プロセシング

4.5.1 はじめに

材料プロセシングにおける無重力環境の効果，つまり宇宙でさまざまな材料をつくることの意義をキーワードで表せば，無対流，無容器，高真空の三つになる。無対流は文字どおり密度差に起因した対流がなくなること，無容器は液体の保持に容器がいらないこと，高真空とは地上の実験室では得られないような大空間の高真空領域のことである。

無対流に関してはこれまでにも数多く取り上げられているので，本章では特に無容器を対象に，材料プロセシングにおける無重力環境の効果を述べる。3番目の高真空は，これまでの地上の発想を根本的に変える新しいプロセスの可能性を秘めているが，現在計画されている宇宙ステーションといった規模の無重力環境では実現が困難であることから，ここでは対象としない。

融液を冷やすと融点で凝固するというのは，熱力学的に平衡な場合であって通常は大なり小なり過冷する。これは凝固には核生成を伴うからであって，核生成のための駆動力，つまり過冷却が必要なことを意味している。核生成には均一核生成と不均一核生成があり，理論的にも実験的にも興味深いのは前者であるが，均一核生成と呼べるものはこれまでのところ皆無といってもいい過ぎではない。それは地上重力下での融液の保持にはるつぼ（容器）が欠かせないからであって，容器壁そのものあるいは容器壁から混入した不純物が不均一核生成の優先サイトとなるからにほかならない。この点，液体の保持に容器を必要としない微小重力環境は，核生成研究の格好の場であり，最大過冷度の検証や，そのような過冷状態からの急速凝固現象，非平衡/準安定相の生成など，

さまざまな展開を可能にする。

本文では，このような特長を持つ無容器プロセシングのなかから特に核生成現象に的を絞り，地上重力下で無容器プロセスを実現する実験手法と合わせて，基礎から最近の研究に至るまでを概括する。

4.5.2 過冷融液の熱力学

凝固のような1次の相転移，すなわち温度と圧力を一定のまま液相↔固相の変態が進むような系の状態は，ギブスの自生エネルギーを用いて記述されることが多い。図 4.89 は，液相と固相のギブスの自由エネルギー G を模式図的に示している。液相は原子配列の長距離秩序を持たないため，固相に比べてエントロピー S が大きい。したがって，固相の自由エネルギーと液相の自由エネルギーの差は温度 T の低下とともに小さくなり，両者は平衡温度 T_E で交差する。すなわち T_E^α 以下では α が安定となる。しかしながら，液相が T_E^γ 以下まで過冷した場合には γ が準安定相として出現し，さらにガラス遷移温度 T_g まで過冷した場合は，液体の無秩序構造が凍結されたガラス相が出現する。

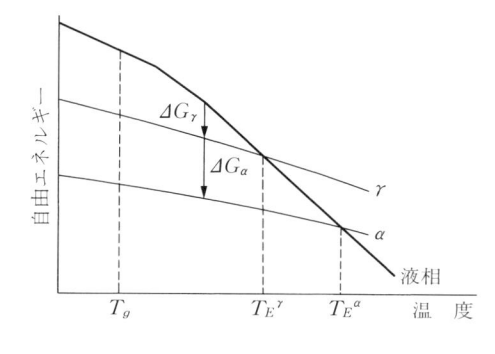

T_E^α：液相と α 相が平衡する温度
T_E^γ：液相と γ 相が平衡する温度
T_g：ガラス遷移温度

図 4.89　液相と安定相（α），準安定相（γ）の自由エネルギーの関係

液相の自由エネルギー G_L と固相の自由エネルギー G_S の差 $\varDelta G = G_S - G_L$ を，基本的な熱力学的の表記を使って表せば以下のようになる。

$$\varDelta G(T) = \varDelta H(T) - T\varDelta S(T) \tag{4.56}$$

ここで，$\varDelta H$ は液相と固相のエンタルピーの差，$\varDelta S$ はエントロピーの差であり，同じく比熱の差 $\varDelta C_p$ により

$$\Delta H(T) = \Delta H_f - \int_T^{T_E} \Delta C_p(T) dT \tag{4.57}$$

$$\Delta S(T) = \Delta S_f - \int_T^{T_E} \Delta C_p(T) dT \tag{4.58}$$

と与えられる。ただし ΔH_f, ΔS_f はそれぞれ融解に伴うエンタルピー変化およびエントロピー変化であり，平衡温度 T_E とは以下のような関係にある。

$$\Delta H_f = T_E \Delta S_f \tag{4.59}$$

式(4.57)～(4.59)を代入することにより，式(4.56)は

$$\Delta G(T) = \frac{\Delta H_f \Delta T}{T_E} - \int_T^{T_E} \Delta C_p(T) dT + T \int_T^{T_E} \frac{\Delta C_p(T)}{T} dT \tag{4.60}$$

となる。ただし，$\Delta T (= T_E - T)$ は過冷度である。

式(4.60)において $\Delta C_p = 0$ とおけば，ΔG は融解熱と過冷度にのみ比例した簡単な式

$$\Delta G(T) = \frac{\Delta H_f \Delta T}{T_E} \tag{4.61}$$

が得られる。式(4.61)は金属材料の多くで，しかも $\Delta T/T_E < 0.3$ の範囲ではよく成り立つことが知られている。しかしながらガラス相を形成するような物質では，過冷度とともに比熱が大きく増加する場合が多く，$\Delta C_p = 0$ という仮定は正しくはない。そのような場合は，式(4.61)に代わって次式が使えることを，Thompson と Spaepen は示した[162]。

$$\Delta G = \Delta H_f \Delta T \frac{2T}{T_E(T_E + T)} \tag{4.62}$$

4.5.3 核 生 成

〔1〕 均一核生成　核生成に必要な仕事，つまり自由エネルギー障壁は，核生成に伴う体積自由エネルギーの減少分と表面自由エネルギーの増加分から求められる。例えば，核の形状を半径 r の球形の粒子と仮定した場合，前者は $(4/3)\pi r^3 \Delta G(T)$ であり，界面エネルギーを σ とすれば後者は $4\pi r^2 \sigma$ と与えられる。したがって，1個の核が形成されることによる系の自由エネルギーの変化 ΔG_n は

$$\varDelta G_n = 4\pi r^2 \sigma - \frac{4\pi r^3 \varDelta G(T)}{3} \tag{4.63}$$

であり,右辺の第2項に式(4.61)を代入することにより,以下のように表される。

$$\varDelta G_n = 4\pi r^2 \sigma - \frac{4\pi r^3 \varDelta H_f \varDelta T}{3T_E} \tag{4.64}$$

図 **4.90** は式(4.64)を示しており,臨界半径 r^* に対応して $\varDelta G_n$ に最大値 $\varDelta G_n^*$ があることがわかる。通常,核とは $r > r^*$ のクラスタを指す。また,$\varDelta G_n^*$ は核生成のための自由エネルギー障壁,すなわち活性化エネルギーである。

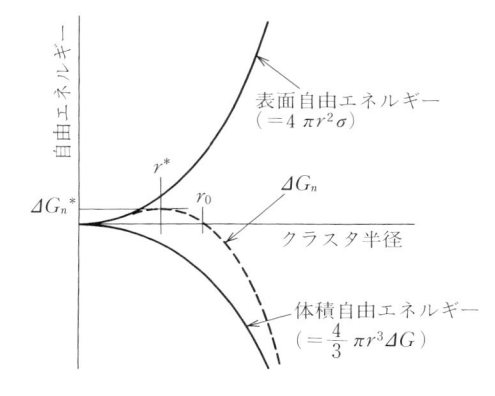

r^*:臨界半径
$\varDelta G_n^*$:活性化エネルギー
図 **4.90** クラスタ半径と自由エネルギーの関係

r^* は $\delta \varDelta G_n / \delta r = 0$ から

$$r^* = \frac{2\sigma T_E}{\varDelta H_f \varDelta T} \tag{4.65}$$

となり,$\varDelta G_n^*$ は

$$\varDelta G_n^* = \frac{16\pi \sigma^3 T_E^2}{3\varDelta H_f^2 \varDelta T^2} \tag{4.66}$$

と表される。$\varDelta G_n$ が負となる臨界値 r_0 は $r_0 = 1.5 r^*$ と導かれる。いい換えると,融液中の原子の熱運動によって $r > r^*$ の核が生ずると,核は成長することにより系の自由エネルギーを下げ,r_0 で安定となる。

つぎに,このような核の生成頻度を考えてみよう。式(4.63)および式(4.64)

は半径 r のクラスタについての熱力学的エネルギーの釣合いの式であり，通常これらの式を満たすクラスタの大きさと数はボルツマン分布に従う。すなわち，単位体積あたりの原子数を N_0，ボルツマン定数を k_B とすれば，核の数 N_n は次式で与えられる。

$$N_n = N_0 \exp\left(-\frac{\Delta G_n^*}{k_B T}\right) \tag{4.67}$$

式(4.67)は平衡状態の核の数であるが，Volmer と Weber（VW）は，いったんできた核は再溶解することなく安定に成長し続けると仮定することにより，式(4.67)を定常状態の核の数とみなした[163]。これに対して Becker と Doering（BD）は，定常状態の核生成頻度 I_{ss} を，n 個の原子のクラスタが $n+1$ 個の原子のクラスタになる速度 $N_n^s k_n^+$ と，$n+1$ 個の原子のクラスタが n 個の原子のクラスタになる速度 $N_{n+1}^s k_{n+1}^-$ の差に等しいとおくことにより

$$I_{ss} = \frac{k_{n^*}^+ N}{n^*}\left(\frac{\Delta G_n^*}{3\pi k_B T}\right)^{1/2} \exp\left(-\frac{\Delta G_n^*}{k_B T}\right) \tag{4.68}$$

を導いた[164]。ここで，$k_{n^*}^+$ は n^* の原子のクラスタが n^*+1 の原子のクラスタになる速度である。VW との違いは，Zeldovich 係数（$\Gamma_Z = [\Delta G_n^*/(3\pi k_B T)]^{1/2}$）が付け加わったことであるが，$\Gamma_Z$ は通常 0.01～0.1 であるのでそれほど大きな差とはならない。

Tumbull と Fisher[165]は，核の成長を液相から固相へ原子が界面をよぎって移動する過程ととらえ，I_{ss} を次式のように与えた。

$$I_{ss} = N_0 \nu_0 \Gamma_Z \exp\left(-\frac{\Delta G_d}{k_B T}\right) \exp\left(-\frac{\Delta G_n^*}{K_B T}\right) \tag{4.69}$$

ここで，$\nu_0 (= 2\pi k_B T/h,\ h:\text{Planck の定数})$ は原子の振動数であり，10^{13}s^{-1} のオーダである。また，ΔG_d は移動のエネルギー障壁，すなわち拡散の活性化エネルギーである。

なお，均一核生成温度 T_N あるいは最大過冷度（$= T_E - T_N$）は冷却速度を ν_T とすれば，単位体積あたりの核の数が1となる温度として次式から求められる。

$$\int_{T_E}^{T_N} \frac{I_{ss}}{\nu_T} dT = 1 \tag{4.70}$$

上式において T_N は ν_T に依存するが，I_{ss} 度は過冷度の増加につれて急激に上昇するので，実質的には式(4.70)から最大過冷度は一意に定まる。

拡散係数と粘性係数に関するストークス・アインシュタインの式が，過冷状態の液体についても適用できるとすれば，式(4.70)は液体の粘性 η を用いてつぎのように表せる。

$$I_{ss} = \frac{KT_Z}{\eta(T)} \exp\left(-\frac{\Delta G_n^*}{K_B T}\right) \tag{4.71}$$

Turnbull[166]は式(4.71)の右辺第1項を推定し，I_{ss} をつぎのように求めた。

$$I_{ss} = \frac{10^{36}}{\eta(T)} \exp\left(-\frac{\Delta G_n^*}{k_B T}\right) \quad [\mathrm{m^{-3}/s}] \tag{4.72}$$

なお，η の温度依存性としては

$$\eta = 10^{-3.3} \exp\left[\frac{3.34\, T_m}{(T - T_g)}\right] \tag{4.73}$$

がしばしば用いられる。なお T_g はガラス転移温度であり，通常は $T_g \cong 0.25\, T_m$ が用いられる。

核生成の研究において，最も重要なパラメータは σ ではあるが，σ を実験的に求めることはきわめて困難である。例えば，σ はこれまでの実験から，物質の融点ではなく核生成温度に関係していることが示されている。これは σ が温度に依存することの強い示唆であり，核生成の研究をいっそう困難にする原因ともなっている。Spaepen[167]は界面の原子配列の界面エントロピーに対する寄与を計算することにより，σ について次式を導いた。

$$\sigma = \alpha \frac{\Delta S_f T}{(N_4 V_m^2)^{l_3}} \tag{4.74}$$

ここで，V_m はモル体積であり，α は固相の構造に関係した定数である。α は体心立方格子（bcc）では 0.71，面心立方格子（fcc），あるいは稠密六方格子（hcp）では 0.86 と求められている。Spaepen のモデルは，bcc の核生成と fcc（あるいは hcp）の核生成が競合するような場合は bcc が優先することを

示唆している。

〔2〕 **不均一核生成**　核生成についてのここまでの記述は，過冷融液中の均一核生成を対象としている。しかしながら均一核生成が起こることはきわめてまれであり，通常はるつぼ壁や融液中の介在物等の異物質を核生成サイトとする不均一核生成が優先する。図 4.91 は，るつぼ壁のような異物質上に生成した核を模式図的に示している。

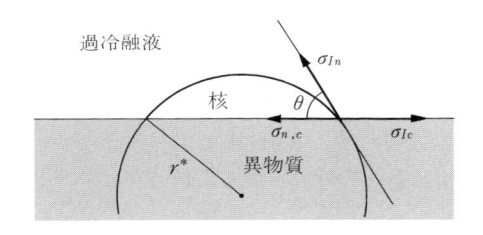

図 4.91　異物質上の不均一核生成

液相と異物質との界面エネルギー $\sigma_{l,c}$，核と異物質との界面エネルギー $\sigma_{n,c}$，液相と核の界面エネルギー $\sigma_{l,n}$ は，次式の釣合い条件を満足する。

$$\sigma_{n,c} - \sigma_{l,c} = -\sigma_{l,n} \cos \theta \tag{4.75}$$

ここで，l，c，n はそれぞれ液相，異物質，核を指している。液相と核の界面面積 $\sum_{l,n}$ および核と異物質の界面面積 $\sum_{n,c}$ は，図よりそれぞれ

$$\sum_{l,n} = 2\pi r^2 (1 - \cos \theta)$$

$$\sum_{n,c} = \pi r^2 \sin^2 \theta$$

と得られ，異物質を優先サイトとして生成した不均一核の表面エネルギー Φ は

$$\begin{aligned}\Phi &= \sum_{l,n} \sigma + \sum_{n,c} (\sigma_{n,c} - \sigma_{l,c}) \\ &= 2\pi r^2 (1 - \cos \theta) \sigma + \pi r^2 \sin^2 \theta (\sigma_{n,c} - \sigma_{l,c})\end{aligned} \tag{4.76}$$

となる。同様にその体積は

$$V^{het} = \frac{4}{3}\pi r^3 \frac{(1 - \cos \theta)^2 (2 + \cos \theta)}{4} \tag{4.77}$$

である。したがって，異物質を優先サイトとして1個の不均一核が形成されることによる系の自由エネルギーの変化 ΔG_n^{het} は

$$\Delta G_n{}^{het} = -\Delta G(T)V^{het} + \Phi \tag{4.78}$$

となる。式(4.78)に式(4.62)，(4.75)〜(4.77)を代入し，均一核生成と同様の手順で計算すると，臨界核の半径 r^* として，式(4.65)と同じ式が導かれる。すなわち，r^* は濡れ角 θ には依存しないことがわかる。一方，活性化エネルギー $\Delta G_n{}^{het*}$ は，式(4.78)に式(4.65)を代入することにより

$$\Delta G_n{}^{het*} = \Delta G_n{}^*(f\theta) \tag{4.79}$$

と得られる。ただし

$$f(\theta) = \frac{1}{4}(2 - 3\cos\theta + \cos^3\theta) \tag{4.80}$$

である。濡れ角の定義 $(0 \leqq \theta \leqq \pi)$ から $0 \leqq f(\theta) \leqq 1$ であり，$\theta = \pi$ すなわち $f(\theta) = 1$ は均一核生成を意味する。また $f(\theta)$ は，式(4.77)から明らかなように，不均一核と均一核の体積の比を表しており，したがって式(4.79)は以下のように表すこともできる。

$$\Delta G_n{}^{het*} = \Delta G_n{}^* \frac{V^{het*}}{V^*} \tag{4.81}$$

ただし，V^{het*}，V^* は半径が r^* の不均一核，均一核の体積である。

不均一核生成の頻度 $I_{ss}{}^{het}$ は

$$I_{ss}{}^{het} = N_c \nu_0 \Gamma_Z \exp\left\{-\frac{\Delta G_d + \Delta G_n{}^* f(\theta)}{k_B T}\right\} \tag{4.82}$$

となり，均一核生成との最も大きな違いは，核生成の活性化エネルギーに $f(\theta)$ が係数として加わったことであるが，N_c は優先核生成サイトとなる異物質に面した原子の数であることも大きな違いである。

〔3〕 組成が変化する場合の核生成についての一般的な取扱い　これまでの議論は純物質を前提としている。AB 二元合金に対しては，ΔG を次式のように与えることができる[168]。

$$\Delta G = (\mu_S{}^A - \mu_L{}^A)(1 - C_S) + (\mu_S{}^B - \mu_L{}^B)C_S \tag{4.83}$$

ここで，$\mu_S{}^A$，$\mu_L{}^A$ は固相と液相における A 原子の化学ポテンシャルであり，また $\mu_S{}^B$，$\mu_L{}^B$ はそれぞれ B 原子の化学ポテンシャル，C_S は固相の濃度である。

4.5 無容器プロセシング

図4.92は，C_Lの組成の液相から濃度C_Sの核が生成する際のΔGを表している．図から明らかなように，溶質原子を含む場合のΔGは組成に依存するが，式(4.83)はC_Sについてはなにも与えていない．この問題に対してHillert[169]は，ΔGが最大となるような組成の核が優先して生成すると考えた．

すなわち，C_Sはつぎのようにして求められる．まずC_Lにおいて，液相の自由エネルギー曲線に接する直線を引き，これを平行に移動させ固相の自由エネルギー曲線と接したところがC_Sである．いい換えれば核生成の活性化エネルギーは，$\mu_S^A - \mu_L^A = \mu_S^B - \mu_L^B$（図4.93）のときに最小となる．ただし，界面エネルギーσの組成依存性は考慮されていない．

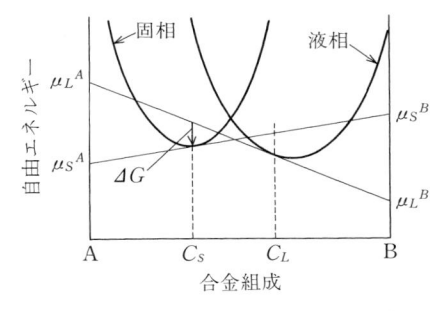

図4.92　自由エネルギーと組成の関係

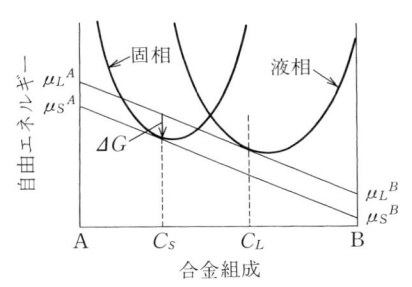

図4.93　ΔGが最大となるようなC_Sの求め方

4.5.4　無容器プロセシング実験手法

上に述べたように，核生成現象はるつぼ壁や介在物といった異物質との濡れに大きく依存する．均一核生成を実現するには異物質の濡れ角を大きくするか，あるいは異物質そのものを減らすしかない．無容器プロセシングはこのような観点から考えられた実験手法であり，疑似的な手段も入れて，分散法，フラックス浸漬法，浮遊法，ドロップチューブ法の4種類が知られている（図4.94）．

分散法とは，融液を不均一核生成サイトの数よりも多くの細かい液滴に分割し，不均一核生成サイトを含まない液滴を作ることにより，その液滴を過冷させた際の最大過冷度を測る方法である．Turnbull[170]は，この方法により多く

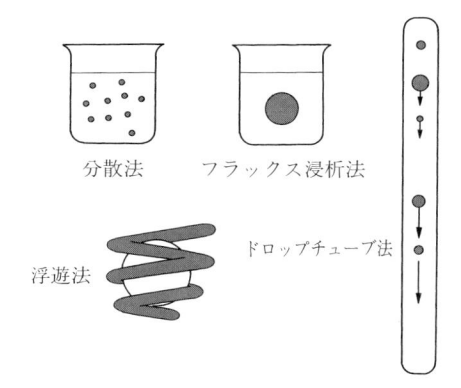

図 4.94 不均一核生成サイトを抑制するための実験法

の純金属の最大過冷度を測定し，$\Delta T/T_E = 0.2$ という実験結果を得た。彼はこの最大過冷度が均一核生成の限界であると考えたが，分散された液滴を不活性乳濁液に入れることにより $\Delta T/T_E > 0.2$ となる結果も報告されており，いまだ定まっていない。

フラックス浸析法とは，試料に対して触媒効果の小さいフラックスで試料を覆うことにより，試料とるつぼの接触を避け，不均一核生成サイトを低減する方法である。この方法により $\Delta T/T_E \sim 0.18$ という結果が Fe と Ni のバルク試料において報告されている。

浮遊法とは，文字どおりるつぼを使わずに液滴を空中に浮揚保持するプロセスであり，無容器プロセシングという述語の語源にもなった実験手法である。浮遊法には大きく分けて，導電性物質に用いられる電磁浮遊，非導電性のセラミックス材料に適したガス浮遊，音波浮遊，および浮揚力は小さいが万能な静電浮遊の4種類の手法が実用化されている。なかでも電磁浮遊は浮揚力が大きく，制御も比較的容易なところから，金属，合金，半導体などに広く用いられている。

ドロップチューブ法とは，液滴を自由落下させ落下中に冷却凝固させる方法であり，おもに過冷却と核生成，準安定相およびガラス化に関する研究に用いられている。この方法の特徴は，浮遊法に比べて試料内部の擾乱を抑制できることと，試料サイズと冷却速度の関数として核生成・成長の相選択の統計的解

析を行うことができることにある。しかしながら，落下中の試料の温度を直接測ることが困難なため，通常は落下から凝固開始までの時間を測定し，その間の熱収支を計算することにより間接的に冷却曲線を求めることが行われている。このためドロップチューブは，浮遊実験の補助的手段と考えられている。

本節では，まず浮遊実験の手法について概説し，次いで浮遊法による核生成実験を紹介する。

るつぼを用いずに溶融試料を空中に保持するには，電磁力，ガス圧，超音波，静電力，磁化力といった，重力に打ち勝つための外力の付加を必要とする。なかでもローレンツ力による電磁浮遊（electro-magnetic levitator；EML）は，活性高融点金属の溶解法（コールドクルーシブル法）として確立された手法であり，無容器プロセシングの実験手法としても広く利用されている。ここではまず，電磁浮遊の原理から始める。

〔1〕 **電磁浮遊**　空間の一点にある電気量に働く力（ローレンツ力）には，その速度とは無関係な電気的な力と，その速度に比例し，それと直角に働く磁気的な力の2種類がある。すなわち磁束密度を B とすれば，速度 v で動いている q クーロンの電荷に働く力は

$$F = q(E \times v \times B) \tag{4.84}$$

で表される。式中の右辺第1項 qE は静電気的な力であり，第2項 $q(v \times B)$ は電流に働く力に相当する。

導電性の物体を磁界 H 中においた場合を考えてみよう。物体内部に誘起される電磁場は，物体の透磁率を μ とすれば以下の三つの式（マクスウェル方程式）

$$\nabla \cdot B = 0 \tag{4.85}$$

$$\nabla \times E = -\frac{\delta B}{\delta t} \tag{4.86}$$

$$\nabla \times B = \mu J \tag{4.87}$$

と，連続の方程式

$$\nabla \cdot \boldsymbol{J} = -\frac{\partial q}{\partial t} \tag{4.88}$$

で表される。式(4.85)は新たな磁力線の沸出しや吸込みがないことを意味している。また，式(4.86)，(4.87)はそれぞれファラデーの法則，アンペールの法則であり，磁束密度 $\boldsymbol{B}$ の変化速度に比例した大きさの誘導電流（渦電流）$\boldsymbol{J}$ が，$\boldsymbol{B}$ の変化を妨げる方向に流れることを表している。ここで，$\boldsymbol{J}$ と $\boldsymbol{E}$ の間にはオームの法則

$$\boldsymbol{J} = \sigma_c \boldsymbol{E} \tag{4.89}$$

が成り立つ。磁界が交流の場合，式(4.84)の第1項は無視でき，したがって $\boldsymbol{F}$ は

$$\boldsymbol{F} = \boldsymbol{J} \times \boldsymbol{B} \tag{4.90}$$

となり，式(4.85)を代入することにより

$$\boldsymbol{F} = \left(\frac{1}{\mu}\right) \cdot (\nabla \times \boldsymbol{B}) \times \boldsymbol{B} = (\boldsymbol{B} \cdot \nabla)\frac{\boldsymbol{B}}{\mu} - \frac{\nabla \boldsymbol{B}^2}{2\mu} \tag{4.91}$$

となる。

式(4.91)に回転演算（$\nabla \times$）を施すと，右辺第2項はベクトル演算の原理からつねにゼロとなるが，第1項は必ずしもゼロになるとは限らない。すなわち第2項は等ポテンシャル面（試料表面）に垂直に働く圧縮力であり，重力と平衡させることにより試料の浮遊保持を可能にする成分であり，EML の基本原理である。第1項と第2項の比は，電磁気的表皮厚さ $\delta_m = (2/\mu\sigma_r\omega)^{1/2}$ と試料の代表長さ（試料の直径）の比で近似でき，角周波数 ω の増加は δ_m の減少を介して第1項の寄与を小さくする。

渦電流が生ずると，磁場のエネルギーはジュール熱の形で散逸する。不均一核生成サイトの低減を目的とした場合，融液のかくはんにつながる回転力は小さいことが好ましいが，ω の増加はジュール熱の増加による磁場エネルギーの散逸を招き，結果として大きな電力を必要とする。多くの場合 100〜400 kHz の高周波が用いられる。式(4.91)からは，ジュール熱を抑え，かつ大きな浮遊力を得る方法として，磁束密度の絶対値ではなく磁束密度勾配を大きくするこ

とが有効なことも導かれる。

図 4.95 は，著者らが使っている電磁浮遊炉（EML）の模式図である[171]。図からわかるように，高周波コイルの下部形状を逆三角錐形とし，大きな磁束密度勾配を得られるようにしてある。また試料をコイル内に閉じ込めるため，上部コイルの形状を正三角錐形とし，かつ磁束の位相を逆向きにしている。試料上部からのレーザ（CO_2 レーザ）照射は予備加熱用であり，半導体のように固体状態の電気伝導度が小さい物質の浮遊溶融に用いている。

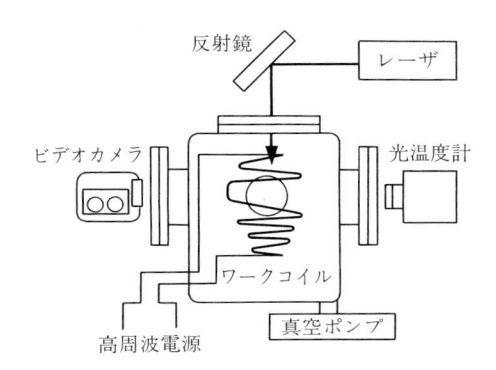

図 4.95 レーザ照射を併用した電磁浮遊炉の模式図

〔2〕 **静電浮遊** 交流磁界によるローレンツ力を利用したのが電磁浮遊だとすれば，静電気的な力を利用したのが静電浮遊（electro-static levitator；ESL）である。

帯電量 q の物体を，強さ E の電界中におくと，その物体には電気的な力 qE が働く。電極間電圧を V，電極間距離を d とすれば，両者の関係は $E = V/d$ で与えられるので，ローレンツ力 F は次式で表される。

$$F = \frac{qV}{d} \tag{4.92}$$

静電浮遊とは，F を重力と平衡させることによって物体を空中に浮遊保持させる手法であり，原理から明らかなように，かくはんや振動といった擾乱が少ないこと，および導電性，非導電性を問わず広範な物質に適用できることが特長となる。ただし，浮遊位置の制御および q の維持が難しく，加えて地上重力下では放電の生じない高真空あるいは高圧下に限られることなどが欠点とな

る。ただし，微小重力環境では桁違いに低い力で物質を浮遊させることができるため，将来の宇宙ステーション用の浮遊炉として期待されている。最近，ロケットの弾道飛行中の微小重力環境を利用した ESL の実験が実施され，この手法の有効性が確かめられた[172]。

〔3〕 **磁化力を利用した浮遊**　ローレンツ力を利用した電磁浮遊や静電浮遊とは異なる浮遊力として，近年，磁化力が注目を集めている。これまで磁化力の利用はもっぱら鉄のような強磁性物質に限られていたが，最近の超伝導磁石の小形高性能化は常磁性物質においても磁化力の利用を可能にした。

磁界中に物体をおいた場合を考えてみよう。磁界中ではいかなる物質も磁気的な分極を生ずる。この分極は磁化 M と呼ばれ，常磁性物質や反磁性物質では B に比例し

$$M = \frac{\chi}{\mu}B \tag{4.93}$$

と表される。ここで χ は磁化率であり，常磁性物質ではプラス，反磁性物質ではマイナスとなる。

磁界中におかれた物体のポテンシャルエネルギーは，式 (4.93) の積分

$$w = -\int M dB = -\frac{\chi}{2\mu}B^2 \tag{4.94}$$

で与えられる。力はポテンシャルエネルギーを位置 z で微分した量であるから，したがって，物体に働く力 F_M は次式のように導かれる。

$$F_M = -\operatorname{grad} w = \frac{1}{\mu}\chi B \frac{dB}{dz} \tag{4.95}$$

上式からわかるように，物体に働く力は電磁浮遊の場合と同様，磁束密度と磁束密度勾配の積に比例し，均一磁界中では力は働かない。力の方向は $\chi > 0$ のときは引力，$\chi < 0$ のときは斥力となる。すなわち縦形の超伝導磁石内に反磁性物質をおいた場合，その物質が受ける斥力は，磁石の中心より少し上方の磁場勾配がある位置で最大になる。この斥力と重力を釣り合わせたのが磁化力を利用した浮遊（magnetic levitator；ML）であり，近年この方法により，水，ガラスといった反磁性物質の浮遊が確認されている[173]。

〔4〕 **ガス浮遊** 電磁浮遊炉は，浮遊力が大きく浮遊位置の制御も比較的容易であるが，導電性物質に限られる。一方，磁化力の利用は反磁性物質に限られ，大形の磁石を必要とするなど，だれでも使えるというわけにはいかない。その点，つぎに述べるガス流の差圧を利用した浮遊炉は，汎用性の高い簡便な浮遊法として知られている。

図 4.96 は，ディフューザ型浮遊装置とディフューザのスロート部において物体が受けるポテンシャルの模式図である。図中の x はディフューザの入口からの距離，m は物体の質量，g_0 は重力加速度である。ディフューザでは，スロート両端の圧力差とガスの動圧のバランスにより，ポテンシャルがミニマムになる $x(=x_e)$ が存在する。

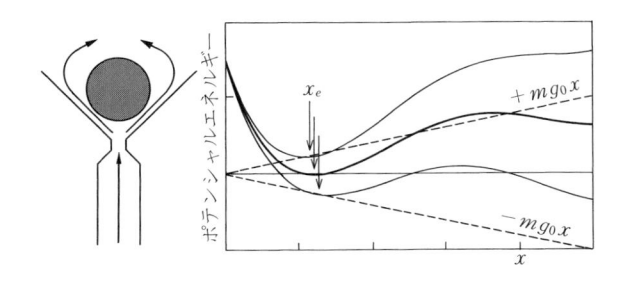

図 4.96 ディフューザ型浮遊装置と物体が受けるポテンシャルの模式図

ポテンシャルの深さと x_e はディフューザの方向に依存する。すなわち図に示すように，ディフューザを上向きにした場合は位置のポテンシャル（$+mg_0x$）が加わるため，ポテンシャルは深くなり，x_e は減少する。逆に，ディフューザを下向きにした場合はポテンシャルは浅くなり x_e は増加する。もとよりポテンシャルの深さと x_e は物体の密度にも依存するが，ディフューザを用いれば，上向き下向きを問わず，試料を無容器状態で保持できる可能性のあることがわかる。これにレーザ照射を加えればエアロダイナミクス浮遊炉（aerodynamic trapping furnace；ATF）になり，酸化物やサブミリサイズの液滴といった，電磁浮遊が適用できない試料の無容器プロセシング用の強力な武器となる。

ATF の原理は航空機実験によりすでに実証されており[174]，酸化物の無容

器プロセスや半導体メルトのX線回折などに適用されている[175]。

〔5〕 **ガス音波浮遊** ATFは簡便な浮遊法ではあるが，試料の大部分がディフューザ内にかくれるため，凝固速度や界面形態の観察といった目的には適さない。この点を解決したのがつぎに述べるガスジェット超音波浮遊装置（aero-acoustic levitator；AAL）である[176]。図4.97はAALの模式図である[175]。本装置は，試料位置から数cm下部のノズルから放出されるガス流の動圧を浮遊力とし，3軸に対称的に取り付けられた6個の超音波発生器（スピーカ）から放出される超音波の音圧によって，浮遊位置を制御するハイブリッド形の浮遊炉である。停在波を使うこれまでの音波浮遊炉に比べて音速の変化の影響が小さいことが特徴となっているが，ATFと同様，非導電性物質に適用できる反面，ガス流の動圧と試料の表面張力とのバランスが難しい。

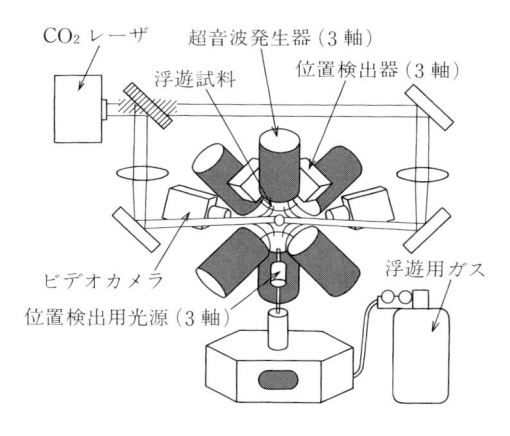

図4.97 ガスジェット超音波浮遊装置の模式図（S. Krishnan, S. Ansell, J. J. Felten, K. J. Volin and D. L. Price：phys. Re. Lett., **81**, p. 586 (1998)より改変）

また振動，回転といった，浮遊試料に与える擾乱は，電磁浮遊に比べてもかなり大きいこともネックになる。ただし，核生成のためのトリガ機構（図4.98）やスプラットクエンチ機構（図4.99）といったさまざまな付属装置を取り付けることができることは，この装置の大きな特長である。

表4.4は，種々の浮遊装置の特徴をまとめたものである。それぞれ一長一短があり，一概には優劣は付けられない。試料と実験目的に合った最適な手法を選択すべきであるが，付記事項としては，EML，ML，ATFには試料の保持

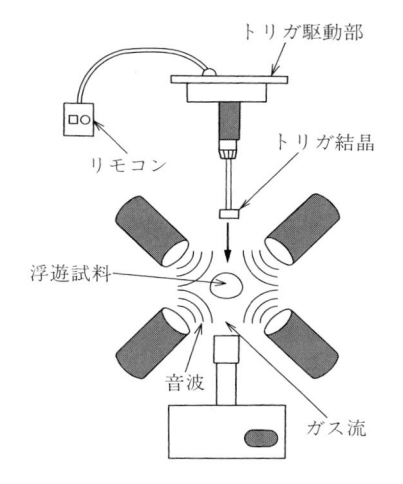

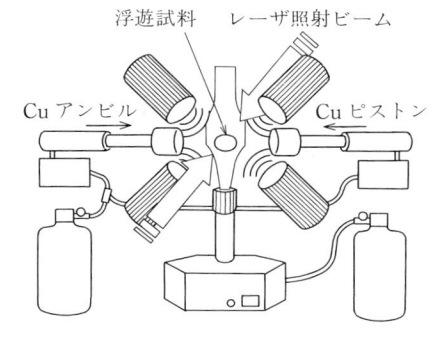

図 4.98 核生成のためのトリガ機構   **図 4.99** AAL とスプラットクエンチの組合せ

表 4.4 浮遊装置の比較

	浮遊保持能力	擾乱の少なさ	試料に対する制限	他の装置との組合せ
電磁浮遊（EML）	◎	△	△	○
静電浮遊（ESL）	△	○	○	△
磁気浮遊（ML）	△	◎	△	△
ガス浮遊（ATF）	○	△	◎	○
ガス音波浮遊（AAL）	○	△	○	◎

位置に関してのポテンシャルのミニマムが存在するが，ESL, AAL にはない。したがって，それらでは能動的な位置制御が必要となり，その分だけ制御が複雑になる。

4.5.5 過冷却と核生成の実験結果

まず，過冷度の理論的な予測についての Thompson と Spaepen のモデル[178]を紹介しよう。

AB 二元合金における μ_L^A, μ_L^B は，正則溶体近似によれば

$$\left.\begin{aligned}\mu_L^A &= \mu_L^{A,O} + RT \ln(C_L) + \alpha_L^A \\ \mu_L^B &= \mu_L^{B,O} + RT \ln(1-C_L) + \alpha_L^B\end{aligned}\right\} \quad (4.96)$$

で与えられる。ただし，$\mu_L^{A,O}$, $\mu_L^{B,O}$ はそれぞれの基準状態の化学ポテンシャルであり，C_L は液相中の A のモル分率である。同様に固相についても

$$\left. \begin{aligned} \mu_S^A &= \mu_S^{A,O} + RT \ln(C_S) + \alpha_S^A \\ \mu_S^B &= \mu_S^{B,O} + RT \ln(1 - C_S) + \alpha_S^B \end{aligned} \right\} \quad (4.97)$$

と表される。したがって，$\Delta \mu^A (= \mu_L^A - \mu_S^A)$ は

$$\Delta \mu^A = (\mu_L^{A,O} - \mu_S^{A,O}) + RT \ln\left(\frac{C_L}{C_S}\right) + \alpha_L^A - \alpha_S^A \quad (4.98)$$

となる。純物質，特に稠密な純金属における液相と固相の比熱の差は一般に小さいので，ΔS_f^A, T_E^A をそれぞれ A の融解に伴うエントロピー変化，平衡状態の融点とすれば，式(4.98)の右辺第 1 項は

$$\mu_L^{A,O} - \mu_S^{A,O} \sim \Delta S_f^A (T_E^A - T) \quad (4.99)$$

と近似され，したがって式(4.98)は

$$\Delta \mu^A = T \left[R \ln\left(\frac{C_L}{C_S}\right) - \Delta S_f^A \right] + \alpha_A \quad (4.100)$$

となる。ただし

$$\alpha_A = \alpha_L^A - \alpha_S^A + \Delta H_f^A \quad (4.101)$$

である。同様に B に対しても

$$\Delta \mu^B = T \left[R \ln\left(\frac{C_L}{C_S}\right) - \Delta S_f^B \right] + \alpha_B \quad (4.102)$$

が得られる。ここで，$T = T_L$ において $\Delta \mu^A = 0$，すなわち合金における平衡状態の融点を液相線温度とすれば

$$\alpha_A = - T \left[R \ln\left(\frac{C_L}{C_{S,eq}}\right) - \Delta S_f^A \right] \quad (4.103)$$

となり，したがって式(4.94)は次式となる。

$$\Delta \mu^A = (T_L - T) \Delta S_f^A + RT \ln\left(\frac{C_L}{C_S}\right) - RT_L \ln\left(\frac{C_L}{C_{S,eq}}\right) \quad (4.104)$$

ここで，$x_{S,eq}^A$ は T_L において x_L^A と平衡する固相の濃度である。同様に

$$\Delta \mu^B = (T_L - T) \Delta S_f^B + RT \ln\left(\frac{1 - C_L}{1 - C_S}\right) - RT_L \ln\left(\frac{1 - C_L}{1 - C_{S,eq}}\right) \quad (4.105)$$

である。図 4.93 に示したように，$\varDelta G$ が最大となるように C_S，すなわち核の組成が決まるとすれば，$\varDelta \mu^A = \varDelta \mu^B$ であり，式(4.104)，(4.105)から

$$(T_L - T)(\varDelta S_f^A - \varDelta S_f^B) + RT \ln\left\{\frac{C_L^A(1-C_S^A)}{C_S^A(1-C_L^A)}\right\}$$
$$= RT \ln\left\{\frac{C_L^A(1-C_{S,eq}^A)}{C_{S,eq}^A(1-C_L^A)}\right\} \tag{4.106}$$

が得られ，C_L，$\varDelta S_f^A$，$\varDelta S_f^B$ の値と平衡状態図から $\varDelta G$ と C_S が求められる。$\varDelta G$ と $\varDelta S_f^A$，$\varDelta S_f^B$ がわかれば，式(4.72)～(4.75)と式(4.70)から最大過冷度が計算できる。なおこの場合，合金の $\varDelta S_f$，T_g としては，A，B 純物質の値に組成を乗じたものの線形和を仮定している。

Thompson と Spaepen は上記のモデルにより，Sn-Bi 合金と Pb-Sn 合金の最大過冷度を求め，実験値とよく一致することを報告している。

図 4.100 は Cu-Ni 合金における電磁浮遊と分散法による最大過冷度の実験結果[179]を示している。Thompson と Spaepen のモデル（実線）では，Cu で約 400 K，Ni で 500 K の最大過冷却を予測しているが，実験結果は電磁浮遊（●）と分散法（○）とも約 300 K の過冷度を記録している。この値は不均一核生成サイトの濡れ性の指標 $f(\theta)$〔式(4.80)〕に換算すれば 0.16～0.19 であり，中程度の濡れ性といえる。この場合の不均一核生成サイトは試料表面の NiO と考えられている。

ここで注目すべきは，電磁浮遊では液滴の直径が 6 mm と，分散法に比べて 3 桁も大きいにもかかわらず，分散法と同レベル以上の過冷度が得られてい

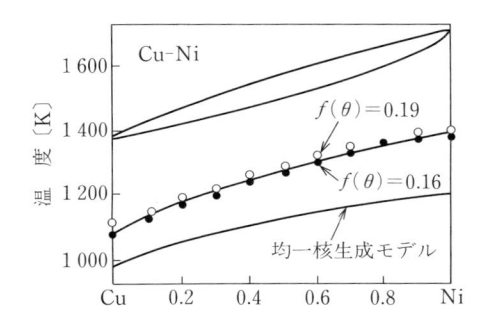

図 4.100 Cu-Ni 合金における電磁浮遊と分散法による最大過冷度[179]

る点である。るつぼやフラックス等を使わない無容器プロセスが，核生成の研究にとっていかに有効であるかを示す好例といえるだろう。Fe-Ni，Si-Ge についても同様の報告がある。

4.5.6 む　す　び

 無容器プロセシングがカバーする領域は，① 核生成，②（デンドライト）成長，③ 相選択と非平衡/準安定相の生成，④ メルトの熱物性値測定，⑤ 気・液反応，等々さまざまであるが，紙面の都合で ① のみ，それも一部を紹介するにとどまってしまった。興味のある方は，D. M. Herlach, R. F. Cochrane, I. Egry, H. J. Fecht and A. L. Greer ; Internatinal Materials, Reviews, **38**, p. 273 (1993) を勧める。ドイツ学派の無容器プロセシングの片鱗に触れることができよう。

5 将来の宇宙実験

5.1 等価原理の検証

　16世紀にガリレオが，ピサの斜塔から二つの重さの異なる球を落として以来，真空中を同じ高さから落とされた物体は，重量，内部構造にかかわらず，同じ加速度を受けることが信じられている。ニュートンはこの現象を，慣性質量と重力質量が等価であるためと解釈した。慣性質量は，起源がなんであれ，ある力の場を動くための抵抗であり，また重力質量は重力電荷と考え，他の物体に働く重力の尺度とした。アインシュタインはこの特質を，一般性相対論の中で解釈しなおしている。

　すなわち，重力を受けている実験室での物理法則は慣性力を受けている実験室でのそれと同一である。この自然界には四つの基本的な力，すなわち重力，電磁力，強い力（核力），弱い力（核力）が存在するが，重力を除く三つの力は"標準モデル"と呼ばれる量子場モデルにより説明することができる。重力を取り入れた"大統一理論"はなかなかできないが，それに関与している物理学者は，巨視的物体間に働く10^{-14}から10^{-22}のレベルにある新しい力が存在し，それが等価原理に背くものであることを示唆している。

　このレベルで等価原理が支持されれば，当面，現在および未来の基礎物理を拘束し，アインシュタインの一般相対性理論が強化される。一方，等価原理が破れれば，新しい基礎的な力の存在の兆候となり，一般相対性理論が部分的ではあるが否定される。

5.1.1 衛星による検証[1]

ここでは衛星による検証〔STEP(Satellite Test of Equivalence Principle)〕を述べる。宇宙での実験は，慣性力としての遠心力と重力を利用できることに加えて，無重力環境と地球振動のノイズから逃れうるため，等価原理の実験室として適している。

CNES (Centre National D'etudes Spatiales；フランス国立宇宙研究センター) より提案された GEOSTEP においては，センサは図 5.1 に示すような方向に，物質 A と物質 B が同心円になるよう配置され，物質 A，B の慣性質量と重力質量の比 m_i/m_g(A) と m_i/m_g(B) に差が出るか調べる。試験物質として，$A = Pt(N = 115, Z = 78)$，$B = Ti(N = 26, Z = 22)$，$C = Be(N = 5, Z = 3)$ が考えられる。N は中性子数，Z はプロトン数である。遠心力は m_i に，重力は m_g に作用する。もし等価原理が成り立つのであれば，物質 A，B の位置は変わらない。一方，成り立たないのであれば，相対的位置は 1 周期のうちに変化する。

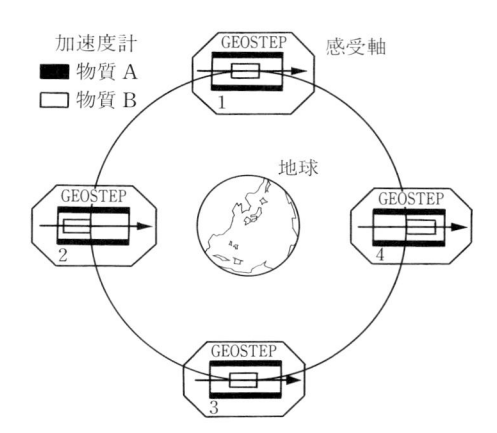

図 5.1 衛星による等価原理測定概略図

相対的位置の変化を 10^{-17} の精度で測定するには特別な加速度計が必要となる。GEOSTEP の場合，SAGE (Space Accelerometer for Gravitation Experiment) が考えられている。所期の精度を得るために，加速度計を収める容器は真空に保たれ，その周りは超臨界にある液体ヘリウムで覆われ，さら

にその周りは真空の容器で囲まれている。軌道上での温度変動は 1 mK とし，熱ノイズを減少させ，超伝導磁気シールドで電磁気保護を行う。ヘリウムを超臨界におくことにより，蒸気，泡の発生が起こらないのでノイズを抑えることができる。衛星は太陽同期軌道に打ち上げられ，3軸姿勢制御を行う。また，空気抵抗に抗してヘリウムガスをマイクロスラスタから噴出し，衛星を完全な無重力状態に近づける。

5.1.2 落下塔での検証実験[2],[3]

等価原理の落下実験での検証が試みられている。図 5.2 に落下実験用装置の概略を示す（落下カプセル＝補償シリンダ）。二つの異なった物質からなる中空円筒が重心を合わせてセットされる。

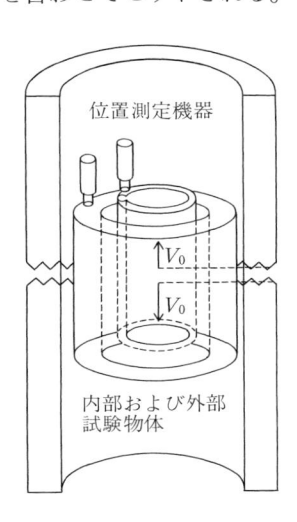

図 5.2 落下塔での等価原理実験概略図

実験の正確さは，二つの試験質量の並び方の精度にかかっている。運用を不完全に行うと，最初からずれていたり（$\Delta z \neq 0$），初期速度（$\Delta v \neq 0$）を持つことになり，重力の勾配や相互干渉による二つの試験質量間での加速度差 Δa_{grad} が起こる。下手をすると，この相対加速度が物質結合加速度 Δa_{WEP} をしのいでしまうかもしれないので，以下のように実験のセットアップに気をつけねばならない。① 円筒物質の適切な選択，② Δa_{grad} が Δa_{WEP} 以下になる

ような円筒形状の最適化，である。

装置の望ましい精度（$\Delta a/a \approx 10^{-13}$）と最適化された試験体の形状に基づいた運動の方程式の数値解を図 5.3 に示す．実際には図 5.2 に示すように，試験円筒は円筒ハウジングの中に入れられるために，重力勾配は改善されて，$\Delta a(t)$，$\Delta z(t)$ はいくらか小さくなる．

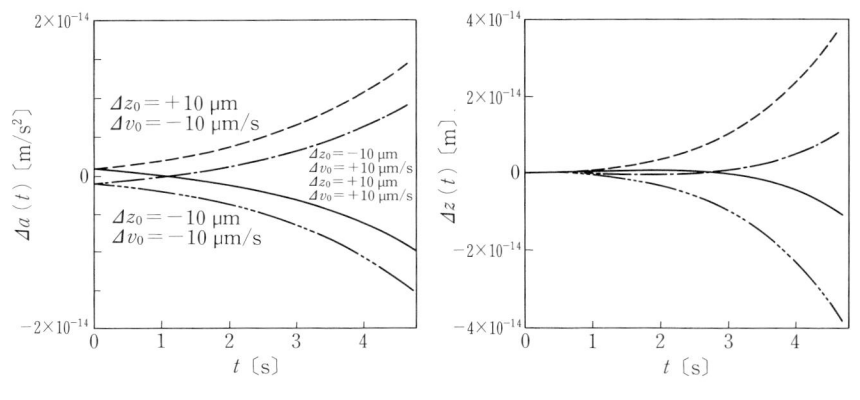

図 5.3　落下実験での運動の数値解

もし，初期変位と速度がそれぞれこの値，Δz_0 と Δv_0 を超えないとすると，分解能 $\Delta z < 10^{-14}$ m の位置センサであれば，重力的干渉なしで，均質な重力場を動く二つの質量の動きを検知することができる．

この実験で用いられる位置センサは超高感度の SQUID（Superconducting Quantum Interference Device）に基づいたものである．原理を図 5.4 に示そう．それぞれの試験体は，円筒試験体の上部と下部の前におかれたピックアップコイルのインダクタンスを変える超伝導同調スラグとして働く．初期の位置において，持続する電流が超伝導スイッチを用いて超伝導入力回路に供給され，正確な磁束をつくる．試験体の動きはピックアップコイルの誘導率を変調し，超伝導ループの磁束は一定なので，同じループで SQUID 結合コイルを通して付加的な遮蔽電流を起こす．SQUID は試験体の位置をインダクタンスの変化として感知し，ピックアップコイルの設計が特性を決める．現在このセン

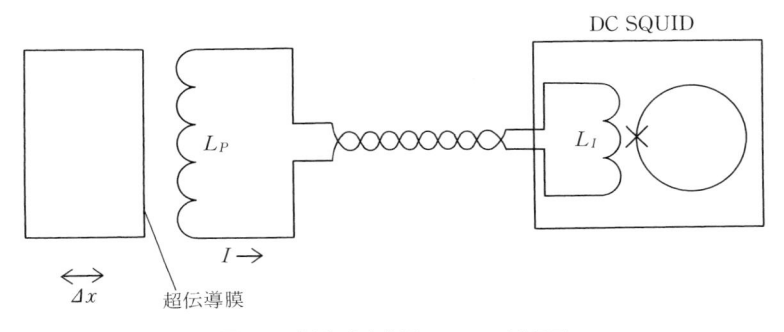

図 5.4　超高感度位置センサの原理図

サは，$10^{-14}\,\mathrm{m}/\sqrt{\mathrm{Hz}}$ の分解能が実験室で得られている。

5.2　宇　宙　時　計

　1秒は「セシウム133原子の基底状態にある二つの超微細準位間の遷移に対応する放射の周期の9 192 631 770倍に等しい時間」と決められている。この定義に基づく1秒を実現するため，セシウム原子時計が使われている。100 ℃くらいに暖められたセシウム原子は二つの状態に均等に分布しているが，磁石を通して一方のみを選び出す。この選び出された原子にマイクロ波を浴びせると原子は揺さぶられて，一部の原子は他の状態へと移る（相互作用）。マイクロ波の周期を少しずつ変えていくと，マイクロ波の周期が原子の固有の周期と同じになったときに原子は一番激しく揺さぶられるため，他の状態へ移る割合が大きくなる。このときの周期を9 192 631 770回数えれば，定義に基づいた1秒となる[4]。

　原子時計の性能を上げるには，共鳴線の幅を狭くすればよい。原子と電磁波ができるだけ長く相互作用をするようにする。通常は270 m/sぐらいの速さで飛んでいるセシウム原子はマイクロ波のあるところを一瞬で通り過ぎてしまうため，この速度を遅くしてやればよい。原子の速度を遅くする方法として，光の圧力により原子を止めてしまおうというレーザ冷却がある。原子の熱的揺

れは劇的に減少して，冷却された原子は文字通り光学的糖蜜の中に閉じ込められる。

平衡状態において，原子ガスの温度は 10^{-6} K に近づき，1 cm/s 程度の残留揺らぎ速度になる。これは周りの温度に比べて1万倍の小ささである。この低速度のため，観測時間は数秒間に増大する。キーポイントは狭い共鳴幅と高い SN 比で，レーザ冷却により，従来のセシウム時計に比べて 100〜1 000 倍の相互作用時間が可能となる[5]。

CNES が支援している PHARAO プロジェクトでは，微小重力環境を利用することにより，目標として10秒間の相互作用時間を持った冷却原子宇宙時計の開発を目指しており，地上での原子泉方式に比しても10倍の性能改善が可能となる[6]。地上では100 m の泉の高さに相当するが，宇宙ではコンパクトな装置で可能である。同時に，10^{-16} の精度で1日 10^{-16}〜10^{-17} の周波数安定性を目指している。

図 5.5 に，宇宙冷却原子時計のプロトタイプを示す[7]。光学ベンチ（①）でセシウム原子を扱うための6本のレーザビームとセシウム原子を検知する2本のレーザビームを，光ファイバ（②）でセシウム管に供給する。冷却域で 10^8 個の原子をとらえて 1 μK まで冷やす。同じレーザビームでその原子をマイク

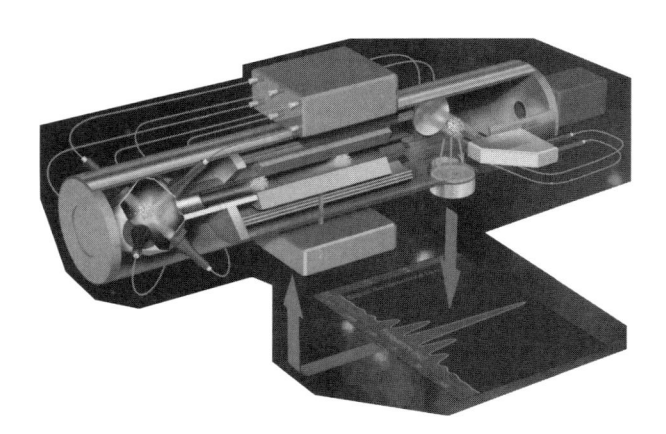

図 5.5　宇宙冷却原子時計のプロトタイプ

5.2 宇宙時計

ロウェーブチャンバ（③）の中に放出する．その放出速度は 1 m/s から 2～3 cm/s で 1～10 秒の相互作用時間が得られる．最終的に，共鳴信号（④）は振動数を原子共鳴振動数 9.192...GHz に固定した超安定なマイクロウェーブ電源（⑥）に送られる．

PHARAO を核とした宇宙ステーションでの実験が計画されており，このミッションは ACES (Atomic Clock Ensemble in Space) と呼ばれている．ACES の目的は，① 新世代の時計の宇宙での性能の実証，② 超高性能の地球規模での時間基準の提供，③ 微小重力下における PHARAO 時計の極限の研究，④ 基礎物理学実験の遂行，である．

この宇宙冷却原子時計ができると，どこからでも直接に周波数標準を利用できる．周波数の比較，国際時間の普及，次世代の航行および位置決定への道が開かれる．1 日で 10^{-16} の安定度を持つ時計があれば，1976 年に行われた NASA の GPA (Gravity Probe Experiment) 実験より 100 倍も良好にレッドシフト（赤方変位，アインシュタイン効果）を計測することが可能となるはずである．シャピロ効果の測定，重力波の検出，光速の等方性の証明等が考えられている．

6 生物と宇宙

6.1 はじめに

　物質とエネルギーが始まり，星の中で元素が合成され，空間へと放出された物質は太陽系星雲をつくり，地球をはじめとする惑星系ができた。前生命的な有機物が星間空間での化学進化により合成され，あるいは始原的な惑星環境の中で生成した。惑星上で生命はどのように始まり，生命環境を形作り，多様な種に分化しながら進化し，文明といった生物相をかたちづくるまでに発展してきたのか。この生命の発生と進化について知ることは，物理的世界を基本的に理解することと双極をなしており，現代科学にとって重要な命題である。

　物質の根本を解き明かす素粒子の物理は，宇宙の高エネルギー現象の中にその舞台を求めている。宇宙探査の一つの中心課題は，他の天体上での生命や過去の生命の記録を探査するものである。宇宙を飛ぶための有人宇宙工学や地球圏外知性の探索は，われわれの文明の将来にかかわる。このように，宇宙は人間の活動と現代科学の主要な課題のほとんどに関連し，その中で生物学は宇宙に深く結びついている。ここでは，宇宙と生物の基本的な知識をまとめ，いくつかの工学的な応用を解説する。

6.2 宇宙と生命の起源

　生きているものとはなにかという定義自体が問題であるのだが，生命が生命のないものから自然には発生しないことを確証したことは，近代科学成立の一つのエポックである。しかし，最初にどのようにして生命が始まったのか，そしてその後は生命が自然発生しなかったのを説明しなくてはならない。宇宙での物質の進化，化学進化という非生命的な現象と生命の始まりの間にはミッシングリンクがある。生命の基本単位である細胞のしくみがよくわかってくると，なおさらこのミッシングリンクのなぞは深まっている。もっとも単純な細胞であっても，それが自己と非自己を区別する境界，細胞膜を持ち，生命を営む機能を備え，かつ自己複製を可能とするしくみを持つ。これらのしくみを組み立てるには，複雑な機能分子とその働きの制御が必要である。

　生命を永続させるのに十分な機能を実現するために必要な最低限の物質（情報）の量や物理的な大きさについても論じられている。ヴィールスやファージといった寄生的な生命体は小さな分子からなるが，これらが生命を営むには，宿主がまず存在しなければならない。偶然に生命機能を持つ分子がたまたま集合し，かつそれが機能する構造をつくったとすると，その確率はきわめて低く，これから説明する太陽系の形成史の中での生命の始まりの時期の早さを説明できない。

6.2.1　地球型生命の原理の特殊性と普遍性

　生命の起源にかかわる興味ある事実は，地球上のさまざまな生物が，共通の生命のしくみを保守的に守っており，また共通の祖先を持つらしいことである。地球上の現在の生命は，1回だけ自然発生した。ただし，何回か発生したが永続せず，一つの生命の系統のみが残ったという可能性は否定できない。いずれにせよ，生命発生の条件は特異的で，しかし確実に与えられた。太陽系惑星が形成され，隕石や小天体の衝突の頻度が低くなった重爆撃期の終期に生命

172   6. 生 物 と 宇 宙

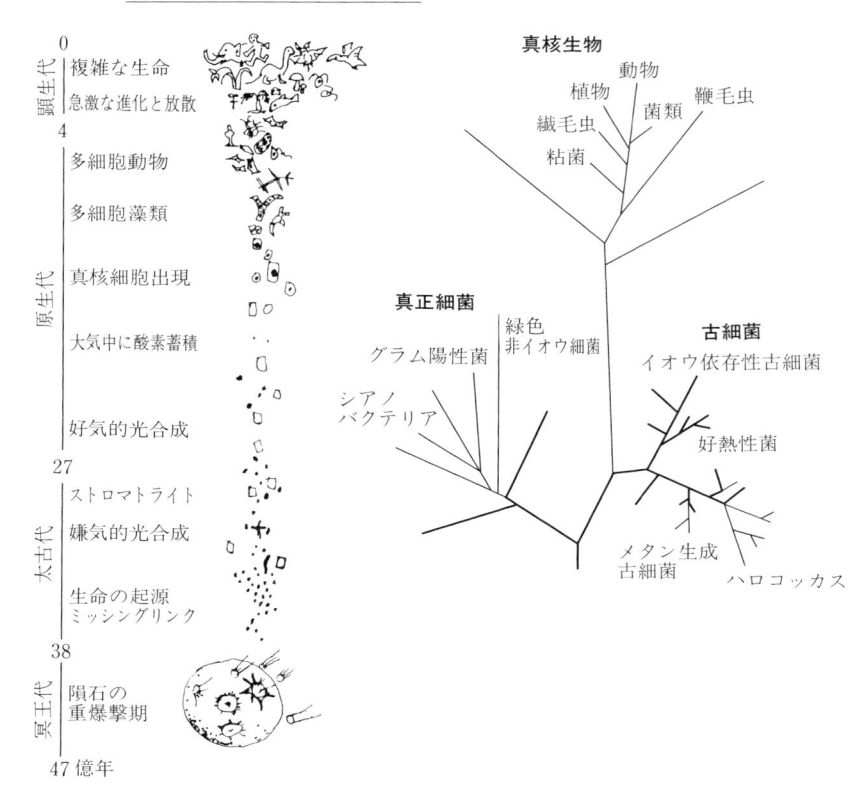

系統樹のなかで太線の部分は高温環境を好む生物種
図 6.1 宇宙史と生命の起源と進化

は始まったと考えられる（図 6.1）。

　まばらになったとはいえ小天体の衝突により地球上の生命は何回か絶滅して，つぎの新たな生命の始まりを待った可能性はある．いったん生命が持続して活動を始めると，その後いかにもう一つ別の生命の発生に有利な物理的，化学的な環境が与えられても，他の原理に従う生命は自然発生しなかった．あるいは初めの生命が，あとから生まれた生命を駆逐してきた．いくつかのタイプの原始的な生命体は，運動性や高い機能と効率を持った細胞を作り，細胞膜の中に核を持つ真核細胞が生まれた．さらに生命は多細胞化を進め，生命圏を形成し，惑星の表面環境の改変と制御を通して，爆発的な適応放散，進化を遂げ

ることにより地球表面を生物が覆い，多彩で複雑な生態系を構成している．

　地球型の生命とその原理は，太陽系やその惑星の一つである地球に限定されていたり，その環境の時間的な変化と展開に規定されたものであるかもしれない．生命の営みは，その始まり以来，選別され実証され蓄積されてきた情報によって駆動されている．生物の進化のしくみや，進化の歴史を駆動してきた力とその働きには，地球上の生命にとどまらない普遍性があるかもしれない．

　その一方で，地球上で与えられてきた生命活動の資源と制約には強いものがあって，地球上の生命の性格と原理は地球に結びついた特殊なものであるかもしれない．生物体内での生化学反応やあるいは形態といった地球上の生命の特徴はともかくとして，種の概念など生物の基本的な特質は宇宙的な規模で普遍であるかもしれない．地球上の手の届く領域にはおよそあらゆる環境に多様な生物が棲息して生活している．分子系統樹の解析などから，それらの祖先は一つにたどれるとされている．

　分子系統樹で始原的な生命とみられる古細菌は，総じて100 °C以上の高温条件を好んで増殖する種で占められている．一つの説明は，深海底などの熱水噴出孔周辺で生命が始まったというものである．あるいは，いくつかの生物種があったものの，天体の衝突による高温条件で延命できた一つの種がその後の生物の進化の単一の祖先となったとするものである．

　地球型生命の原理が生命にとって唯一の普遍的な原理であるのか，それにしては生命体を構成する化学種の選択は恣意的であるようにみえるのはなぜか，地球型生命が生命の唯一の解でないとしたら，なぜ生命の始まりは複数回なかったのか，異なる原理の生命が始まったとしてなぜその生命が永続できなかったのか，異なる原理の生命を殲滅する敵対性を生命は持っているのか，などいくつかの疑問が提出される．

6.2.2　宇宙探査と生命科学

　非生物的な物質から生命体を最初に生み出した過程は，生命の歴史を理解する上で，大きなミッシングリンクとなっており，長時間をかけて偶然な過程を

一つ一つ積み上げたというよりは,一挙に非生物と生物の境界を超える大きなジャンプがあったと推定されている。この過程がどのようなものであったか,またそれを可能にした環境やきっかけはなんだったのかということが,この分野の科学の中心的な興味である。

地球上で生命の起源や始原的な生命体とその環境を探ることへの大きな制約は,地球の活発な地殻運動にある。古い堆積岩は38億年以上にはさかのぼれない。生命についての化石的な記録は最古の岩石のなかにもみられる。しかし,化石化してから経過した時間とそれが経験した温度などの環境条件によって,生命特有の化学種やその旋光性といった化学化石の情報は消失し,生体内での反応の速度に同位体効果があることに基づき,同位体比が自然の同位体比とは異なるといった情報に生命の記録は限定される。

火星など他の天体で生命体の存否を調べることは,つぎのような意義を有している。かりに生命が発見されるならば,その生命体を構成する物質や,その原理が地球の生命のそれとどのように異なるのか,あるいは共有するものがあるのかが明らかとなる。地球型の生命の原理は普遍性を持っているのか,あるいは地球の惑星史に強く規定された特殊な原理であるのか,という問いに直接的に答える。他の天体上で過去にあった生命や始原的な生命が見つかるならば,その生命体自体に加えて,地球では変成作用で消し去られている生命の始まった状況や条件を明らかにすることができる。地球圏外での始原的な生命物質の生成や消長を調べる実験は,ミッシングリンクを前生命的な方向から埋めていく。生物科学への宇宙の寄与の大きなものは,地球上の生命を宇宙という視点から相対化し,宇宙という規模で普遍的な生命の原理があるかの探求を動機づけるところにある。

6.3 生物の形態・機能と惑星環境

生命観は時代に規定されている。生命体が特定の物質から構成されているからといって,生きているありさまは,構成している分子や原子の特性に還元す

ることはできない。また，生物に特有な化学反応のネットワークや機械的なからくりにはみごとなものがあるが，それらとて生命の特質のすべてをそのからくりの中に尽くせるものではない。

生命は，分子・遺伝子，細胞，細胞集合・器官，個体，個体群，生態系，社会，文明といった階層をつくり上げた。下位の階層の要素同士がからみあい，ある秩序と規則性をもって集合する自己組織性が生命の各階層に見られる。その集合体に構造があって，下位の要素にはなかった機能をこの集合構造が獲得し，新しい上位の階層が生み出される。

生命はこのような重層的な階層性を特徴としている。同時に生命の諸階層では，自己と他者を区別する境界や自己複製の機能を持ったり，エネルギー，物質，情報を境界の内外で交換したり制御するといった，生きていることを特徴づける機能を担うサブシステムを各階層それぞれに構成している。

6.3.1 生物による重力情報の受容

細胞は生命の基本単位であって，細胞が重力の情報を受容し利用しているかどうかは，宇宙での生物科学の重要な課題である。重力は質量に作用し，その影響は質量や比重差が大きい場合に顕著である。細胞の大きさは，細胞の外から取り込む物質や，遺伝子情報を担った物質の内部での輸送過程に一つは制限されている。これらの制約を緩めるような特別なしくみを持たない細胞では，その典型的な大きさは 0.1 mm 以下である。ただし，細胞の大きさには下限のあることもすでにふれた。細胞の質量や，細胞内の細胞器官の質量や密度の差異などから評価すると，細胞への重力の直接的な影響は熱雑音のレベルより低くて掩蔽されてしまうだろうと考えられてきた。

このような推定から，細胞に重力の影響が見られても，大きなスケールを持つ細胞の周囲の輸送過程への重力影響や，細胞より上位の細胞群や器官などの階層での重力への応答の結果であったりして，細胞にとっては2次的な重力影響にすぎないと予測された。しかし，地上および宇宙で細胞を対象とした実験は，重力の細胞への直接影響を示し最初の推定を覆すような結果をもたらし

た。

　細胞での情報受容やその伝達，発現の過程やその機構の解明は，分子・細胞生物学やその多くの応用分野で重要であり，盛んに研究されている（図 6.2）。細胞の外の情報を細胞の内部に運ぶのは多くが化学物質である。特定の化学物質を識別する分子が細胞膜の中に埋め込まれていて，その化学物質が識別部位に吸着すると，分子のコンフォメーション（高次構造）を変化させる。その変化が膜上で隣接する機能分子を活性化させて，細胞内に情報を伝える分子を生成する。

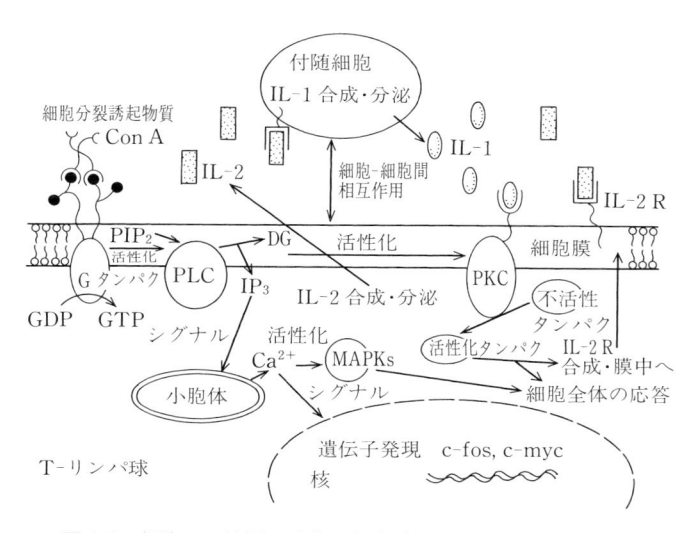

図 6.2　細胞での情報の受容と伝達〔Cogoli : Gravitational Space Biol. Bull., **10**, 5-16 (1997)より改変〕

　このように，外部情報を細胞が読みとる過程や，細胞膜上の第二の感受分子を活性化することにより複合的に情報を受容するなど，いろいろな働きとそのしくみが明らかにされてきている。細胞内では，小胞体からカルシウムイオンが放出されたり，いくつかの細胞内信号伝達物質が関与して，核での遺伝情報の読出しや，細胞内での特定の物質の生合成が制御される。

　このように細胞内では，複雑な過程が，情報の受容やそれに引き続く遺伝情

報の発現や生理的な変化とその制御に関与している．しかも細胞内のこの複雑な過程は，みごとなまでに合目的的に機能する．細胞膜上に埋め込まれている情報受容分子（機械刺激感受性チャネル・タンパク）が接触や振動，浸透圧変化に伴う細胞形状の変化と併せて重力を感受するという分子的な像も明らかにされている．

有毛感覚細胞では，感覚毛に加わる刺激，すなわち印加される力により物理的な変位がもたらされ，細胞の電位が変化し，神経の活動電位のパルス密度の変化として情報が出力される．感覚毛の先端近くの膜に埋め込まれているイオンチャネルの開閉に要する力はおよそ 10^{-12}N である．

細胞レベルの重力の情報は，重力が作用する質量が小さいために，熱雑音に埋もれてしまう．微弱な重力情報を増幅する機構として，細胞が他の細胞や表面に接着するしかけに付随して機械的な変形や力を集中させて感受する膜タンパクの関与が挙げられ，さらに機械的な情報の受容や情報の伝達に細胞内の細胞骨格が寄与していることも想定されている．

現在，これらいくつかの作業仮説をもとに，地上での検証や宇宙実験が計画されている．重力受容やそれに引き続く初期過程の時定数は短いので，ロケットによる実験で多くの基礎過程が明らかにされている．過重力や機械的な伸長刺激などへの細胞の応答は微小重力応答と関連した現象として精力的な研究の対象とされているので，細胞内での重力にかかわるマシナリーが解明されるのもそう遠い将来ではない．

細胞と重力のかかわりは，機械的な刺激の直接的な受容のほかにもさまざまなものが知られている．細胞内で細胞器官を所定の位置に保持し，それぞれの相対的な位置関係を維持するのは細胞骨格であり，これにエネルギーを消費する．微小重力下でそのようなエネルギー消費の必要性がなくなると，そのエネルギーが細胞増殖に振り向けられる．液中に浮遊する細胞と固着性の細胞では重力への応答が異なる．同種の細胞でも浮遊時と固着時で応答は異なる．細胞の形態が重力により変化することをきっかけにして，重力へのさまざまな応答が示されるとする仮説もある．

6.3.2 動物の行動と重力

〔1〕 原生動物の重力走性　原生動物は単細胞の生物で，その多くは水中で棲息・活動し，繊毛や鞭毛により遊泳している。原生動物は細胞生理を研究するうえでよいモデルとして使われてきた。原生動物の餌となる微生物が水の表層に多く分布するので，原生動物の密度は水よりも大きいにもかかわらず，上方に泳ぎ上がるという負の重力走性がみられる。このような重力走性を説明する機構は大きく分けて，物理的な機構と生理的な機構がある。

ゾウリムシでは，密度の大きな顆粒を細胞の尾側に運ぶ性質がある。このことから重心と浮力の中心がずれて液中でトルクが発生し，上方に向かって泳ぐとする説が物理的モデルの一つの例である。確かに過重力状態では，トルクの絶対値が増大してゾウリムシの頭尾軸は重力ベクトルの向きにそろう。ゾウリムシの形態は，尾部側が大きい。沈降速度が尾部・頭部の大きさの違いにより異なるために，上に向かって泳ぐという流体力学的機構も提唱されている。

生理的な機構の代表的なものは，頭部や尾部に物理的な刺激が加わると，頭部・尾部の細胞膜に選択的に分布している機械受容チャネルの働きにより細胞電位が変化する。遊泳方向（前進・後退），遊泳速度，繊毛打の向き（スパイラル状の遊泳軌跡のピッチ角度）は，この細胞電位により制御される。原生動物の逃避反応は，このような細胞の電位による繊毛打の制御により見事に説明されている。

重力走性もこれと共通の機構が関与しているかもしれない。すなわち，遊泳方向の重力ベクトルの向きに対する関係により，細胞膜の機械受容チャネルによる繊毛打の制御がなされて，遊泳軌跡が上方に向くとする。細胞内の細胞骨格がわずかな細胞の変形を機械受容チャネルに伝え，重力情報を細胞電位の変化にまで変換する役割を果たしているとも推定されている。

〔2〕 動物の重力感受，平衡器官　動物が行動する世界の座標軸は重力，光，磁場により与えられる。すなわち，空間とその中での体の向きを認識する情報の一つとして重力ベクトルが用いられる。動物が重力ベクトルや機械的な環境要素を感受するしくみには，密度の大きな平衡石を感覚毛を持つ細胞が支

えるしくみが共通してみられる。単細胞の原生動物の1種であるロクソデスは，細胞内に平衡石の入った細胞器官を持つ。クラゲでは傘の縁の対称な五つの場所に，感覚毛を持つ感覚細胞が嚢状の平衡胞(のう)をつくり，その中に平衡石を納めている。水中で傘が傾くと，傘のパルセーションにより正しい姿勢に向け直すという立直り行動が引き起こされる。

脊椎(せき)動物には，重力ベクトルと回転加速度をそれぞれ感受する耳石器と半規管からなる左右一対の内耳がある。原始的な脊椎動物である円口類（ヤツメウナギなど）の内耳は，一つの耳石嚢と一つのループからなる半規管から構成される。脊椎動物の進化した種では耳石嚢は三つに分かれ，半規管も三つのループを持つ。

耳石嚢は，重力ベクトルの感受がおもな機能であるものと，振動や音の感受に特化していく耳石嚢に分かれ，聴覚を発達させて音声による高度な交信を個体間で行う哺乳類では，一つの耳石嚢は蝸牛管(か)となって，広い音程での音声交信を行っている。三つの半規管は，頭部の回転を立体的な三つの軸の周りの回転として感受する。内耳は左右に一対あるが，これは，重力や回転による微弱な信号を熱的な雑音やドリフトから識別するのに，差動増幅して情報を取り出し，確実な感受機能を実現するのに有効である。

耳石器は，カルシウムなどの塩からなる密度の大きな耳石を感覚毛の上に載せている。頭部が重力ベクトルに対して傾くと耳石の及ぼす力で感覚毛が変形し，感覚毛にあるイオンチャネルの開度が変化する（**図6.3**）。これによりイ

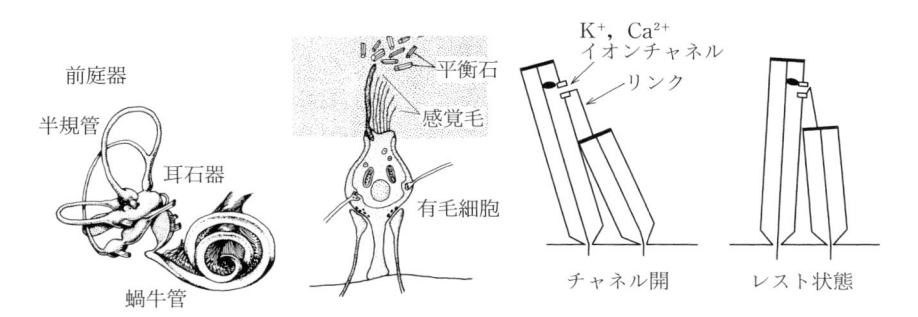

図6.3 動物の前庭器と感受のしくみ

オンが細胞膜を横切って移動し細胞電位が変化する。重力ベクトルに対する向きに従ってパルス密度の変調された信号が感覚神経細胞から送り出される。ちょうど原生動物の繊毛の動きが細胞電位により変化するのと逆の関係にある。

　神経中枢では，ほかの感覚器からの情報と統合されて，行動空間内での姿勢や運動が認識され，体の平衡を保つための運動器官へのコマンドが作成・送出される。耳石器と同じような感覚細胞が半規管の膨大部にあり，角加速度が感受される。角加速度が与えられると，半規管内のリンパ液がループに対して相対的に流動し，膨大部の感覚神経細胞の感覚毛が変位して感知される。

　耳石器と半規管の感覚神経細胞は大きく２種に分かれ，変化に対して迅速に反応するが，刺激が続くと早くに順応して刺激に対応する信号を出さなくなるタイプと，立上りは遅いが刺激のレベルに対応する信号を長い時間出力するタイプがある。速い反応を与える神経は，姿勢を調節する行動を起動するか否かの決定に関与し，正確なレベルの情報を与える神経は，行動が起動されたあとに制御の誤差検出に活用される。

　個体発生は系統発生をたどる。前庭器の器官形成もその例外ではない。両生類の胚や幼生では，まず球状の囊である耳胞が眼の原基のできる段階に形成される。その後，耳石が耳胞の中につくられ，半規管となるループができ，耳石囊も一つから二，三と分かれていき，幼生が孵化して遊泳を始めるのに合わせて前庭器の形態が仕上げられ機能し始める。カルシウムは内耳につながる内リンパ囊に集積されており，骨組織にカルシウムが取り込まれる前の段階に，カルシウムの主要な貯蔵庫として機能している。

　ハエなど飛ぶ昆虫では，異なったしくみによる平衡器を見ることができる。飛ぶための翼の根元に，先端の膨らんだ形状の平衡桿という器官がある。この平衡桿を振動させ，ジャイロスコープと同じ原理によって，飛んでいるときの姿勢の変化を検出する。平衡桿から得られる情報は，視覚情報と合わせて統合処理され，翼の動きが制御される。

　〔3〕　**空間定位と重力**　　前庭器は体の姿勢やその変化を感知して，姿勢を制御・維持するための感覚器官である。視覚は行動空間やその中での姿勢につ

いて豊富な情報をもたらす．神経中枢では，空間認知にかかわる多くの感覚器からの入力情報が統合処理される．単に情報を統合するばかりではなく，感覚器とその処理系を相互に調節する回路が備わっている．前庭器からの頭部の動きの情報は，視野方向を変化させないために頭部の逆方向の動きを引き起こす．眼球の向きを変えることのできる動物では，前庭器からの情報により，眼球を左右・上下に動かし，あるいは頭部の動きとは逆方向に回転させる反応が見られる．

空間認知や姿勢制御にかかわる感覚は，前庭覚・視覚のほかにも，筋の紡錘(すい)体感覚細胞などからの情報による体性感覚や，魚やカエルでは振動を感ずる側線器，聴覚やコウモリなどでのエコーロケーション，さらには渡り鳥などの航行にかかわる磁場感知など生物種によってさまざまなものがある．重力は，空間認識において絶対参照の座標軸を与える．

重力情報を遮断することのできる宇宙で，前庭器からの情報と視覚情報などの相互作用が解明されてきた．重力感覚情報が失われることにより，中枢での感覚情報の統合過程が混乱して宇宙酔いをもたらすとの仮説が宇宙動揺病の原因の一つとして提唱されている．異なる環境に曝露されると，情報の統合を行う神経系の働きやそのしくみが変更され，新しい環境に適応していく．宇宙動揺病といった病態も，数日の適応時間を経て消失していくのが一般的である．

ある発生段階で視覚情報を遮断して発育させた動物は，そのあとに光を与えても視覚認知する能力は失われたままとなる．感覚器への入力がない状態で，感覚器そのものの発達が発生過程でどのように変容するかを調べることは，重力生物学の重要な課題である．前庭器への感覚入力を与えないと，神経中枢で情報統合に関与する神経ネットワークの発達が阻害されるか否かを調べることは，神経系の発生・発達や可塑性について明らかにする研究の一つの対象となっている．

6.3.3 植物の進化と重力

〔1〕 **植物の陸上への進出**　　光合成の起源については，地球上の生命の始

まりともからみ，つぎのような仮説が提唱されている．深海底の熱水噴出孔の周辺で原始的な生命体が活動していたとして，噴出する高温の熱水から輻射光として出力される赤外部の波長の光のうち，水により吸収の程度が小さくて少々離れた部位から熱水のありかを見るのに適した光を感ずる色素を使い，その光の方向へと泳ぐような（赤外）光走性を獲得した種が選別された．生命活動のエネルギー源は海底から噴出する熱水の中に含有されるイオウ化合物などである．そのような生物がたまたま海の表層方向に泳ぎ上がり，光走性のために保有した色素を転用して，光による色素の励起をもとに生合成反応を駆動するエネルギー移動のしくみを生体膜構造の中に実現したのが光合成である．

　熱水噴出孔といった局所的な化学的非平衡を糧としてきた生物は，太陽光というエネルギー源を活用する能力を獲得して，棲息場所の制限を緩和し，また効率的な生命活動を可能にした．光合成能の獲得は生物圏を広げ，さらに進化したシアノバクテリアはその光合成の産物として酸素を大気中に供給した．このような地球大気の生命現象による改変は，太陽光の短波長成分を吸収して，陸域を含めた地球表面全域に生物の棲息を可能にしていく．光合成に関与する色素も，その対象が水中の長波長光であったり，あるいは二酸化炭素が主成分の大気がもたらす赤い空の色に対応した作用スペクトルを持つ色素から，より短波長側にピークを持つ色素に変化した．

　光合成能を持つ生物体を細胞内に取り込み共生することにより始まった植物細胞は，ボルボックスのようにいくつかの細胞が群体を形成し，さらにいくつかの種類の細胞への分化を進め，複雑で大形の植物体をつくってきた．植物が水中から陸上へ進出するには，乾燥に耐えるしかけをはじめ，気孔による蒸散や気体交換の制御，維管束による水や物質の輸送系と，また自重を支え形態を保持する機械的な支持系を発達させることが求められた．乾燥などの厳しい環境条件に耐えるしくみを持つ胞子や種子をつくり，発芽するのに適した環境が得られるまで休眠状態を維持する．

　植物は一般に発芽して根をおろし，移動することはない．移動能力なしに多様な環境に適応するために，植物は多様な遺伝子情報を準備し，個体ではなく

6.3 生物の形態・機能と惑星環境

種のレベルでさまざまな環境やその変化に対応するという戦略をとった。そして昆虫などとの共生的な関係を発達させて，遠隔の個体間に遺伝情報を伝えたり，種子を広く散布させる．

〔2〕 **植物の重力屈性**　重力は陸上に進出した植物にとって，光に次いで重要な環境要素である．光合成を行わない菌類（キノコ）でも重力を手がかりにして生育方向や形態を決める．特に発根初期の幼根の成長には光は関与せず，重力は水分など他の要素とともに幼根の伸長方向を決める環境要素である．植物の根での重力感受部位は，根の先端部に近い根冠である．根を傾けると，およそ30分から1時間後に，根の先端が下方に向くように根は屈曲し始める．屈曲する部位は，根の先端から3〜5 mm上方の部分であって，根冠近くで盛んに細胞分裂の起こっている部分からは離れ，分裂を終えた長さが伸びる伸長域である．このように重力屈性は，重力の感受，情報の伝達，そして屈曲の発現という三つの過程が関与する．

根冠部での重力の感受は，細胞の中の比重の大きなアミロプラスト（デンプン粒）がつくられ，これが沈降することによりなされる．重力ベクトルの情報が沈降するアミロプラストから，細胞骨格を介して小胞体に伝えられる．細胞内で根の中心軸から離れた側に小胞体を配置しているのが，重力の感受のしかけになっている（**図 6.4**）．細胞膜上にはカルシウムイオンや植物ホルモンの一つであるオーキシンを細胞内から外へ能動的に輸送するポンプがあり，重力情報に従ってこのポンプが駆動される．根が傾くと，根冠部の軸中心から外周

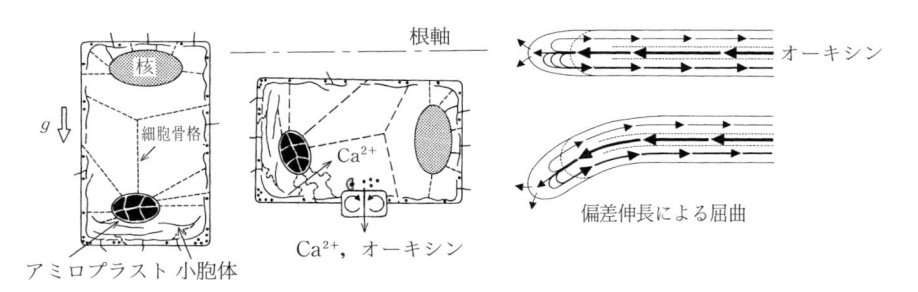

図 6.4　植物の重力屈性の機構

方向へのカルシウムやオーキシンの輸送量が傾いた上下で不均衡となる。その結果，重力の情報がこれら化学種の濃度の差に変換される。

伸長域では，根冠部からカルシウムやオーキシンの濃度としてもたらされた情報により，傾いた根の上部で下部より細胞壁が伸びやすくなる。細胞内の浸透圧による膨圧によって細胞は伸長するが，細胞壁の伸びやすさの差によって偏差伸長が起こり，根は下方へと屈曲する。

細胞壁に含まれるセルロースファイバは，細胞の周りをらせん状に取り囲むように配置している。セルロースファイバの長さを伸ばすには大きな力を要し，細胞のかたちを決めるのに役立っている。植物細胞の細胞器官の一つに液胞がある。液胞は物質の貯蔵庫として機能するとともに，他の細胞器官や細胞質の量はそのままにして液胞部を大きくすることにより細胞を大形化するといった機能がある。

セルロースファイバなどで構成される強固な細胞壁と細胞内の膨圧を組み合わせることにより，細胞の形態が定まり，その細胞の集合である植物体の形態が決められる。そして，環境要素に従って植物の形態を最適化するために，細胞の大きさや形態を調節する機能が組み込まれている。その一つが，細胞壁の中でらせん状のセルロースファイバの間を埋めファイバの間を架橋するしかけである。隣り合うファイバを架橋する化学的な構造や性状が細胞壁の伸長しやすさを決める。

セルロースファイバの長さは一定のまま維持され，らせん状に巻いたファイバのピッチの間隔を変えることにより，細胞の大きさ，形が決まる。カルシウムイオンは架橋する結合の度合を制御するし，オーキシンや水素イオンの濃度もまた架橋する分子の性質に大きな影響を与える。細胞の伸長度合いの制御は，このように細胞壁内のファイバ間の架橋部分の物理・化学的な支配を通してなされている。

細胞の伸長方向は，細胞分裂後の植物細胞が細胞壁をつくる過程で，セルロースファイバの配置をどのように準備するかで決まる。細胞壁でのセルロースファイバの合成は，細胞壁の内側に接する細胞膜に微小管（繊維状のタンパ

ク)がどのように配置されるかに支配される。新しい細胞ができ,細胞膜近くに微小管が配置されると,それに沿って細胞壁中にセルロースファイバが合成されていく。根の伸長域の細胞では,根の軸方向に巻くらせん構造の微小管がつくられ,それに規定されてセルロースファイバが細胞壁の中に合成される。根の軸方向に微小管のらせん構造の軸の方向が向くことが,根の伸長する方向を決めている。

　ウリ科の植物が堅い種皮を破って発根するときに,根の基部にこぶ状の形態ができて種皮をその部分で押さえて子葉をその中から引き抜く。この組織をペグと呼ぶが,種子の中であらかじめペグのできる方向が決まっているのではなく,種子が発芽するときに下側になった部分に形成される。これは重力の感受により形成されるもので,感受はアミロプラスト,情報の伝達はオーキシンによる。

　こぶ状の組織が形成される源は,細胞壁のセルロースファイバのらせん構造の軸が径方向に向くことにある。その細胞が伸長すると,こぶ状の形をつくるように径方向に肥大する。微小重力下ではペグが2方向ともに形成されることから,重力の情報は上側になる部分でのペグの形成を抑制する作用があることがわかる。

　重力による植物の形態の制御は,根においてみられるばかりでなく,地上部の形態も重力によって支配される。地下部での重力に対する反応も単に重力を手がかりに下方に根を伸長させるばかりではない。ハスの根は重力ベクトルと垂直方向に成長するし,トウモロコシの根では,光に当たらない限り重力に対して反応しないという光重力屈性を示す。根が下方向に伸びるばかりでなく,地上部に根が出ない限り横方向に広い範囲に根が伸びて,植物体周囲の資源をより有効に利用しようという戦略をとる。

　形態をつくり維持するのに骨格系を発達させる動物の基本戦略とは異なって,植物は細胞を積み上げて植物体の構造をつくる。一つ一つの細胞を見れば強固な細胞壁で細胞を囲み,浸透圧を高く維持することにより,細胞の膨圧を生み出して構造部材の単位を構成する。維管束組織では肥厚した細胞壁を残し

て細胞の内容が失われ，植物体内の物質やそれに搬送される情報の導通系として機能する．樹木の構造を支える木繊維も，細胞壁としてまずはつくられる．

細胞壁を構成する分子とその存在形態は，細胞壁の機械的な性質を決める要素である．樹木の細胞壁に特有な物質であるリグニンは芳香環を含む化学種であり，そのために分子の形状の2次元的な自由度を制限して固い機械的性質を細胞壁に与える．細胞壁でのこれら分子の存在比が重力の有無により左右されることは，木本植物の芽生えを用いた宇宙実験で示されている．

また樹幹が鉛直方向から傾いたり，枝が斜めに伸びる際に，あて材という木部組織が発達してその部分に加わる応力に対抗する．このあて材の形成も，重力を受容しての反応である．重力による植物の形態・組織の制御が，どのような遺伝子情報に基づいてなされているのか，情報の入力から細胞内での情報を表現するコードへの変換，伝達される情報に従って細胞壁の物理的性状を変えるのに関与する分子が解明されている．

6.3.4 生物体を取りまく輸送現象

生物の進化の一つの方向は大形化である．単細胞から多細胞へと進化し，代謝のしくみも変化させることにより代謝速度を相対的に増大させ，より高効率な活動を可能にする．生物体周囲の熱・物質の輸送現象は重力の有無によって大きな影響を受ける．しかしそれは，現象のスケールや関与する物質の特性によっている．例えば，細胞内の物質や熱の輸送は分子的な拡散過程によって支配される．細胞表面への酸素や代謝基質の輸送，細胞内での代謝物質の輸送，細胞が受容した情報を運ぶ物質や，それにより発現した遺伝子の生み出す情報分子の細胞内での拡散速度などが，細胞の物理的な大きさの上限に一つの制限を加えている．

その制約を越えて大きな細胞をつくるには，エネルギーを消費しての能動的な輸送のしくみを細胞内につくり，細胞質流動によって物質を輸送する．生物体の大きさをさらに大きくするには，多細胞の体をつくり，物質や熱の輸送を行う循環系といった器官をつくる．このようにして，拡散過程による支配から

生物は解放される。

このような生物体の大形化は，同時に，重力による対流現象が顕著なスケールとなることでもある。重力の影響は，密度の違いに基づく対流を引き起こすばかりでなく，ほかにもさまざまな巨視的な現象に関連している。

このような重力の支配する環境において，生物はそれに適応し，あるいは積極的に利用して生命活動を営んでいる。異なる重力環境に生物が曝露されると，これら重力に依存する現象やそれに対応した生物の機能がどれほどの重要性を持っているのかが示される。

6.3.5 重力と動物の体の構造・機能

生物体は，機能分化した細胞により多くの器官がつくられて，一つの生物体としての統合された生命活動を営んでいる。そんな中で，動物の形態を支持するという機能は，大きく分けて三つの方式によっている。一つは静水骨格系であり，柔軟な体腔壁を持ち体液をその中に満たして体腔内の圧力を高めて体のかたちを維持したり変えたりする。形態支持の他の二つは外骨格および内骨格である。特に陸上への進出にあって，重力に抗して大きな体の重量を支え形態を維持しながら運動するといった要求によく応えるために，キチンやカルシウム，ケイ素を含む固い材料で骨格をつくった。

骨の構造には，その機械的な特性を優れたものにするよう，多くの工夫がなされている。一つは，骨のパイプ状断面であって，限られた資源で十分な強度を得ている。関節部の形状とその機能も特筆すべきである。骨の内部断面を見ると，応力線に沿うように海綿状の構造がつくられている。成長した骨であっても，破骨細胞と造骨細胞の働きによって，必要あれば骨の性状や形態の変更がなされる。

骨は，重力に抗して体の形態を維持したり運動に関与する肢などの骨と，頭骨のようにそのような負荷のかからない骨の2種に大きく分類できる。機械的な力の負荷がかかる骨では，そのような負荷がかかった状態で発生する圧電現象が骨の強度を増すようなプロセスを促進し，逆に負荷がなくなると骨は脱灰

して機械的な強度が減ずる。

　重力が直接的な影響を骨細胞自体に与えるか否かは，ヒトの宇宙滞在が不可逆的な障害をもたらす可能性もあるので，精力的に調べられてきた。骨の培養細胞を用いた実験の結果，微小重力状態では破骨細胞および造骨細胞の双方の活性が，それぞれ増大および減少するのが，遺伝子の発現を含め詳しく明らかにされた。細胞が重力を受容して，それに応じた遺伝子を発現させる細胞内の分子的しくみもわかりつつある。

　体の形態を支え，あるいは体を動かし移動運動するための筋細胞は，その機能と特性からおよそ3種に分類される。一つは，瞬発的に大きな力を生み出す筋細胞であり，収縮のエネルギー源であるATPの分解を行う酵素の活性が高い。しかし，嫌気的な代謝に依存するために，持続して力を出そうとすると，その代謝産物である乳酸が蓄積してすぐに疲れてしまう筋細胞である。これと対極をなすのが，酸化的な代謝により，収縮速度は小さくまた力は小さいものの持続して力を発生する筋繊維である。酸素が潤沢に供給されることが求められ，ATPを産出する細胞器官であるミトコンドリアの密度も高く，このために筋繊維は赤色を呈する。

　このほかに，早い収縮はするが疲れにくい代謝回路も持つ中間的な性質の筋細胞もある。持続して力を発生させる筋繊維は，重力に抗して体重を支え形態を維持する筋や，連続して運動する筋に密度高く含まれている。

　筋繊維のタイプは固定されたものではなく，負荷の変化により適応して各タイプの比率が変わったり，筋細胞の断面積や筋の構造が変化する。微小重力状態においては，抗重力筋での筋繊維のタイプが速い収縮を得意とするタイプに代わってしまったり，筋全体が萎縮する。微小重力環境への曝露期間が長くなると，筋の変化が継続して起こる。地上への帰還後に再適応してもとの状態に戻るか否かは，骨の変化と合わせて，まだよくはわかっていない。骨細胞のように，筋細胞へも重力の細胞レベルでの直接的な作用があるのか，あるいは単に廃用性の萎縮や変化であるのかを明らかにしようと精力的な研究がなされている。

6.3.6 宇宙環境と遺伝子や免疫

　宇宙での生物学の初めのきっかけは，宇宙環境へのヒトの曝露は安全か否かを判定するところにあった。地球の大気圏外には，地球の磁場により捕捉された荷電粒子からなる放射線帯がある。さらに，地表では太陽や銀河系起源の重粒子，高エネルギーの宇宙線は大気層や磁場の効果により遮蔽・低減されている。宇宙では，このような高エネルギーの重粒子線による障害を受ける危険がある。さらに微小重力という地球上の生物体が経験してこなかった環境である。たとえ基本的な生命維持のための環境要素を維持できるよう予圧した有人宇宙船内であっても，宇宙飛行に特有な環境要素の生物学的な影響は，多くが不明であった。微小重力についてみれば，いくつかのモデルを用いた実験から，無重力そのものは遺伝情報を大きく乱す変異原ではないということが示された。

　一方，宇宙放射線は，地球表面での自然放射線や実験室で生成できる放射線とは粒子の荷電やエネルギーの異なる放射線種を含んでいる。このような宇宙特有の線質による生物学的効果がどのように変わるかが調べられてきた。生物学的な効果は物理的な線量に対しておよそ1次の依存性を示す。基準となる線質の生物効果の係数と比較して相対的に大きいか，生物効果を与える機構や障害の現れ方が線質によって異なるのかということが興味の中心の一つである。

　放射線などによる遺伝子の障害は，細胞にとってそれが致死的であって障害を受けた細胞が除去される場合と，変異が固定されてその細胞が増殖し，例えばがん細胞に変化する場合に分けられる。生物個体への危険性の高い障害は後者であり，放射線に被曝した直後に現れず晩発性の障害であったりすることから，その評価には慎重さが要求される。

　遺伝子の分子鎖の切断や誤った複製が起こっても，それを修復する機構が細胞には備わっている。これが宇宙放射線による遺伝子障害の類型に対しても有効であるかが問題となる。また細胞内での遺伝子修復の過程は，微小重力や過重力環境に細胞が曝露されると抑制される。いくつかの発生段階にあるナナフシの卵を用いて，放射線と微小重力の相乗的な作用を調べた実験では，細胞分

化と器官形成が始まる時期に微小重力による修復阻害の効果が大きいことが示された。細胞分裂からつぎの細胞分裂を準備する細胞周期を見ると，遺伝子の修復を行う時期が特定されている。特定の発生段階の胚では修復するだけの余裕がなく，障害が固定される。修復の分子的な機構の理解が進んでいることもあって，修復過程に対する重力の効果は解明が待たれる。また，過重力環境で遺伝子の変異の頻度が増大するという，従来の理解とは異なる発見もなされている。

単独の細胞レベルでの放射線の直接的な影響のほかにも，個体レベルでのストレス反応の一部として遺伝子障害がもたらされたり，あるいはその修復が阻害されるといった効果も見積もる必要がある。地球上の生命活動とその進化が大気中に酸素を高濃度に蓄積して，大気上層にオゾンを生成して太陽光の短波長成分を吸収することにより，遺伝子を紫外光から防御して水中から陸上へと生命圏を広げた。それはより効率的な生命活動を可能にしたわけだが，同時に，酸素は細胞内で過酸化化合物を生成して遺伝子の障害要因をつくっている。地表での自然放射線と過酸化物の遺伝子への影響を比べれば，過酸化物の効果が優越している。宇宙放射線の生物影響を考慮する際も，過酸化物が与える効果と定量的に比較し，危険度の評価がなされるべきである。低線量に継続して被曝すると，免疫系の活性が増進してかえって健康状態は良好になることも知られている。

細胞内の分子的な過程や細胞器官の配置に対する重力の影響は，一つの細胞の中から，細胞と細胞の間の相互作用へと展開・拡大される。発生での細胞分化や器官形成や，一度形成された器官が失われた後の再生現象では，細胞と細胞の間で情報が交換される。多くの実験から，現象を支配している化学的な相互作用を直接に重力が修飾することはないように見える。免疫系は，初期の宇宙飛行で宇宙飛行士の免疫機能が低下することが報告され，個体から細胞の階層でなにが免疫機能低下の原因であるかが精力的に調べられた。細胞の形態や基質に付着するか否かが，免疫活性に関する遺伝子の発現の回路での一部の機能に影響する。ただし，この免疫に限定されることではないが，宇宙環境の生

物影響は統合された生命体の総合的な反応として理解する必要がある。

6.4 宇宙での生物工学

　微小重力をはじめとする宇宙環境の技術的あるいは工業的な利用の一つの領域として，生物工学，バイオテクノロジーがある。宇宙環境の特異的な生物影響により，地上では得られない生合成物を得たり，あるいは結晶化や分離精製などで宇宙環境でのみ実現可能なプロセスを適用することにより，宇宙環境の特質を利用する。第二のアプローチは，宇宙で得られる知見を取り入れて地上の研究開発を進めるという間接的な利用である。

　これまでに取り上げられてきた事例は，生体分子や医学薬学的に注目される分子の結晶化や，無沈降や無対流の条件を活用する生体分子や細胞などの分離精製，さらに宇宙放射線の利用といったものである。

6.4.1　生体分子の結晶化による機能の解明

　生理的な機能を有する分子の結晶をつくり，その構造を解析して分子の高次構造を明らかにする。生体分子の構造は生体内でその分子が実現する機能に関連している。構造と機能を分子のレベルで理解することが，医薬品の分子的な設計やそのほかの応用に重要な知識を与える。生体分子の多くは巨大な分子である。生理的に機能するタンパク質分子がまず初めに取り上げられた。

　タンパク質分子は，遺伝子の核酸配列で指定されるアミノ酸分子をつぎつぎに縮合して1列に並べた鎖状の巨大分子である。このアミノ酸配列を1次構造と呼ぶ。この分子鎖をつくる原子間の結合が共有1次結合であると，その結合軸の周りに分子を回転することが可能で，分子鎖のいくつか可能な形態の中から特定のらせん状の形態が選ばれる。この構造を2次構造と呼び，さらに局部的な2次構造がつくるらせんのとぐろを巻いたような構造として3次構造，いくつかの3次構造のユニットが組み合わさった構造である4次構造が定義される。

分子のコンフォメーションは 3 次構造以上を指す概念である。生体分子の機能の多くは，分子のコンフォメーションやそれが動的に変わるといった特性から説明される。特定の分子間相互作用に関与する官能基が巨大分子の表面の特定の場所に配置されたり，あるいは巨大分子の内部での変化が分子のコンフォメーションの遷移として現れたりする。生体機能をこのように実現する分子は，多数の構造の可能性の中から確実に生体機能に結びつく構造を生体内で選びとるという特質を持たない限り，生命の進化の過程でその分子が選ばれ永続してきたことはない。

分子を特定の繰返し方で空間に配置したときに，熱的な揺動により分子をランダムに配置しようとする傾向にうちかって，分子と分子の間の相互作用がその構造を安定なものとする場合に結晶が形成される。すべての物質が結晶相を与えることはなく，生体巨大分子には容易に結晶の得られないものもあり，また生体内で機能しているときの構造と結晶構造をつくる分子の構造が一致する保証もまたない。結晶を生成できる分子では，繰返し構造の諸定数を X 線などの回折現象により観測して，分子の立体的な高次構造を調べることができる。

微小重力環境で生成した結晶の品質は高い傾向があり，宇宙環境利用の有力な分野として期待された。生体分子は水分子や膜構造を構成する分子との相互作用が顕著である。生体分子の結晶は，水分子を多く含みまたもろく，結晶が大きく成長すると重力下ではそれ自身の重量により結晶内にひずみが発生して，結晶品位が劣化する。このような結晶品位の劣化は，構造解析の精度に大きく影響するため，宇宙での結晶化は優位となる可能性がある。

宇宙での結晶化の対象とされてきたのは，酵素であるタンパク質に始まり，生体膜中に含まれさまざまな機能を担う膜タンパク質や RNA といった多岐にわたる物質である。興味ある生体機能に関連する分子の大きさは大きく，そもそも液中に溶解させることや，結晶化そのものが困難であるものが多い。また，分子が動的に構造を変化させるのが生体機能を実現する重要な要素であることもある。

原子間力顕微鏡などの新しい技術は，結晶を生成させることなく単独の分子を観測対象にして，官能基の配置などの情報を推定することを可能にしている。計算機の能力は向上しており，非経験的方法で分子の高次構造を推定する方法が発展している。軌道放射光による結晶構造解析では，分析する結晶への要求条件も以前とは変わっている。このような状況のもとで，宇宙での生体分子の結晶生成への期待は大きな変容を遂げている。

6.4.2 生体分子や細胞の分離・精製

重力環境下では，液体と密度の異なる巨大分子や細胞などが液中で沈降あるいは浮上したり，温度や濃度が液中で変化するときに対流が発生する。微小重力環境ではこれらの現象に邪魔されることなく，生体分子や細胞を操作することができる。宇宙での生物科学実験やさらには大規模な生体工学的な生産に適用する分離精製プロセスの一つとして，微小重力環境の特質を活用した電気泳動法が注目され，精力的な研究開発が実施された。

電気泳動法は，分子や細胞を，それらの液体中での荷電状態と形状が決める輸送係数の違いにより分離する方法である。タンパク質分子など正イオンにも負イオンにもなりうる両性化合物やそれを含む物質の水溶液中での荷電状態は，水素イオン濃度に依存しており，pHの値により正，無，負と変化する。水素イオン濃度勾配を液中に形成しそこに電場を印加すると，両性化合物は荷電状態にある限り電場中を移動する。その物質を非荷電状態にするpHの場所に到達すると電場が印加されていても移動しないために，泳動層中のpHの勾配に従い等電位点の順に物質が分離され，この方法を等電位点泳動法と呼ぶ。

このように，電気泳動法は液中の荷電した分子や細胞を電場を印加することにより泳動することを原理としているので，電解質を含む液中に電場を印加することが必須であり，これにより液中に電流が流れ発熱し，温度差による対流が発生する。巨大分子や細胞を分離しようとするときには，液とそれら分子や細胞に密度差があることが一般的であり，自由流体中では分離しようとする物質が沈降したり逆に浮上する。これらは分離や精製に対して攪乱要因となる。

ゲルなどのマトリックス担体を用いれば，溶媒の自由な流動を抑制して，分離性能を向上させることができる。泳動特性の異なるのを手がかりにして，混合物質を分離・分析するならば，泳動する物質の量は少なくてよく，マトリックス担体を用いる方法は適している。しかし，物質を精製・分取して，引き続き他のプロセスを続行するといった電気泳動法の利用形態では，分離精製する物質量は多いために，担体を用いる泳動は不適切である。そこで担体を用いることなく，分離用の液体の流れを形成しておき，その流れの中に連続的に原物質を流入させて分離精製する方式が提唱された。

取り扱う物質の量を大きなものとするために泳動槽の断面積を増加させると，先に述べた重力による擾乱は顕著になる。このために，地上での無担体泳動装置の物理的なスケールには上限がある。重力の擾乱がない宇宙では，分離精製の性能は上昇するのではないかという期待が，宇宙での電気泳動実験を進めてきた。

宇宙での実験結果は，分離性能を劣化させる要素が重力以外にもあることを明瞭に浮かび上がらせた。すなわち泳動槽の内表面に同種のイオンが吸着することにより電気浸透圧が発生して分離性能を乱したり，泳動槽内の流れについてみれば，壁上に境界層が発達し泳動槽断面において一様ではない流速分布が形成されて分離パターンを複雑にする。それぞれの擾乱効果が見積もられ，あるものは対策がなされた。分離精製技術への宇宙実験の貢献は，重力以外の多くの擾乱要素が明らかとなり，それらの定量的な評価が確立されたことである。

等電位点泳動法については，地上で円筒状の分離泳動容器を水平におき，円筒の軸周りに回転させて擬似的な微小重力状態を生成する装置が考案された。さらに流れの擾乱を回避するために，円盤状の多数の邪魔板を分離容器内に配置するといった工夫がされて，地上の実験室で広く用いられている。

水は双極子能率が大きく，また水素結合による強い分子間相互作用を示す分子と特性づけられる。水の中に溶解される分子は，このような水分子とよく相互作用することができる分子でなくてはならない。したがって水中の溶質分子は，イオンであったり強い極性分子であることが一つの要件となる。生体を構

成する巨大分子や細胞は荷電状態をとることが多い。細胞や生物体は細胞表面の電荷や電位によりその情報を表現しているし、また情報伝達物質も媒質たる水の中を輸送され、情報受容部位との相互作用は立体化学的に特異化された静電的あるいは水素結合などの化学結合性の相互作用であることが一般的である。

しかし、分子や細胞の性質は、荷電状態や大きさばかりではない。例えば表面の特異的な化学構造や官能基の配列などは、生理的な機能により密接に関連する特質である。これらの特質に着目した分離・精製方法は、例えば一つ一つの細胞の発する蛍光が含む情報を識別し細胞を分別する細胞ソーティング（分別）として実現されている。宇宙におけるこの分野の研究の方向の一つは、細胞や生体高分子を直接操作するために、重力の有無がどのような得失に結びつくかを、電気泳動に限定されない広い応用分野と方法を取り上げて明らかにする研究である。第二の方向は、宇宙での生物工学的な生産活動や研究活動の周辺支援技術を開発し準備するもので、その技術そのものは重力や宇宙に特異的なものではない。

6.4.3 宇宙での育種

宇宙放射線は、その線種において高エネルギーの重粒子を多く含み、地上では容易には得られない成分がある。植物の種子などを地球周回軌道で宇宙放射線環境に曝露し、新しい形質を生み出そうとする試みがなされた。突然変異は、遺伝子情報がなんらかの要因で変化して新しい形質が生み出され、それが安定して維持される現象である。遺伝子の変化は致死的であったり、必ずしも優れた形質を与えない。しかし、自然にもある頻度で起こる突然変異は生物の多様な種を与えてきた。人為的に突然変異を誘導し、その中から人間にとって価値の高い形質を持つ生物体を生み出すのが育種の一分野である。

宇宙放射線による突然変異は、他の線種や変異原により与えられるそれらと様相を少しばかり異にする。宇宙における育種ともいうべき着想には、他の人為的な変異の方法に比べて、宇宙という肯定的なイメージを育種に与えることができる。宇宙へのアクセスが稀少であって、さらにその変異が宇宙に由来す

ることを識別できる場合には，稀少性という価値が付与される。

6.5 有人宇宙活動

人が空を飛び，さらに宇宙に飛翔しようとする欲求は，未知なものへの好奇心の一つとして，肯定的にとらえられる。宇宙活動の大きな部分は，宇宙を飛びたいという人々の支持によって進められてきたといっても過言ではない。宇宙での生物科学の歴史を見ても，その初期には有人宇宙飛行がそもそも可能であるかどうかを判定し実証するために開始されている。地球からの脱出あるいは帰還時に経験される大きな加速度や振動，宇宙放射線や微小重力，宇宙空間での磁場など，地球上で進化し，地球の惑星環境に適応してきた生物，特にヒトが，宇宙で経験する多くの非地球的な環境にどのような反応を見せるかが，有人宇宙活動を進める前段に研究・評価され，宇宙飛行は安全であることが実証された。

国際宇宙ステーションにおいても，有人火星探査計画を念頭におき，2年以上の長期の宇宙飛行や地球以外の天体での滞在がヒトの生理に与える影響や，飛行後に地球の環境に再適応することができるかどうか，さらに心理的，文明的な問題の検討がなされようとしている。星間飛行といったいく世代にもわたるミッションでは，多様な要素から構成される組織が，効率ではなく安定性を評価の基準として選びとられる。

6.5.1 生命維持システム工学

有人宇宙活動を支える技術の体系は，宇宙空間や他の天体上に人間が活動できる環境をつくり出し，それを制御・維持するという目的のもとに組織される。生物としてのヒトの生命の維持を対象とする工学と技術体系の中心的な内容は，生命現象を営むための物質の供給，代謝産物の処理，物理・化学的な環境要素の制御，微生物相など生物学的要素のモニタや制御などである。地球上では，無尽蔵ともとらえられる資源の量や，大きな容量と恒常性機能を持った

6.5 有人宇宙活動

調節が，所与の前提として生命活動に与えられる。

宇宙での生命維持システムでは，生命活動にとっての後背地の大きさを極端に切りつめ，自然の自律的な調節の代わりに人工的な制御でおき換えることが要求される。このような条件のもとに宇宙での生命維持システムを設計し運用すると，その困難さが示され，ひるがえって地球で後背地の果たしている役割とその重要性が認識される。一方，人間の活動は地球規模の大きさに達し，地球のさまざまな環境が人間の活動によって影響されている。おおまかにいって，地球の生物圏のエネルギーや物質流の 10 ％が人間の活動に関係している。

このように地球上での資源の有限であることが意識されると，宇宙での生命維持システムは，人造物による環境制御や生命維持の工学的な問題の所在を示すのに格好の素材となった。宇宙船「地球号」というキャッチフレーズは端的にこれを現している。

生命維持システムの構成は，地球からの補給のしやすさやミッションの規模・期間に応じて，いろいろある。物質は使い捨てとして環境要素の物理化学的な制御のみを行うだけのものから，天体そのものを居住可能なように改変するために，ヒト以外の微生物，植物，動物を含む生態系を天体上に形成するといった広壮な構想まである。使い捨てか再生循環かのトレードオフは，ミッション期間での消耗物質量の積算値と，物質の再生に要する装置の大きさを比較することでなされる。

ただし，こと人間の生命維持システムでは，その信頼性の評価が優先される。このために，冗長な系の構成が求められたり，多様な原理を組み合わせることで致命的な障害の発生を回避する。極相にある生態系は，多様な生物種から構成され，低い生産性とひきかえに高い安定性が実現される。地上での農業は，このような自然の生態系に対比すると，人工的な系を構成して効率の高い生産活動を行うものである。地上農業が非購買的に取り込んでいるエネルギーや物質の後背地とその自然的な制御機能を，宇宙での農業ともいうべき生命維持システム工学ではすべて明示的に規定する必要がある。生命維持のための物質の供給，再生循環について見るとつぎのようになる。

地球規模で生命活動に伴い循環する水の量は，他の物質に比べて格段に多い。水は植物での生合成に反応物として関与するほかに，葉からの水の蒸散と根からの吸水は植物体内の物質輸送の原動力となっている。地上で人間が衛生そのほかで使用する水の量はおよそ1日一人あたり200 kgにも達する。水を再生循環して利用することができれば，宇宙システムでの消費物資の重量をおおいに軽減できる。ただし，スペースシャトルでは水素と酸素による燃料電池が電力を供給する副産物として豊富な水を与えることや，ミッション期間が短いことから，水の再生循環はされていない。限外ろ過膜などによる物理・化学的なプロセスがいくつか設計され，その機能が試験されてきている。

無視することのできない要素の一つは，再生水を飲用することへの心理的な抵抗である。膜をはさんで未処理の水が接する様式への拒絶感は強く，飲料水の再生利用では，一度水蒸気か，さらには原子のレベルに水の相を変換することが考えられている。

二酸化炭素と酸素は水に次いで循環量の多いもので，ヒトは1日あたりおよそ0.5 kgの二酸化炭素を代謝産物として産出し，およそ同じ量の酸素を消費する。小規模で短期のミッションでは，酸素をその貯蔵系から供給し，二酸化炭素を使い捨ての吸着剤に吸収し，それぞれの分圧・濃度を生命維持から要求される分圧・濃度範囲に制御する。ミッション期間や規模が大きくなると，二酸化炭素の吸着剤を減圧したり加温して，二酸化炭素を脱着して吸収剤を再生利用する。つぎの段階は，二酸化炭素を化学的に酸素へと変換して再生利用する概念であり，さらに藻類や高等植物を用いて酸素および食糧を得ることが構想されている。

地上での生態系では，物質流や環境の制御の大きな部分は，生態系を構成する生物種や個体の間でのさまざまな相互作用や環境変動への適応によっている。宇宙における生命維持システムの制御機能の一部を，このような自然的な生態系の制御にまかせることの適否の判定とシステム構成の最適化は，生命維持システム工学の中心的な内容になっている。

無機イオンや希少な元素・物質の再生循環は，よほど規模が大きなミッショ

ンでなければ必要とならない。しかし，生理・生態的な機能やその調節にかかわっていることがあり，濃度を一定の範囲に制御することが求められる。

6.5.2 宇宙医学の課題

　宇宙医学は，宇宙飛行や他の天体上での人間の活動，さらに地球への帰還に際して，ヒトの身体に病態的な変化が懸念されるときに，その危険度を評価して基準を定めたり，危険の予防や生理的心理的な状態を監視し，病態的変化があったときの対策を講ずる。月や火星への有人ミッションを前提にして，宇宙医学が取り組むべき課題を摘出し，さらにそれぞれの緊要度を分析することも求められる。目標を設定し，それを達成するためにはなにがクリティカルパスであるか，宇宙医学の分野で明らかにされている。人体への宇宙環境の短期的な影響は，スペースシャトルなどで宇宙飛行士を被験者とした研究や動物モデルによる実験で調べられてきた。長期の人体影響や地球環境への再適応については，ロシアの宇宙ステーションミールで宇宙飛行士が1年以上滞在して，実証的な結果が得られている。現在運用されている国際宇宙ステーションも，そのつぎのステップである有人火星ミッションのために，宇宙飛行士や動物個体を対象にした研究・開発の舞台である。

　宇宙環境の人体への影響で医学的に懸念される現象は，秒のオーダから数日といった短い時定数で出現し，その後は宇宙環境に応じた順応を見せる現象や，時間の経過に従って一方向的に変化し，地球に帰還後も地上環境に再適応できず，もとに戻ることのない現象まで，きわめて多様である。地上で体重を支えている筋や骨に微小重力下では負荷がかからないために起こるそれらの廃用性萎縮や脱灰が不可逆的に進行するのかどうかは，その防止策を含めて重要な問題である。重力が細胞のレベルに1次的に作用するのか，あるいは重力環境下で加わる組織レベルでの圧縮や引っ張りといった力が関係するのかで，長期の宇宙飛行や他の天体上で活動する際に要求する対応策の根本が決まる。

　神経系の変化は，前庭器の機能や，他の感覚器から神経中枢への入力情報との統合過程に混乱が生じて嘔吐や悪寒など宇宙動揺病の病態を呈する。このよ

うな変化は数日の時間スケールで適応をみせ，障害から回復することが多い。自律神経系の宇宙環境での変化や適応過程など，さらに詳しく調べるべき課題も多い。

宇宙放射線の人体影響に関する課題は，宇宙線を特徴づける高エネルギーの重粒子やまた宇宙船内で2次的に生成される中性子の生物影響の程度と障害の特質が，地上での自然放射線や人工的な放射線に被曝した場合とどれほど違うのかを医学的に評価することである。微小重力自体は顕著な変異原ではない。しかし，地上での$1g$環境と異なる重力環境では遺伝子障害を修復する過程が抑制される。宇宙放射線の生物影響は有人宇宙活動の開始前から精力的に検索されてきているものの，晩発性のがんのリスクを宇宙放射線や宇宙環境が増大させないかを判定する知識はそれほど十分ではない。宇宙放射線にせよ，微小重力環境にせよ，高温環境などのストレス環境に曝露されたときと共通の反応が細胞や個体レベルで見られ，免疫系の機能の低下が引き起こされることがわかっている。

心理学的な課題は，宇宙環境そのものの影響というよりは，地上から隔絶された状態で少人数が閉鎖した船内で生活したり作業することに基づいた課題が注目されている。ミッション目的がよく規定された集団の心理学や，高い目的指向性をもとにする組織工学的な手法などがこれまでに対象とされてきた。有人宇宙活動の進展に合わせて，取り組むべき課題は大きく変容している。多様な文化的な背景を持つメンバーにより組織を構成したときの得失の見積りや取り組むべき課題の摘出などもなされている。これは国際宇宙ステーションなど多くの国が参画する有人宇宙活動の展開において，少なからず直面する課題である。さらに太陽圏外への飛行まで展望すると，多様性は組織の安定性に寄与するか，あるいはいく世代にもわたり目的意識を維持することができるかといった，文明のレベルに及ぶ問題が将来に取り組むべきものとして認識されている。

6.5.3 宇宙旅行

　宇宙を飛べるのは職業的な宇宙飛行士，さらにいえば国家機関に所属する人間に限られるという現在の状況は，宇宙飛行の機会が少ないことによっている。また宇宙飛行の費用は高く，より確実にミッション目的が達成されるように，宇宙飛行士が宇宙システムの一要素として選別される。

　しかし，宇宙に飛び出すことは，人々にとって未知な空間への好奇心に基づく願望であり，これを実現することは宇宙工学の目的の一つである。日本には，私企業が宇宙飛行者を初めて送ったという経験がある。この流れの中で宇宙医学が航空医学のたどった歴史を再びあゆむとすれば，選別され訓練された宇宙飛行士のための医学から，一般の宇宙旅客を対象とした医学への転換がなされなければならない。

6.6　宇宙での生物科学の展望

　生命の起源に対する興味は，惑星探査や天体研究の大きな牽引力となっている。分子系統樹といった手法により生物の進化の道筋を明らかにしたり，深海熱水噴出孔など極限的な環境での生命活動を知ることにより，地球から宇宙に視点を移した生命の原理の探究の重要性が認識されている。生物と重力のかかわりについては，生命の基本単位である細胞のレベルでの重力受容のしくみが解き明かされようとしている。組織・器官の統合体である個体・生物システムの振舞いを調べるのに，分子・細胞生物学は強力な道具を提供する。重力などの惑星環境は，生命の進化に淘汰圧として働いてきた。多様に分化してきた生物は，環境要素をたくみに利用している。

　このような生物と地球環境の相互作用を明らかにするのに，宇宙での生物学研究はおおいに貢献する。科学的知識のみならず，宇宙環境の生物工学的な利用もまた期待されている。宇宙空間へ人類の活動舞台を拡大していこうとする潮流のもとに，生命科学と工学は密接に連携して，目的の実現を目指している。

略　語　集

AAL	aero-acoustic levitator	ガスジェット音波浮遊装置
ACES	atomic clock ensemble in space	宇宙原子時計システム
ATF	aerodynamic trapping furnace	アエロダイナミックス浮遊炉
ATP	adenosine triphosphate	アデノシン三リン酸
CHF	critical heat flux	限界熱流速
Cz 法	Czochralski method	チョクラルスキー法
DNB	departure from nucleate boiling	バーンアウト点
EML	electro-magnetic levitator	電磁浮遊装置
ESL	electro-static levitator	静電浮遊装置
FZ 法	floating zone method	浮遊帯域法
GPA	gravity probe experiment	（プロジェクトの名称）
GEOSTEP	gravitation experiment in earth-orbiting satellite to test the equivalence principle	（プロジェクトの名称）
IML-2	international microgravity laboratory-2	国際微小重力実験室2
ITO	indium tin oxide	インジウム錫（すず）酸化物
JAMIC	Japan Microgravity Center	地下無重力実験センター
LAMPS	large amplitudeslosh	
LDSA		レーザ光散乱方式粒度分布測定装置（商品名）
LDV	laser doppler velocimetry	レーザドップラー流速計
LEC 法	liquid encapsulated Czochralski method	液体封止引上げ法
LPE	liquid phase epitaxy	液相エピタキシャル
MEX	materials experiments under microgravity	凝固・結晶成長実験
MHD	magnetohydrodynamics	電磁流体力学

MGLAB	Micro-Gravity Laboratory of Japan	日本無重量総合研究所
MIM	microgravity isolation mount	微小重力隔離台（カナダの装置）
ML	magnetic levitator	磁気浮遊装置
NLPD	non-linear passive damper	非線形受動ダンパ
OMA	order of magnitude analysis	大きさオーダ解析
PHARAO	projet d'horloge atomique par refroidissement d'atomes en orbite	（プロジェクトの名称）
PIV	particle image velocimetry	粒子画像相関法
PMMA	polymethylmethacrylate	ポリメチルメタクリエイト
RNA	ribonucleic acid	リボ核酸
SAGE	space accelerometer for gravitation experiment	
SFU	space free flyer unit	宇宙実験・観測フリーフライヤ
SHG	second harmonic generation	第2高調波発生
SIMS	secondary ion mass spectrometer	2次イオン質量分析計
SQUID	superconducting quantum interference device	超伝導量子干渉装置
THG	third harmonic generation	第3高調波発生
THM	travelling heater method	移動ヒータ法

参 考 文 献

〔1章〕

（1） "国際宇宙ステーション/JEM の利用戦略計画"，宇宙開発事業団（1999）．

〔2章〕

（1） H. Hamacher, B. Fritton and J. Kingdom：The environment of Earth-orbiting systems. "Fluid Sciences and Material Sciences in Space", H. U. Walter (ed.), Springer Verlag (1987).
（2） J. Wertz and W. Larson："Space Mission Analysis and Design", Kluwer Academic Publishers (1991).
（3） 大西充："スペースシャトルミッションにおける g-ジッター解析"，日本マイクログラビティ応用学会誌，**16**， 4， pp.225-233（1999）．
（4） "SFU 実験報告（システム編）"，宇宙科学研究所報告　特集，35（1997）．

〔3章〕

（1） L. D. Landau and E. M. Lifshitz："Fluid Mechanics", 2_{nd} ed., Pergamon Press (1987).
（2） H. Lamb："Hydrodynamics", 6th ed., Cambridge Univ. Press (1975).
（3） B. N. Antar, V. S. Nuotio-Antar："Fundamentals of Low Gravity Fluid Dynamic and Heat Transfer", CRC Press (1993).
（4） P. Concus, R. Finn and M. Weislogel："Capillary Surface in A Exotic Container：results from Space experiments", J. Fluid Mech. **394**, pp. 119-135 (1999).
（5） A. D. Myshkis, V. G. Babskii, N. D. Kapachevskii, L. A. Slobozhanin and A. D. Tyuptsov："Low Gravity Fluid Mechanics", Springer-Verlag (1987).
（6） P. Concus："On Accurate Determination of Contact Angle", Microgravity Fluid Mechanics IUTAM Symposium Bremen, pp. 18-28 (1991).
（7） S. Ostrach："Low Gravity Flows", Ann. Rev. Fluid Mech., 14, pp. 313-346 (1982).

(8) D. Villers and J. K. Platten："Separation of Marangoni Convection from Gravitational Convection in Earth Experiments", PCH **8**, 2, pp. 173-183 (1987).

(9) 堀田克弥，河村洋，阿部宣之："一様に加熱した液体中における蒸気泡の自発的移動"，第 32 回日本伝熱シンポジウム講演論文集（1995-5）．

(10) D. A. Nield："Surface Tension and Buoyancy Effects in Cellular Convection", J. Fluid Mech., 19, pp. 341-352 (1964).

(11) 今井功："流体力学（前編）"，裳華房（1973）．

(12) L. D. Landau and E. M. Lifshitz："Fluid Mechanics" 2nd ed., Pergamon Press (1987).

(13) 高木隆司："流れの物理"，朝倉書店（1988）．

(14) 中村育雄："流体力学ハンドブック"，共立出版（1998）．

(15) J. E. Welch, F. H. Hallow, J. P. Sannon and B. J. Daly："The MAC method：A Computing Technique for Solving Viscous, Incompressible, Transient Fluid-Flow Problems Involving Free Surface", Technical Report LA-3425, Los Alamos Scientific Laboratory (1966).

(16) B. D. Nichols and C. W. Hirt："Improved Free Surface Boundary Conditions for Numerical Incompressible-Flow Calculations", J. Comp. Phys., 8, pp. 434-448 (1971).

(17) 今石宣之："流体-流体界面現象とマランゴニ効果"，日本マイクログラビティ応用学会誌，**7**，1，pp. 2-15（1990）．

(18) C. G. M. Marangoni："Ueber die Ausbreitung der Tropfen einer Flüssigkeit auf der Oberfläche einer Anderen", Annalen der Physik und Chemie, **143**, 7, pp. 337-354 (1871).

(19) J. D. van der Waals："Die Thermodynamische Theorie der Kapillarität unter Voraussetzung Stetiger Dichteänderung", Zeitschrift für der Physikalische Chemie, 13, pp. 657-725 (1894).

(20) 吉原正一，東久雄："落下塔を用いた液滴の大振幅振動実験"，Technical Report TR-1143，航空宇宙技術研究所（1992）．

(21) U. Bückle and M. Perić："Numerical Simulation of Buoyant and Thermocapillary Convection in A Square Cavity", Numerical Heat Transfer, Part A, 21, pp. 121-141 (1992).

(22) B. Ramaswamy and T. C. Jue："Analysis of Thermocapillary and Buoyancy-Affected Cavity Flow using FEM", Numerical Heat Transfer, Part

A, 22, pp. 379-399 (1992).
(23) C. W. Hirt, B. D. Nichols and N. C. Remero : "SOLA-A Numerical Solution Algorithm for Transient Fluid Flows", Technical Report LA-5862, Los Alamos Scientific Laboratory (1975).
(24) M. Ohnishi, S. Yoshihara, H. Azuma, S. Yoda and K. Kawasaki : "Marangoni Convection in A Liquid Column under Microgravity—Experiment using A TR-IA Sounding Rocket and Computer Simulations—", JASMA, **10**, 1, pp. 8-14 (1993).
(25) R. Rupp, G. Müller and G. Neumann : "Three-Dimensional Time Dependent Modeling of the Marangoni Convention in Zone Melting Configurations for GaAs", J. Crystal Growth, 97, pp. 34-41 (1989).
(26) S. Yasuhiro, T. Sato and N. Imaishi : "Three Dimensional Oscillatory Marangoni Flow in Half-Zone of $Pr=1.02$ fluid", Microgravity sci. techn., **11**, 1, pp. 144-153 (1998).
(27) V. M. Shevtsova and J. C. Legros : "Oscillatory Convective Motion in Deformed Liquid Bridges, phys, Fluids, 10, pp. 1621-1634 (1998).
(28) A. Zebib, G. M. Homsy and E. Meiburg : "High Marangoni Number Convection in A Square Cavity", phys. Fluids, 28, pp. 3467-3476 (1985).
(29) B. M. Carpenter and G. M. Homsy : "High Marangoni Number Comvection in A Square Cavity", Part II, Phys. Fluids A, 2, pp. 137-149 (1990).
(30) H. B. Hadid and B. Roux : "Thermocapillary Convection in Long Horizontal Layers of Low-Prandtl-Number Melts Subject to A Horizontal Temperature Gradient", J. Fluid Mech., 221, pp. 77-103 (1990).
(31) M. Ohnishi, H. Azuma and T. Doi : "Computer Simulation of Oscillatory Marangoni Flow", Acta Astronautica, **26**, 8-10, pp. 685-696 (1992).
(32) L. J. Peltier and S. Biringen : "Time-Dependent Thermocapillary Convection in A Rectangular Cavity", Numerical Results for A Moderate Prandtl Number Fluid, J. Fluid Mech., 257, pp. 339-357 (1993).
(33) C. W. Hirt, A. A. Amsden and J. L. Cook : "An Arbitrary Lagrangian-Eulerian Computing Method for All Flow Speed", J. Comp. Phys., 14, pp. 227-253 (1974).
(34) C. W. Hirt and B. D. Nichols : "Volume of Fluid (VOF) Method for the Dynamics of Free Boundaries", J. Comp. Phys., 39, pp. 201-225 (1981).
(35) T. Yabe, F. Xiao and P. Wang : "Description of Complex and Sharp

Interface during Shock Wave Interaction with Liquid Drop", J. Phys. Soc. Jpn, **62**, 3, pp. 2537-2540 (1993).

(36) B. D. Nichols, C. W. Hirt and R. S. Hotchkiss："SOLA-VOF：A Solution Algorithm for Transient Fluid Flow with Multiple Free Boundaries", Technical Report LA-8355, Los Alamos Scientific Laboratory (1980).

(37) J. Straub："Interfacial Heat Transfer and Multiphase Flow in Microgravity", In Proc. of the 2nd Int. Conf. on Multiphase Flow, pp. 35-46, Kyoto, Japan (1995).

(38) P. J. Roache："Computational Fluid Dynamics", Hermosa Pub. Inc., (1976).

(39) 保原充，大宮司久明編："数値流体力学―基礎と応用―"，東大出版会 (1992).

(40) 数値流体力学編集委員会編："非圧縮性流体解析"，東大出版会 (1995).

(41) 数値流体力学編集委員会編："移動境界流れ解析"，東大出版会 (1995).

(42) H. Azuma, M. Ohnishi, S. Yoshihara, S. Ogawa and S. Kamei："Some Considerations from IML-2 Experiment on G-jitter Effect on Diffusion", Microgravity Q. **6**, 2-3, pp. 97-101 (1996).

(43) 松本聡，依田真一："微小重力環境での拡散係数測定における g-jitter の影響"，JASMAC-13 (1997).

(44) H. U. Walter：Fluid Sciences and Material Science in Space, Springer-Verlag (1986).

(45) Y. Kamotani, A. Prasad and S. Ostrach："Thermal Convection in a Enclosure Due to Vibration Aboard Spacecraft", AIAA J. **19**, 4 (1981-4).

(46) T. Doi, A. Prakash, H. Azuma, S. Yoshihara and H. Kawahara："Oscillatory Convection induced by g-jitter in a Horizontal Liquid Layer", AIAA 95-0269 (1995).

(47) B. N. Antar："Thermal Instability of Stochastically Modulated Flows", Physics of Fluids, **20**, 10, pp. 1785-1787 (1977).

(48) A. Iwasaki, I. Kudo and T. Sano："Feasibility of Optical Observation Technique for Zeolite Crystal Growth in Space", J, Spacetechnology and Science, **11**, 2, pp. 9-17 (1995).

(49) K. Watanabe, S. Maruyama, K. Shiraki, M. Koyama and T. Kanai："Development of Non-linear Passive Damper for Micro G-jitter Reduction", ISTS 98g-23P, (1998).

(50) R. A. Herring, B. Tryggvason："Controlled Accelerations-Effects on

Material Processing", IAA-98-IAA.12.1.02, 49$_{th}$ IAF (1998).

〔**4章**〕

(1) E. Trinh and T. G. Wang : "Large-amplitude free and driven drop-shape oscillation : experimental observation", J. Fluid Mech, 122, pp. 315-338 (1982).

(2) H. Azuma and S. Yoshihara : "Three-dimensional large-amplitude drop oscillation", experiments and theoretical analysis, J. Fluid Mech. 393, pp. 309-332 (1999).

(3) J. Straub, A. Haubt and L. Eicher : "Measurements of the Isochoric Heat cv at the Critical Point of SF$_6$ under Microgravity-Results of the German Spacelab Mission D 2", Adv. Space. Res. **16**, 7, pp. (7)27-(7)32 (1995).

(4) J. Straub and K. Nitsche : "Isochoric Heat capacity cv at the Critical Point of SF6 under Micro-and Earth-Gravity-Results of the German Spacelab Mission D1-, Fluid Phase Equilibria", 88, pp. 183-208 (1993).

(5) J. Straub, L. Eicher and A. Haupt : "Dynamic temperature propagation in a pure fluid near its critical point observed under microgravity during the German Spacelab Mission D-2", Phys. Rev. *E,* **51**, 6, pp. 5556-5563 (1995).

(6) A. Onuki, H. Hao and R. A. Ferrell : "Fast adiabatic equilibration in a single-component fluid near the liquid-vapor critical point", Phys. Rev, **A41**, 4, pp. 2256-2259 (1990).

(7) B. Zappoli : "The response of a nearly supercritical pure fluid to a thermal disturbance", Phys. Fluids, **A4**, 5, pp. 1040-1048 (1992).

(8) B. Zappoli and A. Durand-Daubin : "Heat and mass transport in a near supercritical fluids", Phys. Fluids, **6**, 5 (1994).

(9) K. Ishii, S. Masuda and T. Maekawa : "Thermofluid Dynamics and Molecular Dynamics Analyses of Thermal Energy Transfer near the Critical Point", Molecular and Microscale Heat Transfer in Materials Processing and Other Applications, **1**, pp. 69-79 (1997).

(10) J. E. Hart, G. A. Gratzmaier and J. Toomre : "Space-laboratory and numerical simulations of thermal convection in a rotating hemispherical shell with radial gravity", J. Fluid Mech. 173, pp. 519-544 (1986).

(11) C. Egbers and H. J. Rath : "The existence of Taylor vortices and wide-gap instabilities in spherical Couette flow", Acta Mechanica, 111, pp. 125-140

(1995).

(12) M. Liu, C. Egbers and H. J. Rath : "Three-dimensional finite amplitude thermal convection in a spherical shell", Adv. Space Res. **16**, 7, pp. (7)105–(7)108 (1995).

(13) F. T. Dodge : Fluid Management in low gravity. Low Gravity Fluid Dynamics and Transport Phenomena, J. N. Koster and R. L. Sani, (eds.), Progress in astronautics and aeronautics, 130, pp. 3–14 (1990).

(14) M. Dreyer, A. Delgado and H. J. Rath : "Experimental Study of Capillary Effects for Fluid Management under Microgravity Conditions, Microgravity Fluid Mechanics", pp. 479–487, IUTAM Symposium, Bremen, (1991).

(15) S. Kumagai and H. Isoda : "Combustion of Fuel Droplets in a Falling Chamber", 6th Symposium (International) on Combustion, p. 726 (1957).

(16) M. Tanabe, M. Kono, J. Sato, J. Koenig, C. Eigenbrod, and H. J. Rath : "Effects of Natural Convection on Two Stage Ignition of an n-Dodecane Droplet", 25th Symposium (International) on Combustion, p. 455 (1994).

(17) M. Tanabe, M. Kono, J. Sato, J. Koenig, C. Eigenbrod, F. Dinkelacker and H. J. Rath : "Two Stage Ignition of n-Heptane Isolated Droplets", Combustion Science and Technology, **108**, p. 103 (1995).

(18) M. Tanabe, T. Bolik, C. Eigenbrod, H. J. Rath, J. Sato and M. Kono : "Spontaneous Ignition of Liquid Droplets from a View of Non-Homogeneous Mixture Formation and Transient Chemical Reactions", 26th Symposium (International) on Combustion, p. 1637 (1996).

(19) M. Mikami, H. Kato, J. Sato and M. Kono : "Interactive Combustion of Two Droplets in Microgravity", 25th Symposium (International) on Combustion, p. 431 (1994).

(20) 三上，加藤，佐藤，河野："燃料液滴の干渉燃焼に及ぼす重力の影響", 機論 (B編), **61**, 582, p.731 (1995).

(21) M. Mikami, O. Habara, M. Kono, J. Sato, D. L. Dietrich and F. A. Williams : "Pressure Effects in Droplet Combustion of Miscible Binary Fuels", Combustion Science and Technology, **124**, 1-6, p. 295 (1997).

(22) M. Mikami, M. Kono, J. Sato and D. L. Dietrich : "Interactive Effect in Two-Droplet Combustion of Miscible Binary Fuels at High Pressure", 27th Symposium (International) on Combustion, p. 2643 (1998).

(23) K. Okai, M. Tsue, M. Kono, M. Mikami, J. Sato, D. L. Dietrich and F. A. Williams : "Strongly Interacting Combustion of Two Miscible Binary Fuel Droplets at High Pressure in Microgravity", 27th Symposium (International) on Combustion, p. 2651 (1998).

(24) 野村,氏家,佐藤,丸谷,川崎,依田:"微小重力場を利用した静止均一噴霧の生成",燃焼実験,日本マイクログラビティ応用学会誌,**15**,3,p. 14 (1998).

(25) H. Nomura, K. Izawa, Y. Ujiie, J. Sato, Y. Marutani, M. Kono and H. kawasaki : "An Experimental Study on Flame Propagation in Lean Fuel Droplet-Vapor-Air Mixtures by Using Microgravity Conditions", 27th Symposium (International) on Combustion, p. 2667 (1998).

(26) 榎本,高橋,国枝,加藤,津江,河野,川崎:"微小重力場を利用した白金表面での触媒反応におよぼす当量比の影響に関する研究",機論(B編),**64**,628,p.4241(1998).

(27) D. L. Dietrich, J. B. Haggard, F. L. Dryer, V. Nayagam, B. D. Shaw and F. A. Williams : "Droplet Combustion Experiments in Spacelab", 26th Symposium (International) on Combustion, p. 1201 (1996).

(28) J. West, L. Tang, R. A. Altenkirch, S. Bhattacharjee, K. Sacksteder and M. A. Delichatsios : "Quiescent Flame Spread over Thick Fuels in Microgravity", 26th Symposium (International) on Combustion, p. 1335 (1996).

(29) D. P. Stocker, S. L. Olson, D. L. Urban, J. L. Torero, D. C. Walther and A. C. Fernandez-Pello : "Small Scale Smoldering Combustion Experiments in Microgravity", 26th Symposium (International) on Combustion, p. 1361 (1996).

(30) D. C. Walther, A. C. Fernandez-Pello and D. L. Urban : "Space Shuttle Based Microgravity Smoldering Combustion Experiments", Combustion and Flame, 116, p. 398 (1999).

(31) K. C. Lin, G. M. faeth, P. B. Sunderland, D. L. Urban asn Z. G. Yuan : "Shapes of Nonbuoyant round Luminous Hydrocarbon/air Laminar Jet Diffusion Flames", Combustion and Flame, 116, p. 415 (1999).

(32) M. S. Wu, J. B. Liu and P. D. Ronney : "Numerical Simulation of Diluent Effects on Flame Balls", 27th Symposium (International) on Combustion, p. 2543 (1998).

(33) T. Kadota : "Diagnostics in Japan's Microgravity Experiments", Proc. of

the Third International Microgravity Combustion Conference, p. 257 (1995).
(34) M. Winter : AIAA Paper 94-0431 (1994).
(35) M. Winter : "Laser Diagnostics for Microgravity Droplet Studies", Proc. of the Third International Microgravity Combustion Conference, p. 297 (1995).
(36) P. S. Greenberg : Paper presented at the Drop Tower Days 1996 (1996).
(37) P. S. Greenberg : "Laser Doppler Velocimetry and Full-fields Soot Volume Fraction Measurements in Microgravity", Proc. of the Third International Microgravity Combustion Conference, p. 247 (1995).
(38) H. D. Ross, F. J. Miller, D. Schiller and W. Sirignano : "Flame Spread across Liquids", Proc. of the Third International Microgravity Combustion Conference, p. 37 (1995).
(39) D. W. Griffin and W. Yanis : "Full Fields Gas Phase Velocity Measurements in Microgravity", Proc. of the Third International Microgravity Combustion Conference, p. 253 (1995).
(40) J. A. Silver : "Quantitative Measurement of Oxygen in Microgravity Combustion", Proc. of the Third International Microgravity Combustion Conference, p. 279 (1995).
(41) 濱野，小原，藤森，佐藤："微小重力実験用小型 LIF 装置の開発"，日本マイクログラビティ応用学会誌，**12**， 4， p.317（1995）.
(42) 濱野，小原，藤森，山口，佐藤：石川島播磨技報，**36**， 2， p.1（1996）.
(43) M. A. Dubinskiy, M. M. Kamal and P. Misra : "An Innovative Approach to the Development of a Portable Unit for Analytical Flame Characterization in a Microgravity Environment", Proc. of the Third International Microgravity Combustion Conference, p. 263 (1995).
(44) D. Grebner, D. Muller and W. Triebel, Paper presented at the Drop Tower Days 1996, (1996).
(45) J. Konig, C. Eigenbrod, M. Tanabe, H. Renken and H. J. Rath : "Characterization of Spherical Hydrocarbon Fuel Flames by Laser Diagnostics of the Chemical Structure through the OH-Radical", 26th Symposium (International) on Combustion, p. 1235 (1996).
(46) J. A. Silver, D. J. Kane and P. S. Greenberg : "Quantitative Species Measurements in Microgravity Flames with Near-IR diode Lasers",

Applied Optics, **34**, 15, p. 2787 (1995).

(47) H. Kato S. Kunieda, H. Enomoto, K. Okai, T. Kaneko, C. Cauveau, I. Gokalp, J. Sato, M. Tsue and M. Kono："Effects of Co-flowing Air on Behavior of Gas Jet Diffusion Flame under Normal-and Micro-gravity", Paper presented at the Drop Tower days 1998 (1998).

(48) 抜山四郎："金属面と沸騰水との間の伝達熱の極大値ならびに極小値決定の実験", 機誌, **37**, 206, pp. 367-374 (1934).

(49) H. Ohta, K. Inoue, Y. Yamada, S. Yoshida, H. Fujiyama and S. Ishikura："Microgravity Flow Boiling in a Transparent Tube", Proc. 4th ASME-JSME Thermal Engineering Joint Conf., 4, pp. 547-554 (1995).

(50) P. Griffith and J. D. Wallis："The Role of Surface Conditions in Nucleate Boiling", Chem. Engng. Prog. Symp. Ser., **56**, 30, pp. 49-63 (1960).

(51) Y. Y. Hsu："On the Size Range of Active Cavities on a Heated Surface", Trans. ASME J. Heat Transfer, 84c, pp. 207-216 (1962).

(52) W. Fritz："Berechnung des Maximal Volume von Dampfblasen", Physikalische Zeitschrift, **36**, 11, pp. 379-384 (1935).

(53) 大田治彦，井上浩一，山田善照，吉田駿："微小重力場の沸騰熱伝達に関する研究の問題点について", 機論, **944**, 4, pp. 69-71 (1994).

(54) K. Nishikawa, Y. Fujita, H. Ohta and S. Hidaka："Effect of the Surface Roughness on the Nucleate Boiling Heat Transfer over the Wide Range of Pressure", 7th Int. Heat Transfer Conf. Heat Transfer 1982, 4, pp. 61-66 (1982).

(55) K. Stephan and M. Abdelsalam："Heat Transfer Correlations for Natural Convection Boiling", Int. J. Heat Mass Transfer, **23**, pp. 73-87 (1980).

(56) N. Zuber and M. Tribus：AEC Rep., AECU-2931, (1958).

(57) H. J. Ivey and D. J. Morris："On the Relevance of the Vapor Liquid Exchange Mechanism for Subcooled Boiling Heat Transfer at Higher Pressure", UK Atomic Energy Authority, Winfrith, England, AEEW-R, 137 (1962).

(58) H. Ohta and Y. Fujita："Nucleate Pool Boiling of Binary Mixtures", 10th Int. Heat Transfer Conf. Heat Transfer 1994, 5, pp. 129-134 (1994).

(59) K. Stephan and M. Koerner："Berechnungs des Waermeuebergangs Verdampfender Binaerer Fluessigkeitsgemische", Chemie Ingenieur Technik, **41**, 7, p. 409-417 (1969).

(60) J. R. Thome and S. Shakir："A New Correlation for Nucleate Pool Boiling of Aqueous Mixtures", AIChE Symposium Series, **83**, 257, pp. 46-51 (1987).

(61) C. E. Dengler and J. N. Addoms："Heat Transfer Mechanism for Vaporization of Water in a Vertical Tube", Chem. Engng. Prog. Symp. Ser., **52**, 95, pp. 95-103 (1956).

(62) L. Pujol and A. H. Stenning："Effect of Flow Direction on the Boiling Heat Transfer Coefficient in Vertical Tubes", Int. Symp. Research in Cocurrent Gas-Liquid Flow, see E. Rhodes and D. S. Scott："Cocurrent Gas-Liquid Flow", Plenum Press, New York (1968).

(63) 植田辰洋，金京根："強制流動沸騰系におけるドライアウト熱流束と液滴径について"，第16回日本伝熱シンポジウム講演論文集，B 114，pp.211-213 (1979).

(64) J. C. Chen："Correlation for Boiling Heat Transfer to Saturated Liquids in Convective Flow", Ind. Engng. Chem. Process Design and Development, 5, pp. 322-329 (1966).

(65) 甲藤好郎："一様加熱垂直円管内の強制流動沸騰の限界熱流束の無次元整理"，機論（第2部），**44**，387，pp.3865-3874 (1978).

(66) 甲藤好郎："一様加熱垂直円管（飽和液流入）内の限界熱流束の全般的特性の観察"，機論（B編），**46**，409，pp.1721-1730 (1980).

(67) T. Oka, Y. Abe, K. Tanaka, Y. H. Mori and A. Nagashima："Observational Study of Pool Boiling under Microgravity", JSME International Journal Series II, **35**, 2, pp. 280-286 (1992).

(68) H. Ohta, M. Kawaji, H. Azuma, K. Kawasaki, H. Tamaoki, K. Ohta, T. Takata, S. Okada, S. Yoda and T. Nakamura："TR-1A Rocket Experiment on Nucleate Pool Boiling Heat Transfer under Microgravity", Heat Transfer in Microgravity Systems, HDT-354, pp. 249-256 (1997).

(69) H. Ohta, K. Inoue, S. Yoshida and T. S. Morita："Nucleate Pool Boiling Heat Transfer in Microgravity", Physics of Heat Transfer in Boiling and Condensation, Institute for High Temperature, Russian Academy of Sciences, Moscow, Russia, pp. 539-544 (1997).

(70) H. Ohta, K. Kawasaki, S. Okada, K. Inoue, S. Yoshida and T. S. Morita："Heat Transfer in Microgravity Nucleate Boiling on a Transparent Heating Surface", Proc. 2nd European Symposium on Fluids in Space, pp. 531-536 (1996).

(71) J. Straub, M. Zell and B. Vogel : "Pool Boiling in a Reduced Gravity Field", 9th Int. Heat Transfer Conf. Heat Transfer 1990, 1, KN-6, pp. 91-112 (1990).

(72) H. Merte Jr. : "Nucleate Pool Boiling in Variable Gravity", Low-Gravity Fluid Dynamics and Transport Phenomena, Progress in Astronautics and Aeronautics, 130, pp. 15-69 (1990).

(73) 大田治彦："TR-1 A ロケット実験―5号機実験成果報告"，宇宙開発事業団，pp.225-353（1997）.

(74) K. Suzuki, H. Kawamura, Y. Koyama, Y. Aoyama, M. Koyama and R. Imai : "Burnout in Subcooled Pool Boiling of Water under Microgravity", Proc. 5th ASME-JSME Thermal Engineering Joint Conference, 6420 (1999).

(75) H. Ohta, M. Kawaji, H. Azuma, K. Inoue, K. Kawasaki, S. Okada, S. Yoda and T. Nakamura : "Heat Transfer in Nucleate Pool Boiling under Microgravity Condition" Heat Transfer 1998, Proc. 11th Int. Heat Transfer Conf. Heat Transfer 1998, 2, pp. 401-406 (1998).

(76) 増田季睦，森岡幹雄，中尾敬三："微小重力下の気液二相流"，第25回日本伝熱シンポジウム講演論文集，1，pp.115-117（1988）.

(77) I. Y. Chen, R. S. Downing, R. Parish and E. Keshock : "A Reduced Gravity Flight Experiment : Observed Flow Regimes and Pressure Drops Vapor and Liquid Flow in Adiabatic Piping", AIChE Symp. Ser., **263**, 84, pp. 203-216 (1988).

(78) R. W. Rite, and K. S. Rezkallah : "An Investigation of Transients Effect on Heat Transfer Measurements in Two-Phase, Gas-Liquid Flows Under Microgravity Conditions", ASME Heat Transfer in Microgravity Systems, HTD-235, pp. 49-57 (1993).

(79) Y. Taitel and A. E. Dukler : "A Model for Predicting Flow Regime Transition in Horizontal and Near Horizontal Gas-Liquid Flow", AIChE J. **22**, 1. pp. 47-55 (1976).

(80) E. R. Quandt : "Analysis of Gas-Liquid Flow Patterns", Chem. Engr. Prog. Symp. Ser., **57**, 61, pp. 128-135 (1965).

(81) A. E. Dukler, J. A. Fabre, J. B. McQuillen and R. Vernon : "Gas-Liquid Flow at Microgravity Conditions : Flow Patterns and Their Transitions", Int. J. Multiphase Flow, **14**, 4, pp. 389-400 (1998).

(82) 大田治彦，藤山寛，吉田駿，井上浩一，村上浩平："微小重力下の強制流動沸騰における熱伝達とドライアウト", Proc. 12 th ISAS Space Utilization Symposium, pp.171-174 (1995-7).

(83) H. Ohta："Experiments on Microgravity Boiling Heat Transfer by Using Transparent Heaters", Nuclear Engineering and Design, 175, pp. 167-180 (1997).

(84) H. Ohta, K. Inoue and H. Fujiyama："Analysis of Gravity Effect on Two-phase Forced Convective Heat Transfer in Annular Flow Regime", Proc. 3rd Int. Conference on Multiphase Flow, 389 (1998).

(85) 藤井照重，中澤武，浅野等，山田浩之："微小重力下における気液二相流の流動特性（航空機を利用した実験結果)", 機論（B編), **61**, 585, pp.1640-1645 (1995).

(86) D. Chisholm and A. D. Laird："Two-phase Flow in Rough tubes", Trans. ASME, 80, pp. 276-286 (1958).

(87) 藤井照重："宇宙排熱技術と気液二相環状流の流動特性", 第11回中国四国伝熱セミナー・阿波 ―宇宙開発における伝熱と流動問題―, pp.25-35 (1999).

(88) J. Straub, J. Winter, G. Picker, G. Zell："Boiling on a Miniature Heater under Microgravity-A Simulation for Cooling of Electronic Devices", Proc. of the 30th Nat. Heat Transfer Conf., Portland, USA, ASME-HTD, 305, pp. 61-69 (1995).

(89) Y. Abe and A. Iwasaki："Single and Dual Vapor Bubble Experiments in Microgravity", Microgravity Fluid Physics and Heat Transfer, ed. V. Dhir, Begell House, New York, pp. 55-61 (2000).

(90) M. Kawaji, C. J. Westbye and B. N. Antar："Microgravity Experiments on Two-Phase Flow and Heat Transfer during Quenching of a Tube and Filling of a Vessel", AIChE Symp. Ser., **87**, 283, pp. 236-243 (1991).

(91) H. Ohta, T. Sabato, S. Okada, H. Watanabe, S. Takasu, H. Kawasaki："Experiments on Boiling Heat Transfer in Narrow Gaps", 日本マイクログラビティ応用学会誌, **15**, Supplement II, pp.208-213 (1998).

(92) 深野徹："気液二相流に関する用語のやさしい解説(2)", 混相流, **6**, 1, pp.92-98 (1991).

(93) B. Feuerbacher, H. Hamacher and R. J. Naumann："Materials Sciences in Space", Springer-Verlag (1986).

(94) H. U. Walter : "Fluid Sciences and Materials Science in Space", Springer-Verlag (1987).

(95) 石川正道，日比谷孟俊："マイクログラビティ"，培風館（1994）.

(96) 数値流体力学編集委員会編："燃焼・希薄流・混相流・電磁流体の解析"，p. 131，東大出版会（1995）.

(97) K. Terashima, T. Katsumata, F. Orito, T. Kikuta and T. Fukuda : "Electrical Resistivity of Undoped GaAs Single Crystals Grown by Magnetic Field Applied LEC Technique", Jpn. J. Appl. Phys. Part 2, 22, L323 (1983).

(98) W. Wunderlich : "Proposals for the optimization of crystal growth in gels", Crystal Research and Technology 17, p. 987 (1982).

(99) N. I. Wakayama, M. Ataka and H. Abe : "Effect of a Magnetic Field Gradient on the Crystallization of Hen Lysozyme", J. Crystal Growth 178, p. 653 (1997).

(100) G. Müller-Vogot and R. Koessler : "Application of the shear cell technique to diffusivity measurements in melts of semiconducting compound : GaSb", J. Crystal Growth 186, p. 511 (1998).

(101) G. Frohberg, K. H. Kraatz and H. Wever : "Self diffusion of Sn^{112} and Sn^{124} in liquid tin", Proc. of the 5th European Symposium on Materials Sciences under microgravity, ESA-SP-222, p. 201 (1984).

(102) G. Frohberg, K. H. Kraatz and H. Wever : "Interdiffusion in schmelzflüssigen Metallen" in "Wissenschaftliche Ziele der Deutschen Spacelab-Mission D1", DFVLR-PT-SN, Koln, p. 66 (1985).

(103) M. Braedt, V. Braetsch and G. H. Frischart : "Interdiffusion in the glass melt system ($Na_{20}+Rb_{20}$). $3SiO_2$; Spacelab", Proc. of the 5th European Symposium on Materials Sciences under microgravity ESA-SP-222, p. 109 (1984).

(104) M. Uchida, T. Itami, M. Kaneko, A. Shisa, S. Amano, T. Ooida, T. Masaki and S. Yoda : "Microgravity Diffusion Experiments for Compound Semiconductor Lead-Tin-Telluride Melt in Space Shuttle Mission MSL-1", J. Jpn. Soc. Microgravity Appl. 16, p. 38 (1999).

(105) T. Itami et al. : "Self-Diffusion Coefficient of the Melt of Semiconductor Crystalline Germanium under Microgravity of the Fifth TR-IA Rocket", J. Jpn. Soc. Microgravity Appl. 16, p. 79 (1999).

(106) T. Itami et al. : "Diffusion Experiment and its Isotope Effects of Liquid

(107) R. A. Swalin : "Theory of self-diffusion in liquid metals", Acta Met., 7, p. 736 (1959).
(108) T. Itami and K. Sugimura : "A hard-sphere model in analytic form for atomic transport poperties of liquid metals", Phys. Chem. Liquids 29, p. 31 (1995).
(109) T. Itami et al. : "Diffusion of Liquid Metals and Alloys-The study of self-diffusion under microgravity in liquid Sn in the wide temperature range", J. Jpn. Soc. Microgravity Appl. 15, p. 225 (1998).
(110) W. Yu, Z. Q. Wang and D. Stroud : "Empirical molecular-dynamics study of diffusion in liquid semiconductors", Phys. Rev. B54, p. 13946 (1996).
(111) W. R. Wilcox : "Influence of convection on the growth of crystals from solution", J. Crystal Growth 65, p. 133 (1983).
(112) F. Rosenberger and G. Müller : "Interfacial transport in crystal growth, A parametric comparison of convective effects", J. Crystal Growth 65, p. 91 (1983).
(113) E. Scheil : "Bemerkung zur Schichtkristallbildung", Z. Metallk. 34, p. 70 (1942).
(114) J. A. Burton, R. C. Prim and W. P. Slichter : "The distribution of solute in crystals grown from the melt", J. Chem. Phys., 21, p. 1987 (1953).
(115) A. G. Ostrogorsky and G. Müller : "A model of effective segregation coefficient, accounting for convection in the solute layer at the growth interface", J. Crystal Growth 131, p. 587 (1992).
(116) W. A. Tiller, K. A. Jackson, J. W. Rutter and B. Chalmers : "The Redistribution of solute atoms during the solidification of metals", Acta Met. 1, p. 428 (1953).
(117) D. Camel and J. J. Favier : "Scaling analysis of convective solute transport and segregation in Bridgman crystal growth from the doped melt", J. Physique 47, p. 1001 (1986).
(118) W. W. Mullin and R. F. Sekerka : "Morphological Stability of a Particle Growing by Diffusion or Heat Flow", J. Appli. Phys. 34, p. 323 (1963).
(119) 大川章哉："結晶成長", p.192, 裳華房 (1977).
(120) R. Krishnamurti : "Some further studies on the transition to turbulent

convection", J. Fluid Mech. 60, p. 285 (1973).

(121) S. R. Coriell, M. R. Cordes, W. J. Boettinger and R. F. Sekerka : "Convective and interfacial instabilities during unidirectional solidification of a binary alloy", J. Crystal Growth 49, p. 13 (1980).

(122) B. Chalmers : "金属の凝固", 丸善 (1971).

(123) G. P. Ivantsov : Dokl. Akad. Nauk. USSR 58, p. 56 (1947) (translated by G. Horvay, General Electric Report 60-RL-251M (1960)).

(124) M. H. Burden and J. D. Hunt : "Cellular and dendritic growth. II", J. Crystal Growth 22, p. 109 (1974).

(125) W. Kurz and D. J. Fisher : "Dendrite growth at the limit of stability : Tip radius and spacing", Acta Met. 29, p. 11 (1981).

(126) E. S. Miksch : "Solidification of Ice Dendrites in Flowing Supercooled Water", Trans. Metall. Soc. AIME 245, p. 2069 (1969).

(127) M. E. Glicksman, M. B. Koss and E. A. Winsa : "Dendritic Growth Velocities in Microgravity", Phys. Rev. 73, p. 573 (1994).

(128) B. Cantor and A. Vogel : "Dendritic solidification and fluid flow", J. Crystal Growth 41, p. 109 (1977).

(129) R. F. Sekerka, S. R. Coriell and G. B. McFadden : "The effect of container size on dendritic growth in microgravity", J. Crystal Growth 171, p. 303 (1997).

(130) V. Pines, A. Chait and M. Zlatkowski : "Dynamic scaling in dendritic growth", J. Crystal Growth 167, p. 38 (1996).

(131) L. A. Tennenhouse, M. B. Koss, J. C. LaCombe and M. E. Glicksman : "Use of microgravity to interpret dendritic growth kinetics at small supercoolings", J. Crystal Growth 174, p. 82 (1997).

(132) J. J. Favier and D. Camel : "Analytical and experimental study of transport processes during directional solidification and crystal growth", J. Crystal Growth 79, p. 50 (1986).

(133) D. Camel, J. J. Favier, M. D. Dupouy and R. Le Maguet : "MICROGRAVITE ET SOLIDIFICATION DENDRITIQUE A FAIBLE VITESSE", Proc. of the 6th ESA Symposium on Materials Sciences in Space ESA-SP-256, p. 317 (1986).

(134) J. A. Cahoon, M. C. Chaturvedi and K. N. Tandon : "The Unidirectional Solidification of Al-4 Wt Pct Cu Ingots in Microgravity", Metallurgical

And Materials Transaction A 29A, p. 1101 (1998).
(135) Lord Rayleigh, Scientific Papers 1, p. 377 (1899).
(136) W. Heywang : "Zur Stabilitat senkrechter Schmelzzonen", Z. Naturforsch. 11a, p. 238 (1956).
(137) A. N. Danilewsky, G. Nagel and K. W. Benz : "Growth of GaAs from Ga soluiton under reduced gravity during the D2-mission", Crystal Research and Technology 29, p. 171 (1994).
(138) A. Eyer, H. Leiste and R. Nitsche : "Crystal Growth of Silicon In Spacelab 1 : Experiment ES-321", Proc. of the 5th European Symposium on Materials Sciences under microgravity ESA-SP-222, p. 173 (1984).
(139) A. Cröll, W. Müller-Sebert and R. Nitsche : "The critical Marangoni number for the onset of time-dependent convection in silicon", Mat. Res. Bull. 24, p. 995, (1989).
(140) J. Lagowski, H. C. Gatos and F. P. Dabkowski : "Partially confined configuration for the growth of semiconductor crystals from the melt in zero-gravity environment", J. Crystal Growth 72, p. 595 (1985).
(141) T. Nishinaga, P. Ge, C. Huo, J. He, T. Nakamura : "Melt Growth of Striation and etchpit free GaSb under microgravity", J. Crystal Growth 174, p. 96 (1997).
(142) L. L. Regel and W. R. Wilcox : "Detached Solidification in Microgravity-A Review", Microgravity sci. technol. VII/1, p. 1 (1999).
(143) T. Duffar, P. Boiton, P. Dusserre and J. Abadie : "Crucible de-wetting during Bridgman growth in microgravity. II. Smooth crucibles", J. Crystal Growth 179, p. 397 (1997).
(144) M. Fiederle, T. Feltigen, J. Joeger, K. W. Benz, T. Duffar, P. Dussere, E. Dieguez, J. C. Launay, G. Roosen : "Detached growth of CdTe : Zn : V (STS-95) Preliminary Results", Proc. of SPIE Int. Symp. 3792, p. 147 (1999).
(145) A. N. Danilewsky, Y. Okamoto, K. W. Benz, and T. Nishinaga : "Dopant Segregation in Earth-and Space-grown InP Crystals", Jpn. J. Appl. Phys. 31, p. 2195 (1992).
(146) A. N. Danilewsky, K. W. Benz and T. Nishinaga : "Growth Kinetics in Space and Earth-grown InP and GaSb Crystals", J. Crystal Growth 99, p. 1281 (1990).
(147) A. N. Danilewsky, St. Boschert, K. W. Benz : "The Effect of the Orbitters

Attitude on the μg-growth of InP Crystals", Microgravity sci. technol. X/2, p. 106 (1997).

(148) 日本結晶成長学会「結晶成長ハンドブック」編集委員会編："結晶成長ハンドブック", p.916, 共立出版 (1995).

(149) W. Merzkirch：Flow Visualization, Academic Press, p. 102 (1974).

(150) K. Kuribayashi, E. Sato, Y. Inatomi and T. Fujiwara："Development of Optical System for In-situ Observation of Solidification and Crystal Growth in Space", Proc. TMS 4th Int. Conf. Symp., p. 43 (1992).

(151) J. Dyson："Very Stable Common-path Interferometers and Applications", J. Opt. Soc. Am. 53, p. 690 (1963).

(152) Y. Inatomi, K. Kuribayashi, K. Kawasaki and S. Yoda："In-situ Observation of Unidirectional Dissolution Process in Organic Alloy under Microgravity", J. Jpn. Soc. Microgravity Appl. 10, p. 234 (1993).

(153) Y. Inatomi, T. Yoshida and K. Kuribayashi："Real-time Observation of Faceted Cellular Growth", Microgravity Quartery 3, p. 93 (1993).

(154) K. Tsukamoto, E. Yokoyama, S. Maruyama, K. Maiwa, K. Shimizu, R. F. Sekerka, T. S. Morita and S. Yoda："Transient Crystal Growth Rate in Microgravity：Report from TR-IA-4 Rocket Experiment", J. Jpn. Soc. Microgravity Appl. 15, p. 2 (1998).

(155) Y. Inatomi, Th. Kaiser, P. Dold, K. W. Benz and K. Kuribayashi："Semiconductor growth interface from solution in short-duration low gravity environment", Proc. of SPIE Int. Symp. 3792, p. 139 (1999).

(156) S. Ozawa and T. Fukuda："In-situ observation of LEC GaAs solid-liquid interface with newly developed X-ray image processing system", J. Crystal Growth 76, p. 323 (1986).

(157) T. A. Campbell and J. N. Koster："A novel vertical Bridgman-Stockbarger crystal growth system visualization capability", Meas. Sci. Technol. 6, p. 472 (1995).

(158) M. Watanabe, M. Eguchi, K. Kakimoto and T. Hibiya："Double-beam X-ray radiography system for three-dimensional flow visualization of molten silicon convection", J. Crystal Growth 133, p. 23 (1993).

(159) S. Nakamura, T. Hibiya, N. Imaishi, S. Yoda, T. Nakamura, M. Koyama, P. Dold and K. W. Benz："Observation of Periodic Marangoni Convection in a Molten Silicon Bridge on board the TR-IA-6 Rocket", J. Jpn. Soc.

Microgravity Appl. 16, p. 99 (1999).

(160) M. Schweizer, A. Cröll, P. Dold, Th. Kaiser, M. Lichtensteiger and K. W. Benz："Measurement of temperature fluctuations and microscopic growth rates in a silicon floating zone under microgravity", J. Crystal Growth 203, p. 500 (1999).

(161) P. Lehmann, R. Moreau, D. Camel and J. J. Favier："Monitoring solidification of an alloy by thermoelectric effects：results of the MEPHISTO-USMP1 flight experiment", J. Crystal Growth 187, p. 527 (1998).

(162) C. V. Thompson and F. Spaepen：Acta Metall., **27**, p. 195 (1979).

(163) M. Volmer and A. Weber：Z. phys. Chem., **119**, p. 227 (1926).

(164) R. Becker and W. Doering：Ann. Phys., **24**, p. 719 (1935).

(165) D. Turnbull and J. C. Fisher：J. Chem. Phys., **17**, p. 71 (1949).

(166) D. Turnbull：Contemp. Phys., **10**, 1, p. 473 (1969).

(167) F. Spaepen：Acta Metall., **23**, p. 729 (1976).

(168) J. C. Baker and J. W. Cahn：in Solodification, ASM, Metals Park, OH, p. 23 (1973).

(169) M. Hillert：Acta Metall., **1**, p. 764 (1953).

(170) D. Turnbull：J. Appl. Phys., 21, p. 1022 (1950).

(171) T. Aoyama, Y. Takamura and K. Kuribayashi：Jpn. J. Appl. Phys. **37**, L687 (1998).

(172) S. Yoda et al：JASMA, (in press).

(173) 本河光博：まてりあ，11，p. 926 (1998).

(174) F. Bobin, J. -M. Gagne, P. -F. Paradis, J. -P. Coutures and J. -C. Rihhlet：Microgravity sci. technol., Ⅶ/4, p. 283 (1995).

(175) S. Krishnan, S. Ansell, J. J. Felten, K. J. Volin and D. L. Price：Phys. Re. Lett., **81**, p. 586 (1998).

(176) J. K. R. Weber, D. S. Hampton, D. R. Merkley, C. A. Rey, M. M. Zatarski and P. C. Nordine：Rev. Sci. Instrum., **65**, p. 456 (1994).

(177) K. Kuribayashi, Y. Takamura, K. Nagashio and Y. Shiohara：JASMA. **15**, Supplement Ⅱ，p. 556 (1998).

(178) C. V. Thompson and F. Spaepen：Acta Metall., **31**, p. 2021 (1983).

〔**5章**〕

(1) F. Jamin Changeart, GEOSTEP："The CNES Proposal to Test The

Equivalence Principle", IAF-96-J. 1. 09, 47_{th} International Astronomical Congress, Beijing (1996).
(2) H. Dittus, R. Greger, St. Lochmann, W. Vodel, H. Koch, S. Nietzsche, J. von Zameck Glyscinski, C. Mehls and P. Mazilu : "Testing the Weak Equivalence Principle at the Bremen Drop Tower : Report on Recent Developments", Class. Quantum Grav. 13, A43-A51 (1996).
(3) W. Vodel, S. Nietzsche, H. Koch, J. von Zameck Glyscinski, R. Neubert, H. Dittus, S. Lochmann, C. Mehls and D. Lockowandt : "High Sensitive DC SQUID based Position Detectors for Application in Gravitational Experiments at the Drop-tower Bremen", Space Forum, **4**, pp. 167-181.
(4) 池上健:"原子時計と原子周波数標準器", 数理科学, 324 (1990-6).
(5) E. Simon, P. Laurent, G. Santarelli, A. Clairon, P. Lemonde, C. Salomon, N. Dimarcq, P. Petit, C. Audoin, F. Gonzalez, F. Jamin Changeart : "The PHARAO Project : Towards a Space Clock Using Cold Cs Atoms". IAF-96-J.1.01, 47_{th} IAF, Beijing (1996).
(6) P. Lemonde, P. Laurent, E. Simon, G. Santarelli, A. Clairon, C. Salomon, N. Dimarcq and P. Petit : "Test of a Space Cold Atom Clock Prototype in the Absence of Gravity", IEEE Trans. Inst. Meas., **48**, 2 (1999-4).
(7) CNESのPHARAO計画に関するパンフレット.

〔**6章**〕

(1) E. Mayr : "This is Biology", Harvard Univ. Press (1997).
(2) C. Emiliani : "Plant Earth, Cosmology, Geology, and the Evolution of Life and Environment", Cambridge Univ. Press (1992).
(3) L. Margulis and L. Olendzenski (Eds.) : "Environmental Evolution, Effects of the Origin and Evolution of Life on Planet Earth", The MIT Press (1992).
(4) S. Kauffman : "At Home in the Universe, The Search for the Laws of Self-Organization and Complexity", Oxford Univ. Press (1995).
(5) S. J. Dick : "Life on Other Worlds, The 20th-Century Extraterrestrial Life Debate", Cambridge Univ. Press (1998).
(6) National Research Council : "Size Limits of Very Small Microorganisms", pp. 8-9, National Academy Press (1999).
(7) G. R. Bock and J. A. Goode (Eds.) : "Evolution of Hydrothermal Eco-

(　7　) systems on Earth (and Mars?)", John Wiley & Sons (1996).
(　8　) J. W. Schopf："Cradle of Life, The Discovery of Earth's Earliest Fossils", Princeton Univ. Press (1999).
(　9　) 大島泰郎："宇宙生物学とET探査"，朝日新聞社（1994）．
(10) 大野乾："生命の誕生と進化"，東大出版会（1988）．
(11) M. S. Gordon and E. C. Olson："Invasions of the Land, The Transitions of Organisms from Aquatic to Terrestrial Life", Columbia Univ. Press (1995).
(12) J. M. V. Rayner and R. J. Wootton；"Biomechanics in Evolution", Cambridge Univ. Press (1991).
(13) E. R. Weibel, C. R. Taylor and L. Bolis；"Principle of Animal Design, The Optimization and Symmorphosis Debate", Cambridge Univ. Press (1998).
(14) A. R. Rudolf："The Shape of Life, Genes, Development, and the Evolution of Animal Form", The Univ. of Chicago Press (1996).
(15) S. Vogel："Cats' Paws and Catapults, Mechanical Worlds of Nature and People", W. W. Norton & Company (1998).
(16) K. J. Niklas："The Evolutionary Biology of Plants", The Univ. of Chicago Press (1997).
(17) M. Asashima and G. M. Malacinski (Eds.)："Fundamentals of Space Biology", Japan Scientific Societies Press (1990).
(18) D. Moore, P. Bie and H. Oser (Eds.)："Biological and Medical Research in Space, An Overview of Life Sciences Research in Microgravity", Springer (1996).
(19) American Society for Gravitational and Space Biology："Gravitational and Space Biology Bulletin", **10**, 2 (1997).
(20) American Society for Gravitational and Space Biology："Dick Young Symposium, Molecular Approaches in Gravitational Biology Research", Gravitational and Space Biology Bulletin, **11**, 2 (1998).
(21) G. S. Nechitailo and A. L. Mashinsky："Space Biology, Studies at Orbital Stations", Mir Publishers Moscow (1993).
(22) H. Suge："Plants in Space Biology", Institute of Genetic Ecology, Tohoku Univ. (1996).
(23) 菅洋："宇宙植物学の課題　植物の重力反応"，学会出版センター（1990）．
(24) 河崎行繁："宇宙生命科学　生命，宇宙へ行く"，学習研究社（1993）．
(25) A. E. Nicogossian, C. L. Huntoon and S. L. Pool (Eds.)："Space Physiology

and Medicine", Lea & Febiger (1989).
(26) 森滋夫：" 宇宙とからだ　無重力への挑戦"，南山堂 (1998).
(27) M. Nagatomo：" On JRS Space Tourism Study Program", J. Space Tech. Sci., 9, pp. 3-7 (1993).
(28) 日本ロケット協会：" 宇宙旅行用標準機体「観光丸」設計報告書" (1995).
(29) National Research Council：" Space Science in the Twenty-First Century, Imperatives for the Decades 1995 to 2015, Life Sciences", National Academy of Press (1988).
(30) NASA Advisory Council, Aerospace Medicine Advisory Committee：" Strategic Considerations for Support of Human in Space and Moon/Mars Exploration Missions, Life Sciences Research and Technology Programs", NASA (1992).
(31) National Research Council：" A Strategy for Research in Space Biology and Medicine in the New Century", National Academy of Press (1998).

索　引

【あ】

あて材	186
アミロプラスト	183

【い】

維管束	182
育　種	195
位置エネルギー	29
１次気泡	105
遺伝子修復	189
移動境界問題	30

【う】

ウェーバー数	34, 94
宇宙船「地球号」	197
宇宙動揺病	181, 199
宇宙放射線	189, 200
宇宙酔い	181
ウリ科	185
運動エネルギー	29
運動方程式	28
運動量境界層	125

【え】

液柱	12
液胞	184
エコーロケーション	181
エネルギー方程式	28
円口類	179
エントレインメント	86

【お】

オイラーの方法	38
大きさオーダ解析	41
オーキシン	183

オーネゾルゲ数	35
温度境界層	125
温度勾配の気泡，液滴	25
音波浮遊	152

【か】

外骨格	187
界　面	29
界面エネルギー	29
界面形態安定性理論	126
界面張力	30
界面張力勾配	32
火炎伝播速度	73
化学化石	174
化学進化	171
化学的非平衡	182
化学ポテンシャル	150
蝸牛管	179
拡散係数	122
拡散の活性化エネルギー	147
核生成	145
核生成頻度	147
核沸騰	83
過酸化合物	190
ガス音波浮遊	158
ガス浮遊	152, 157
合体気泡	105
加熱長さ	97
ガラス転移温度	148
過冷度	145
過冷融液	144
乾き度	86
感覚神経細胞	180
感覚毛	178
換算圧力	91

環状液膜	95
環状流	86

【き】

気液界面せん断力	115
気液界面摩擦係数	115
気液分離器	104
機械受容チャネル	178
基底液膜	118
機能分化	187
気泡核	86
気泡限界圧力	13
気泡流	86
逆環状流	86
境界適合格子	39
凝縮器	104
共　生	182
強制流動（対流）沸騰	85
筋萎縮	188
均一核生成	145
筋細胞	188

【く】

空間定位	180
空間認知	181
空気抵抗	8
くさびの壁に接する液体	17
クラゲ	179
グラスホフ数	20, 35
クリティカルパス	199
群　体	182

【け】

結晶構造解析	193
限界熱流束	84

限外ろ過膜 198
嫌気的代謝 188
原始的生命体 174
原生動物 178
顕微干渉計 138

【こ】

抗重力筋 188
光走性 182
鋼体球モデル 123
高等植物 198
後背地 197
古細菌 173
孤立気泡 104
根冠 183
コンフォメーション 176, 192

【さ】

最大過冷度 147
再適応 199
細胞骨格 177, 183
細胞質流動 186
細胞周期 190
細胞増殖 177
細胞ソーティング 195
細胞内信号伝達物質 176
細胞の分化 182
細胞の分離・精製 193
細胞壁 184
細胞膜 171
材料プロセス実験 120
サブクール沸騰 85
酸化的代謝 188
残留重力 7

【し】

シアーセル法 122
シュミット数 125
磁化力 156
自己組織性 175
自己複製 171
姿勢制御 181
耳石器 179
耳石嚢 179
実効分配係数 125
質量速度 95
耳胞 180
シャイル則 125
重爆撃期終期 171
自由表面 32
繊毛打 178
重粒子線 189
重力屈性 183
重力傾斜加速度 7
重力走性 178
重力揺らぎ 9
種の概念 173
樹木 186
消火直径 78
蒸気コア流 86
静水骨格系 187
蒸発潜熱 97
情報受容分子 177
小胞体 183
触媒燃焼法 75
植物ホルモン 183
自律神経系 200
真核細胞 172
神経系の可塑性 181
神経中枢 180
伸長域 183

【す】

スケーリング解析 126
筋紡錘体 181
ストレス反応 190
ストローハル数 41
スペースシャトル実験 135
スリップ 112

【せ】

星間飛行 196
静磁場 121
正則容体近似 159
生態系 197
成長ペクレ数 129
静電浮遊 152, 155
生物進化 173
生命維持システム 197
生命の階層 175
生命の自然発生 171
脊椎動物 179
ゼーベック効果 142
セルロースファイバ 184
遷移沸騰 84
前庭器 180

【そ】

造骨細胞 187
層状流 109
藻類 198
側線器 181
組織工学 200
その場観察実験 138

【た】

第1種不純物縞 136
多細胞化 172
代謝基質 186
体性感覚 181
第2種不純物縞 136
太陽輻射圧 8
多細胞 186
立直り行動 179
脱灰 199
多様性 200

【ち】

潮汐力 7

【て】

低沸点成分	93
ディフューザ型浮遊装置	157
テイラー気泡	110
適応放散	172
デュプレ・ヤング	14
電気泳動	193
電気浸透圧	194
電磁気の表皮厚さ	154
電磁浮遊	152, 153, 161
電磁浮遊炉	155
デンドライトアーム	127
デンドライトアーム間領域	130
デンドライト状凝固	128

【と】

同位体効果	123
等電位点泳動	193
逃避反応	178
トウモロコシ	185
突然変異	195
ドライアウト	86
ドライパッチ	106
ドロップチューブ法	151

【な】

内骨格	187
内耳	179
内リンパ嚢	180
ナナフシ	189
ナビエ・ストークス方程式	28

【に】

二相強制対流	95
二段点火	65

【ぬ】

濡れ角	150

【ね】

熱水噴出孔	173
熱伝達劣化	93
熱表面張力レイノルズ数	35
熱面点火	68
燃焼寿命	71

【の】

濃度境界層	125

【は】

廃用性萎縮	188, 199
ハエ	180
破骨細胞	187
ハス	185
発泡点密度	91
バーンアウト	84
半規管	179
晩発生障害	189

【ひ】

非圧縮性流体	28
光重力屈性	185
光ファイバ式放射高温温度計	141
非共沸混合媒体	93
微小管	184
微小重力環境	120
非接触凝固	134
非線形受動防振装置	43
非定常流体基礎方程式	28
表面張力	32

【ふ】

ファセット的凝固	139
不均一核生成	149
ブシネ近似	28
不純物縞	121
物質進化	171
沸騰曲線	83
浮遊法	151
ブラウン運動	42
フラックス浸析法	151, 152
プラントル数	34, 125
ブリッジマン法	131
フルード数	34, 94
フロス流	86
分散法	151, 161
分子系統樹	173
分子鎖の切断	189

【へ】

平衡桿	180
平衡器官	178
平衡石	178
平衡分配係数	125
平衡胞	179
べき乗則	123
ペグ	185
ペクレ数	20, 34, 126
ペルチェ効果	142
ペルチェ素子	104
変異原	189
偏差伸長	184

【ほ】

ボイド率	113
膨圧	184
飽和沸騰	91
ボルボックス	182
ボンド数	15, 34, 94

【ま】

膜タンパク	177, 192
膜沸騰	84
マクロ液膜	105

索引

【ま】
マクロステップ　136
マランゴニ数　24, 34
マランゴニ対流　30, 32, 133

【み】
見かけ速度　112
ミクロ液膜　106
ミッシングリンク　171, 173
密度差対流　120

【む】
無容器プロセシング　144

【め】
免疫　189

【ゆ】
有効過熱度　94
有人宇宙飛行　196
有人火星ミッション　199
誘導期間　66
有毛感覚細胞　177

【よ】
容器にある液体の表面形状　16
予熱器　104

【ら】
ライデンフロスト点　85
ラグランジュの方法　38
落下塔実験　138
ラプラス条件　12
ラプラス数　89

【り】
リアルタイム位相シフト干渉法　139
リグニン　186
離脱気泡直径　89
流動様式線図　111
両生類　180

【れ】
レイノルズ数　20, 34, 125
レイリー数　21, 34, 126
連続方程式　28

【ろ】
ロクソデス　179
ロングキャプラリ法　122

【A】
ALE 法　39
ATP　188

【C】
Czochralski (Cz) 法　131

【D】
D-1 計画　136
DNB　84

【E】
EURECA-1 計画　137

【F】
Floating Zone (FZ) 法　131

【H】
Heywang の式　132

【I】
Ivantsov モデル　128

【L】
Lockhart-Martinelli パラメータ　96
LPE 成長法　135

【M】
MAC 法　39
MEPHISTO 計画　142

【N】
NS 方程式　28

【P】
PHARAO プロジェクト　168
PIV　80

【R】
RNA　192

【S】
SFU 計画　138
SL-1　123
SOLA-VOF 法　39
SOLA 法　37

【T】
THM 成長法　135
TR-1 A ロケット　138

【V】
VOF 法　39

【X】
X 線透過法　140

―― 編著者略歴 ――

- 1965 年 　東京大学工学部航空工学科卒業
- 1965 年 　科学技術庁航空宇宙研究所勤務
- 1996 年 　博士（工学）（東京大学）
- 1999 年 　大阪府立大学教授
- 　　　　　現在に至る

宇宙環境利用の基礎と応用
Foundations and Applications of Space Environment Utilization

© Hisao Azuma 2002

2002 年 11 月 28 日　初版第 1 刷発行

検印省略	編著者	東　　久　　雄 (あずま ひさお)
		堺市大野芝町 23-4-94
	発行者	株式会社　コロナ社
		代表者　牛来辰巳
	印刷所	壮光舎印刷株式会社

112-0011　東京都文京区千石 4-46-10
発行所　株式会社　コロナ社
CORONA PUBLISHING CO., LTD.
Tokyo　Japan
振替 00140-8-14844・電話(03)3941-3131(代)
ホームページ http://www.coronasha.co.jp

ISBN 4-339-01225-4　　（川田）　（製本：愛千製本所）
Printed in Japan

無断複写・転載を禁ずる
落丁・乱丁本はお取替えいたします

宇宙工学シリーズ

(各巻A5判)

■編集委員長　髙野　忠
■編集委員　狼　嘉彰・木田　隆・柴藤羊二

			頁	本体価格
1.	宇宙における電波計測と電波航法	髙野・佐藤 柏本・村田 共著	266	3800円
2.	ロケット工学	松尾　弘毅 監修 柴藤羊二 渡辺篤太郎 共著	254	3500円
3.	人工衛星と宇宙探査機	木田　隆 小松　敬治 共著 川口淳一郎	276	3800円
4.	宇宙通信および衛星放送	髙野・小川・坂庭 小林・外山・有本 共著	286	4000円
5.	宇宙環境利用の基礎と応用	東　　久雄 編著	242	3300円

以下続刊

宇宙ステーションと支援技術　狼：堀川
冨田：白木 共著

宇宙からのリモートセンシング　高木　幹雄 監修
増子・川田 共著

気球工学　矢島　信之他著

定価は本体価格+税です。
定価は変更されることがありますのでご了承下さい。

図書目録進呈◆